光科学与应用系列

总主编 王之江

数字化全息
三维显示与检测

王 辉 编著

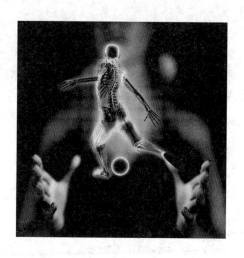

上海交通大学出版社
SHANGHAI JIAO TONG UNIVERSITY PRESS

内容提要

本书在介绍计算全息和数字全息基本原理的基础上,着重论述数字化全息最新理论和技术,尤其是在三维显示和测量中的理论和应用技术。内容包括计算全息的算法、计算全息三维显示技术、全息数字化再现算法、三维显示信息量研究以及彩色计算全息颜色评价等。

本书可供光学及光学工程类研究生、教师和研究工作者阅读和参考。

图书在版编目(CIP)数据

数字化全息三维显示与检测 / 王辉编著.—上海:
上海交通大学出版社,2013
(光科学与应用系列)
ISBN 978 - 7 - 313 - 10080 - 1

Ⅰ.①数… Ⅱ.①王… Ⅲ.①数字化-应用-全息光学 Ⅳ.①O438.1-39

中国版本图书馆 CIP 数据核字(2013)第 163491 号

数字化全息三维显示与检测

编　著:王　辉
出版发行:上海交通大学出版社　　　　　地　　址:上海市番禺路 951 号
邮政编码:200030　　　　　　　　　　　电　　话:021 - 64071208
出 版 人:韩建民
印　　制:浙江云广印业有限公司　　　　经　　销:全国新华书店
开　　本:787 mm×960 mm　1/16　　　印　　张:13.25
字　　数:249 千字
版　　次:2013 年 11 月第 1 版　　　　　印　　次:2013 年 11 月第 1 次印刷
书　　号:ISBN 978 - 7 - 313 - 10080 - 1/O
定　　价:68.00 元

丛书编委会

总主编

王之江（中国科学院院士）

副总主编

楼祺洪（中国科学院上海光机所研究员）

刘立人（中国科学院上海光机所研究员）

编　委（以拼音为序）

陈良尧（复旦大学信息科学与工程学院教授）

陈险峰（上海交通大学物理系常务副系主任、光科学与工程研究中心主任、教授）

刘　　旭（浙江大学现代光学仪器国家重点实验室主任、教授）

饶瑞中（中国科学院安徽光机所副所长、研究员）

王清月（天津大学超快激光研究室教授）

徐剑秋（上海交通大学物理系教授）

翟宏琛（南开大学现代光学研究所教授）

赵葆常（中国科学院西安光机所研究员）

Ting-Chung Poon（美国　维珍尼亚理工州立大学电子与计算机工程系教授
　　　Department of Electrical and Computer Engineering Virginia Polytechnic
　　　Institute and State University）

总　序

　　光学是物理学的一部分,是物理学的一个分支,也是当前科学研究中最活跃的学科之一,光学的发展是人类认识客观世界的进程中一个重要的组成部分。光学从产生开始就具有强烈的应用性,并形成了光学工程这一独特技术领域,在人类改造客观世界的进程中发挥了重要作用。光学实验的结果曾经推动了近代相对论和量子论的发展。光学为多个学科提供了重要工具,如望远镜对于天文学与大地测量学;显微镜对于生物医学与金相学;光谱仪对于化学和材料科学。光学的发展还为生产技术提供了许多重要的观察和测量工具。

　　从爱因斯坦辐射理论可以预见到激光存在。20世纪中叶,激光问世对光学及相关科学和技术影响很大。激光的本质是受激辐射形成的高亮度、高功率密度,从而派生出种种前所未有的非线性物理现象;形成非线性光学、激光光谱学等新学科分支;开拓了远紫外到太赫兹等新辐射波段;提供了超快过程研究的工具。激光作为新光源已应用于多个科研领域,并很快被运用到材料加工、精密测量、信号传感、生物医学、农业等极为广泛的技术领域。产生了光通讯、光盘等新产业。此外,激光还为同位素分离、受控核聚变以及军事上的应用,展现了光辉的前景。成为现代物理学和现代科学技术前沿的重要组成部分。

　　信息科学原先以电子学为基础,如电报、电话、雷达等领域。现代科技的发展使图像信息日益重要,光信息的获取、传输、存储、处理、接收、显示等技术在近代都有非常大的进步。光信息科学已是信息科学的重要组成部分。

　　总之,现代光学和其他学科、技术的结合,在人们的生产和生活中发挥着日益重大的作用和影响,成为人们认识自然、改造自然以及提高劳动生产率的越来越强有力的武器。学术的力量是科技进步的基础,上海交通大学出版社在这个时候策划出版一套"光科学与应用"系列丛书,是一件非常合乎时宜的事情。将许多专家、学者广博的学识见解和丰富的实践经验总结继承下来,对促进我国光学事业的发展具有十分重要的现实意义。

　　本套丛书的内容涵盖光学领域先进的理论方法和科研成果。图书类别主要以专著、教材为主。旨在从系统性、完整性、实用性和技术前瞻性角度出发，把理论知识与实践经验结合起来，更好地促进光学领域的学术交流与合作、让更多的学者了解该领域的科研成果和研究趋势，为促进我国光学领域科研成果的转化、加速光学技术的发展提供参考和支持。

　　可以说，本套丛书承担着记载与弘扬科技成就、积累和传播科技知识的使命，凝结了众多国内外光学专家、学者的智慧和成果。期望这套丛书能有益于光学专业人才的培养、有益于光学事业的进一步发展。同时能为祖国吸引更多的愿投身于光学事业的仁人志士。

王之江

前　　言

人类生存在三维(3D)空间中,对三维世界丰富信息的记录、测量、分析、重构和显示进行了长期不懈的探索。目前,微观物体三维结构测量、宏观物体三维面形检测、三维显示、三维影视等一系列与三维相关的术语的频繁出现,不仅说明三维相关领域已经成为当今科学技术研究的热点,也同样预示着人类社会将进入现实和虚拟、物质与精神的三维世界。

在已经出现的所有三维测量和显示技术中,基于光波波前重构的信息记录、分析和再现技术是最忠实、最完美的三维信息表达技术。全息照相是实现基于波前再现的最有效的手段。随着计算机技术和光电成像技术的飞速发展,将光学全息理论、技术与信息技术相结合,产生了数字化全息,为全息术开辟了一个崭新的天地。利用计算机和光电技术的灵活性和精确性,各种简捷方便的全息三维立体显示和测量技术相继出现。全息数字化技术将使得关于全息技术应用的早期梦想变为现实。

本书就数字化全息原理和应用进行了较为系统的讨论。第1章对全息发展历史进行了较为全面的综述;第2章讨论信息载体的光波传播问题,并分别讨论了光全息、计算全息和数字全息基本原理;第3章介绍光场的信息问题,分析了计算全息和数字全息在满足信息有效传递情况下的抽样问题,讨论了数字全息记录元件参数对再现像的影响。第4章分析计算彩虹全息理论与技术,对其算法所涉及的相关问题进行了详细讨论。第5章基于颜色匹配及传递原理,研究计算机显示三原色系统和彩色计算全息再现像颜色之间的关系。在分析彩色彩虹全息颜色合成原理的基础上,对再现像的颜色进行评价。第6章分析了光学全息和计算全息的优缺点,讨论如何将计算和光学方法相结合,实现大视场、大视角的全息三维显示。第7章讨论数字全息三维信息检测的基本原理和基本技术,介绍了作者的一些相关研究成果。第8章主要讨论计算全息三维物体数据的获取及处理技术,同时介绍了目前数字化全息三维显示的一些进展。

本书第1~7章由王辉教授撰写,第8章部分内容由李勇教授撰写。李勇教授、马利红博士对全书进行了校对。由于作者水平有限,书中错误之处,恳请读者及时指正。

本书的研究工作得到了国家自然科学基金项目(NO. 11374267)和浙江省自然科学基金项目(NO. Z1080030)的资助;本书的出版获得了浙江师范大学出版基金的资助。

在繁多如星的三维立体显示技术中,人们对全息技术情有独钟,原因是全息显示是一种自然的三维重构,和人眼的立体视觉最匹配,所以自从它诞生以来,人们一直追求利用全息来达到理想的三维显示。从第一幅同轴全息图的诞生到现在,它的发展经历了从激光再现全息到白光再现全息、从单色全息到彩色全息、从光学全息到数字化全息的过程。如今光电成像技术、计算全息技术、空间光调制器及数字光处理技术的快速发展,为全息的应用开拓了更为广阔的天地。希望本书对从事三维显示和检测的研究人员有所帮助。

王 辉

2013 年 6 月于浙江师范大学

目　　录

第1章　全息发展概述

　　光学全息技术也称作全息照相术[1]，其物理原理是基于光的干涉和衍射现象。全息技术的过程是，首先通过光的干涉方法将携带物体信息的光的波前"编码"成干涉条纹记录下来，然后利用光的衍射原理"解码"再现与物体相关的信息。值得注意的是，光的干涉与衍射现象不仅终结了数百年的光的本性之争，而且成为物质波粒二象性的直接证据。更值得关注的是多项诺贝尔物理学奖与干涉、衍射有关：1907 年美国人 A·A·迈克耳逊因发明了光学干涉仪获奖；1914 年德国人 M·V·劳厄因发现晶体中的 X 射线衍射现象获奖；1937 年美国人 C·J·戴维森和英国人 G·P·汤姆森因发现晶体对电子的衍射现象获奖；1953 年，荷兰科学家 F·泽尼克因相衬滤波显微镜而获奖。而与全息照相相关的技术获得了两次诺贝尔奖：1908 年法国人 G·李普曼因发明了彩色照相干涉法获奖，1971 年英国人 D·加博尔因发明并发展了全息摄影获奖。

　　全息术的发展经历了三个大的阶段。第一阶段是 20 世纪 50 年代的初创时期，这一阶段的标志性成果是同轴全息图和全息术基本理论的创立。第二阶段开始于 20 世纪 60 年代，由于激光光源的出现，使全息术研究进入了一个持续数十年的快速发展阶段，这一阶段的标志性成果有：① 1962 年利思（Leith）和厄帕尼克斯（Upatnicks）发明了离轴全息图，解决了孪生像的困扰[2]；② 1962 年 Denisyuk 发明了反射式体积全息图，首次实现了全息图的白光再现[3]；③ 1963 年 A. V. Lugt 发明了全息复空间滤波器[4]；④ 1969 年 S. A. Benton 发明了彩虹全息图[5]。这一阶段，全息术的应用渗透到了科学技术的各个领域，最具代表性的成功应用有全息显示、全息干涉测量、全息光学元件等方面[6~8]。与此同时，计算机制全息（Computer-generated Holography，CGH）[9]和数字全息（Digital Holography，DH）[10]技术也相继被提出，但因受到计算机技术和相关设备发展等因素制约而进展缓慢。在相当长一段时间，计算机制全息仅仅用于特殊光学元件的制作，而数字全息仅仅是一个概念。第三阶段始于 20 世纪末 21 世纪初，这一阶段的特征是全息术的研究与计算机技术、光电子技术以及非线性光学技术紧密结合，发展了一些全新类型的全息术，并在与当代前沿科学研究的结合和应用中，取得了一系列突破性的进展[11]。随着计算机技术和相关外围设备的迅速发展，全息技术逐渐朝着数字化方向发展。

　　数字化全息就是在现代信息技术的背景下，计算机和光学全息相结合的产物。数字化全息是区别于激光全息的一类新的全息技术，与激光全息相比更具灵活性，而且便于进行定量分析和传输。数字化全息研究的主要内容有三个方面：一是数字化全息图的获取，其获取途径可以通过计算机制全息技术、光电成像器件或扫描直接记录光学全息图方法得到；二是全息图再现像的数字化重构；三是全息显示，包括全息图打印（Holo-printer）输出[12,13]和全息影视（Holo-video，或 HoloTV）系统[14~16]。从数字化全息发展历史来看，上述几个方面的技术由于出现的历史顺序问题，又有各自独立的名称：通过对物光波的数字化综合形成全息图的技术被称作计算机制全息术（CGH）或计算全息术（Computing Holography）；用光电成像器件直接记录或扫描获得全息图，并进行数字化重构再现像的技术叫做数字全息（DH）[10]，而全息影视技术则被称作电全息（Electro-holography）[14,15]。事实上，目前越来越多的学者认为上述各种数字化全息技术可统一称作数字全息（DH）[11, 17]。但为了不引起术语使用混乱，本书还是按照传统的表述，将由感光材料获取的全息图称作光学全息图；由计算机计算的全息图称作计算全息图；由数字光电成像器件记录的全息图称作数字全息图。

1.1　计算全息

由于计算机科学技术的快速发展，数字计算机在光学领域得到了广泛的应用，它不仅可以进行光学过程的模拟，而且可以和显示装置连接以实现对大多数光学现象进行仿真。同时由于快速傅里叶变换（FFT）等计算方法的出现，大大缩短了计算机进行傅里叶变换所需的时间，这些都为利用计算机技术制备全息图提供了实现的可能，推进了计算全息技术的发展。计算全息不需要物体的实际存在，只要把物光波的数学描述输入计算机，经计算机编码后得到数字化全息图，然后通过绘图仪或专用的计算全息图缩微系统输出成为可以进行光学再现的全息图，也可以输出到空间光调制器中，进行直接显示。计算全息图不仅可以全面地记录实际光波的振幅和相位，而且能综合出世间不存在的物体波前[18]，因而具有独特的优点和极大的灵活性。

计算全息最早是由科兹马（Kosma）和凯利（Kelly）于 1965 年提出来的。他们为了检测被噪声掩埋的信号，用人工的方法制作了一个匹配滤波器。滤波器的做法是：先用计算机算出所需要信号的傅里叶频谱，然后用黑白线条对这个频谱进行编码，用放大的尺寸进行绘制，最后以合适的尺寸缩微复制在透明胶片上。后来罗曼（A. W. Lohmann）把通信理论中的抽样定理应用到空间滤波器的制作中，奠定了计算全息图制作的理论基础。到 1966 年布朗（Brown）和罗曼提出了几种制作二元透过率掩模板的技术，可用单色光再现一般的复值波面[9]。罗曼首先利用迂回位相效应编码复数波面的位相，这就是后来著名的迂回位相型计算全息图，它是计算全息技术的真正开端。1967 年,巴里斯(D. P. Paris)把 FFT 算法应用到傅里叶变换计算全息图的计算中,大大缩短了全息图的计算时间[19]。

　　在上述计算全息技术取得初步成果的基础上,很多光学和电信工作者对计算全息技术的兴趣陡增,提出了多种计算全息图编码制作技术[20]。其中包括在计算全息复数信号编码中加离轴参考光或加偏置量,叫做修正型离轴参考波计算全息图[21]。赖塞姆(L. B. Lesem)等人提出了计算全息图的另一种形式——相息图[22],因为它有很高的衍射效率并能同轴再现单一图像等优点,使之在计算全息技术中占有重要的地位。

　　光学全息图一般有振幅型和位相型两类,计算全息图也有这两大类。在这两类中,根据其透过率变化的特征,又可分为二元计算全息图(Binary Hologram)和灰阶计算全息图(Gray-scale Hologram)。振幅型二元计算全息图的振幅透过率只有两个值:0 或 1,即全息图面是由完全透明或完全不透明的编码孔径构成。振幅型灰阶计算全息图指的是计算全息图的振幅透过率函数按灰阶取值。二元和灰阶计算全息图可用由计算机控制的有灰阶输出的绘图仪绘制,然后缩微在照相底片上记录而成。

　　位相型计算全息图和光学位相型全息图一样,可由振幅型全息图经过漂白工艺而成。在位相型计算全息图中,依据透过率变化分成位相型灰阶计算全息图(Bleached Gray Hologram)、位相型二元计算全息图(Bleached Binary Hologram)和位相型闪耀计算全息图(Blazed Hologram),由于这类全息图都是经过漂白处理的,故振幅透过率都为 1,理想的衍射效率可达到 100%。位相型计算全息图也可以通过纯位相空间光调制器(Space Light Modulator, SLM)进行显示[15]。

　　与传统的光学全息术相比较,计算全息术具有如下优点[23]:

　　(1) 计算机技术和数字图像处理技术的引入,可以方便地利用数字处理方法消除像差、噪声以及记录介质感光特性曲线的非线性等因素带来的不利影响,改善全息图的质量,并且全息图可以直接在电子图像显示器上进行再现。

　　(2) 由于全息图是以数字形式存储于计算机中,这使得全息图的保存、传输和复制更容易,甚至可以通过互联网实现全息图的实时传输和异地显示。

　　(3) 计算全息术不仅可用于可见光,也可用于 X 射线、红外、微波等其他电磁波段以及用声波和电子波等进行全息编码和再现。

　　(4) 可以实现自然界尚不存在的三维物体的显示,在 CAD 技术和科学计算数据可视化中有广泛的应用。

　　(5) 与三维成像技术相结合获取实际物体的三维数据,解决了光学全息难以拍摄实际景物的限制,比如大楼、人物、彩云以及自发光物体(例如火焰、灯光)等。

　　光学全息和计算全息本质的差别在于,光学全息唯有实际物体存在时才能制

作,而在计算全息中,只要在计算机中输入实际物体或虚构物体的数学模型就行了。计算全息图的制作和再现过程的步骤如下:

(1) 抽样,得到物体或波面在离散样点上的值。

(2) 计算,计算物光波在全息平面上的光场分布。

(3) 编码,把全息平面上光波的复振幅分布编码成全息图的透过率变化。

(4) 成图,在计算机控制下,将全息图的透过率变化通过图像输出设备形成可以进行光学再现的实际全息图。

(5) 再现,这一步骤在本质上与光学全息图的再现没有区别,但是计算全息图可以直接输出到空间光调制器上进行直接再现,从而可望实现全息影视。

计算全息主要应用在如下几个方面:

(1) 二维和三维物体的显示。

(2) 在光学信息处理中用于制作各种空间滤波器。

(3) 产生特定的光波面用于全息干涉计量。

(4) 激光扫描器。

(5) 数据存储。

计算全息技术正处于发展中,尚存在很多技术需要突破。关键的问题是用于三维显示的全息图空间带宽积很大,这样对计算机的计算速度、储存容量、图像输出设备的分辨率等都提出了相当高的要求。尤其是在全息实时显示技术中,空间光调制器的时空带宽积和信号的传递速度成为影响全息影视发展的最大瓶颈。

1.2　数字全息

1967 年,J. W. Goodman 和 R. W. Lawrence 提出了用计算机进行全息图再现像重建的思想[10]。1971 年,T. Huang 在介绍计算机在光波场分析中的进展时,首次提出了数字全息的概念[24]。随着计算机处理速度的提高和廉价电荷耦合器(Charge Coupled Device, CCD)的问世,20 世纪 90 年代这项技术获得长足进步。数字全息术取得突破是在 1994 年,Schnars 和 Jüptner 利用 CCD 直接记录并用计算机数值再现菲涅耳全息图[25,26],使得全息图的记录和再现完全数字化。此后,随着计算机技术和电子成像设备的发展,数字全息技术进入了一个蓬勃发展的时期。

数字全息和传统全息的基本原理完全相同,也分干涉记录和衍射再现两个过程,但是在记录和再现的实现方式上存在本质的不同。数字全息记录时采用光敏电子记录器件代替全息干版,再现时通过计算机数值计算获取物光波场的复振幅分布。当然,也可以通过电子显示器件直接进行显示。正是因为这些不同,使数字全息术和传统全息相比,具有独特的优势:

（1）数字全息采用光敏电子器件作记录介质，其感光灵敏度高、曝光时间短，可以记录运动或形变物体的各个瞬态；直接获取数字全息图，进行数值模拟再现，再现操作方便、周期短，有利于实现测量过程的实时化、现场化及远程化；数字化的全息图易于保存、传输和复制，甚至可以通过互联网实现实时传输和异地监测。

（2）数字全息可以利用计算机技术和数字图像处理技术，方便地对所记录的数字全息图进行图像处理，消除或者减少在记录过程中引入的各种诸如像差、噪声及记录介质感光特性曲线的非线性等因素带来的不利影响，提高再现像的质量。

（3）数字全息和传统全息相比，最重要的优势在于数字全息通过数值再现得到定量的物光场复振幅分布，不仅可以得到原始物体的强度分布，还可以得到物体的三维形貌分布或相位型物体的相位分布（图1-1），而这在光学全息中是很难做到的。因此，数字全息术在干涉计量、粒子场分析、无损检测、三维识别、图像加密、显微测量等领域具有广泛的应用。图1-1为数字显微成像过程的一个例子。

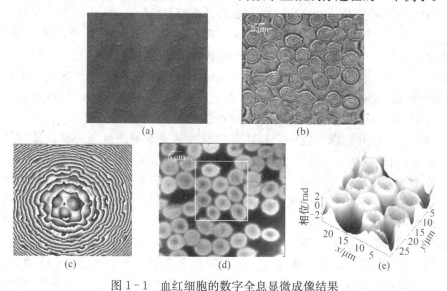

图1-1　血红细胞的数字全息显微成像结果

(a) 全息图；(b) 再现强度像；(c) 包裹相位图；(d) 相位像；(e) 局部相位像三维图

但是，数字全息最大的问题是光敏电子记录器件的分辨率低和感光面积小。目前，光敏电子器件的分辨率不超过200线对/mm，感光面积一般小于10 mm×10 mm，与全息干板的高分辨率（至少3 000线对/mm）和大感光面积相比，都存在数量级上的差别，因此记录的物体信息量空间带宽很小。同时，在满足采样的条件下，成像孔径很小，进一步加剧了相干成像中不可避免的散斑噪声，像质进一步降低。所以，如何提高数字全息再现像的质量，成为数字全息研究的重要问题，也成为制约数字全息在宏观物体三维信息检测方面得到实际应用的重要难题。但将数字全息术和显微技术相结合,压缩光场的空间带宽积,满足光敏电子记录器件的采样条件,可以实现小视场高质量成像,这就是数字全息显微术[27]。数字全息显微镜已经得到了广泛的应用并已经商品化。

目前,数字全息研究主要集中在如下几个方面:

(1) 数字全息记录光路的研究。目的是为了更加方便地记录更多的物光波信息。主要包括合成孔径数字全息记录光路[28]、将光纤引入数字全息的记录光路[29]、双波长或多波长数字全息术[30,31]、部分相干光数字全息光路[32]、外差式数字全息术[33]等。

(2) 数字全息重建算法的研究。数字全息再现像重建的理论依据是基尔霍夫衍射积分公式。在不同条件下,可以演化出菲涅耳衍射积分再现算法、卷积再现算法和角谱再现算法。这三种方法被称为数字全息的三种标准重建算法,由于采用了快速傅里叶变换技术,使得利用上述三种标准重建算法均能够实现准实时再现。但从算法的适用范围、优劣、准确性等方面仍有很多值得讨论的问题[34]。

(3) 数字全息再现像质改善的研究。提高成像分辨率、改善再现像质量是目前数字全息的首要任务。影响数字全息再现像质的因素非常多。主要因素有三个方面:一是数字感光器件结构参数(比如 CCD 的分辨率、感光单元的大小等)的限制,目前的数字感光器件的分辨率还远远低于光学感光材料,因而再现像的分辨率受到影响,这一问题的解决有待于高分辨数字成像技术的进步。二是数字全息中干扰项(零级项、共轭像),数字全息像重构原理是光学再现过程的模拟,因而同样存在零级项和共轭像,零级项和共轭像的存在对再现像产生严重的干扰。目前已经提出多种方法来消除零级项和共轭像,其中具有影响的方法是相移技术[35],该技术不但能去除零级项和共轭像,而且可以增加信息量,提高再现像的分辨率。三是散斑噪声影响,噪声来自两个方面,即全息图记录时相干噪声和数字再现噪声。尽管提出了很多解决的办法[36],但尚未从根本上解决问题。

(4) 数字全息三维物场重建方法的研究。全息图包含了所记录物体的纹理信息和各个点的空间坐标信息,在理论上应该能够通过某种算法,从数字全息图中精确地获取这些信息。目前获取纹理和物点坐标信息的方法是以基尔霍夫衍射积分公式为依据,计算再现光波的波前复振幅分布。复振幅的强度被认为是物体的纹理,复振幅的相位被认为包含物点坐标信息,通过对相位的分析计算可以得到物点的空间坐标[37]。

(5) 数字全息术的应用研究。数字全息是一种新型的三维信息记录技术和显示技术,它的应用领域还在逐渐地扩展。目前数字全息的应用主要体现在显微术方面[38~40]。在三维显示日益成为人们关注热点技术的今天,可以展望,数字全息在三维信息获取、检测、传输和显示等方面将会有更为广泛的应用。

1.3　全息三维显示

自光学全息术发明以来,其应用涉及光学信息处理、无损检测、显微术、高密度信息存储等广泛领域。但因全息所具有的三维成像能力是其他任何立体影像技术无法比拟的,所以全息三维显示一直是人们孜孜追求的目标。

1.3.1　光学全息三维显示

1948 年,加博尔在 Nature 上发表的论文"A new microscopic principle"(一种新的显微原理),这就是全息发明的经典文献。显然加博尔全息的目的是为了改善显微镜的分辨率。但这一技术一经提出,人们就关注到其在三维显示方面应用的潜力。但直到具有优质相干性的激光出现后的 1964 年,利思和厄帕尼克斯才真正实现三维显示。至此,激光全息三维显示的发展走上快车道。到 20 世纪 70 年代,光学全息三维显示的基本理论和技术已经发展得相当完善,同时形成了以全息印刷为主的、具有相当规模的全息产业。光学全息三维显示技术标志性的成果主要有如下几个方面:

1)离轴菲涅耳全息

如前所述,离轴全息是利思和厄帕尼克斯提出的,解决了加博尔全息图再现时直射光和孪生像的困扰。加博尔全息图实际上是同轴全息图,利思和厄帕尼克斯采用离轴参考光与物光干涉,对物光波进行了高频调制,再现时,再现像、直射光以及孪生像处于不同的空间载频中,从而实现了孪生像的分离。1964 年他们拍摄了第一张三维物体全息图。菲涅耳全息的特点是具有很大的景深,空间三维感觉逼真,但缺点是只能用相干性非常好的激光再现。

2)体积全息图

我们知道,全息图实际上是一种光栅结构。当全息图光栅是二维结构时,可以叫做平面全息图;而当是三维光栅结构时,全息图则被称为体积全息图。根据 Kogelnik 耦合波理论模型[41],体积全息图对再现光具有很好的角度和波长选择性,因而可以用空间和时间扩展的光源再现全息图,实现全息图在自然白光下再现。当体积全息用于三维显示时,一般情况下,将物光波和参考光波设置成从记录平面正反两面入射到记录介质上,这样拍摄的全息图也可以称作反射全息,图 1-2 和图 1-3 是反射全息图的再现结果。反射全息图不仅对再现光具有很强烈的角度和波长选择性,而且因为是反射光再现,与人们观看物体习惯相同,观察再现像很方便。

图 1-2　加博尔和他的全息再现像　　图 1-3　美国总统奥巴马反射全息再现像

3）像面全息

在记录全息图时，物体或者物体的像如果在全息记录介质平面附近，则记录得到的全息图叫做像面全息图[42]。像面全息的特点是，由于像点与全息图很近，在用空间和时间扩展光源再现时，像点的线模糊和色模糊很小。在一定条件下，可以满足人眼分辨的要求。因而，像面全息和反射全息一样，也可以用扩展的白光进行再现，而且易于实现彩色全息显示。

4）彩虹全息

由于色模糊原因，菲涅耳全息只能用单色光再现。但是，如果在菲涅耳全息记录光路中加入一定形状的光阑，对物光波进行限制，对物光波的限制也就意味着是对再现像光波的限制。如果这种限制使得色模糊小到人眼可以接受的程度，也可以实现白光再现，这就是彩虹全息的基本原理。彩虹全息是 1969 年由本顿(S. A. Benton)提出的[5]，为全息产业的发展做出了巨大贡献。根据彩虹全息原理，可以演化出多种形式的类彩虹全息技术，例如综合狭缝彩虹全息[43]、周视全息[44]等。

5）模压全息

模压全息是全息图转印技术，即将已经拍摄好的全息图光栅结构进行复制。其原理是利用光刻技术将全息图的光栅拍摄成浮雕结构，然后通过电铸技术将浮雕结构的光栅复制到金属板上，再利用金属板全息图通过压印复制到塑料薄膜上，从而实现全息图的大批复制[45]。

1.3.2　数字化全息三维显示

利用数字化技术实现三维显示有多种技术，但需要强调的是能被称为数字全息三维显示的一定是通过数字化全息图来实现的。数字化全息图可通过计算和数字成像器件记录获得。对于计算机制全息，首先要对物体结构和颜色的信息进行数字化,然后根据全息图形成的光学原理进行计算获得全息图。在计算全息中,物体可以是真实场景,也可以是虚拟场景。真实场景的信息可以通过数字三维扫描得到,其特点是可以进行逼真的静态大场景、真彩色三维显示。对于虚拟物体,可以利用计算机进行 3D 建模得到静态和动态虚拟场景的三维信息数据。其特点是数据的获取及构成比较灵活,可以进行静态和动态三维显示。对于直接利用光电成像器件记录物体的数字全息图,获得全息图的速度快,可以进行实时三维显示,但由于目前数字化光电记录器件的分辨率比较低、等效孔径小、对应的再现像的视场和视角都比较小,因此进行宏观物体的三维显示较为困难。

数字化的全息图经过数据处理后,既可以通过光电显示器件显示,也可以直接缩微输出到感光材料上进行显示[46]。

数字化全息的动态显示也称作全息影视(Holo-video),一般通过光电调制器件完成。目前,在所有的显示方法中,具有代表性的有两类:一是文献[14]提出的基于声光调制器的全息三维显示,另一类是以文献[15]为基础发展起来的基于数字微反射镜器件(DMD)或液晶显示器(LCD)投影的全息三维显示。两类显示系统既可以显示计算全息图,也可以显示数字全息图。

P. St. Hilarire 的空间成像小组成功构造的用声光调制器(AOM)作为空间光调制器重构全息三维图像的显示系统是第一个真三维动态全息显示系统[14]。近些年逐渐发展了基于二维空间光调制器投影的全息三维显示系统[16],要点是将数字全息图输入到空间光调制器(SLM),激光束照射到 SLM 上,被 SLM 上显示的全息图调制,然后衍射成像。如果 SLM 分辨率足够高,可以得到较好的三维再现。若通过高速和多个 SLM,采用时间复用和空间复用技术,数字全息视频显示有望取得突破[47~49]。

1.3.3 全息三维显示其他应用

1) 全息平视显示器(Holographic Head-up Display,HUD)[50,51]

平视显示器是目前普遍运用在航空器上的飞行辅助仪器。平视的意思是指飞行员不需要低头就能够看到他需要的重要信息。平视显示器最早出现在军用飞机上,降低飞行员需要低头查看仪表的频率,这样容易造成注意力分散以及丧失对状态意识的掌握。因为 HUD 的方便性以及能够提高飞行安全,民航机也开始安装,部分高档汽车也逐渐配置了 HUD。过去使用的 HUD 是由普通光学元件构成的折反射系统。折反射系统存在很多缺点:比如视场小、CRT 的能量利用率低、成像系统结构复杂、质量大等。

全息平视显示器的核心器件是反射全息图。飞机或汽车的一些运行信息投射到反射全息图上,通过全息图反射成像在飞行员或司机眼睛正前方适当的位置上。HUD 显示系统投射的信息,能以温和的绿色字体示人,相当方便实用,而实用的最高表现则是 HUD 显示系统还能与车载 GPS 电子导航系统实现联合,可将转向指示信息纳入进来。

全息 HUD 扩大了显示影像的范围,尤其是增加水平方向上的视野角度,减少支架的厚度对于视野的限制与影响,增强不同光度与外在环境下的显示调整,强化影像的清晰度,与其他光学影像输出相配合,譬如说能够将红外线影像摄影机产生的飞机前方影像直接投射到 HUD 上,与其他的资料融合显示,配合夜视镜的使用以及采用彩色影像显示资料。

2) 光学扫描全息术(Optical Scanning Holography, OSH)[52,53]

光学扫描全息术的基本原理是:不同频率的平面波和球面波在物体上干涉形成实时菲涅耳波带板(FZP),FZP 作为扫描光场对物体作 2D 扫描。在物体后面接收到的信号是 FZP 的强度分布与物体的强度分布作卷积的结果,也就是物体的全息图函数。由于 FZP 的强度分布与物体的深度参量 z 有关,因此,全息图函数包含了物体的三维信息。用自由空间的脉冲响应与全息图函数作相关运算,就可以得到物体在某一截面上的重构图像。

与传统的全息术相比,OSH 具有如下一些特点:① 2D 阵列存储 3D 信息;② 由于采用了扫描技术,因此可以进行大物体成像;③ 没有与空间坐标有关的背景光和孪生像,因此总信息量减少;④ 采用声光外差技术将空间信号(光信号)转变成时间信号(电信号)处理;⑤ 不用胶片记录,而是用计算机接收全息图的数字信息,然后数字重建图像,因此可以用先进的数字图像处理技术,如图像压缩、小波变换、卷积滤波等。OSH 可在全息电视、机器人视觉、模式识别、显微术等领域发挥巨大的作用。

3) 飞秒全息成像技术(Femtosecond Holography)[54,55]

许多发生在原子和分子上的事件,它们的时间尺度都在飞秒和皮秒量级。化学反应过程中分子键的断裂与重组,液体内分子的碰撞都是发生在飞秒尺度上的超快过程。半导体中的光电效应或光光相互作用也是一个超快过程。要测量一个过程一般需要用比此事件时间更短的过程来测量。飞秒脉冲全息术开辟了一个非常引人注目的全新高速三维成像领域。飞秒全息成像技术目前主要有两个应用方向:飞行中的光波记录方法以及透过高散射介质成像。在飞秒的时间尺度上对物体进行观察,这是组成物质的原子、分子和电子的最基本的相互作用时间尺度,这些相互作用决定了重要的化学和生物过程。因而飞秒全息在物体的微观三维结构和过程变化的测量、三维物体识别等方面有着极为重要的应用。

实验中,飞秒全息图采用数字全息记录方式。为了适应光电成像器件分辨率低的要求,在光路中有一空间滤波系统,滤去高频散射光,通过微机的数字化处理,实现选通成像。

参考文献

[1] D. Gaber. A new microscopic principle[J]. Nature, 1948, 161(4098): 777 - 778.

[2] E. N. Leith and J. Upatnieks. Reconstructed wavefronts and communication theory[J]. J. Opt. Soc. Am., 1962, (52): 1123 - 1130.

[3] Y. N. Denisyuk. Photographic reconstruction of the optical properties of an object in its own scattered radiation field[J]. Sov. Phys. Dokl., 1962, 7: 543 - 545.

[4] A. V. Lugt. Signal detection by complex spatial filtering[J]. Information Theory, IEEE Transactions on, 1963, 10(2): 139 - 145.

[5] S. A. Benton. Hologram reconstructions with extended incoherent sources[J]. J. Opt. Soc. Am., 1969, 59: 1545A - 1546A.

[6] T. H. Jeong, P. Pudolf, A. Luckett. 360 Holgraphy[J]. J. Opt. Soc. Am., 1966, 56(9): 1263 - 1264.

[7] B. P. Hildebrand, K. A. Haines. Interferometric measurements using the wavefront reconstruction technique[J]. Appl. Opt., 1966, 5(1): 172 - 173.

[8] M. J. R. Schwar, T. P. Panda, F. J. Weinberg. Point Holograms as Optical Elements[J]. Nature, 1967, 215: 239 - 241.

[9] B. R. Brown, A. W. Lohmann. Complex spatial filtering with binary masks[J]. Appl. Opt., 1966,5(6): 967 - 969.

[10] J. W. Goodman, R. W. Lawrence. Digital image formation from electronically detected holograms[J]. Appl. Phys. Lett., 1967, 11(3): 77 - 79.

[11] T. - C. Poon. Digital holography and three-dimensional display: principles and applications[M]. New York: Springer, 2006.

[12] S. M. Amold. Electron beam fabrication of computed-generated holograms[J]. Opt. Engineering, 1985, 24(5): 803 - 807.

[13] M. Takano, H. Shigeta, et al.. Full-Color Holographic 3D Printer[C]. Practical Holography XVII and Holographic Materials IX, Proc. of SPIE, 2003, 5005: 126 - 136.

[14] P. St. Hilarire, S. A. Benton, et al.. Electronic display system for computational holography[C]. Practical Holography IV, Proc. of SPIE, 1990, 1212: 174 - 182.

[15] N. Hashimoto, S. Morokawa. Rear-time electro-holographic system using liquid crystal television spatial light modulators[J]. Electro. Imaging, 1993, 2(2): 93 - 99.

[16] L. Bouamama, M. Bouafia. Real time opto-digital holographic microscopy (RTODHM)[J]. Catal. Today, 2004, 89(3): 337 - 341.

[17] L. Yaroslavsky. Digital holography: 30 years later. Practical Holography XVI and Holographic Materials VIII[C], Proc. of SPIE, 2002, 4659: 1 - 11.

[18] K. Matsushima, Y. Arima, S. Nakahara. Digitized holography: modern holography for 3D imaging of virtual and real objects[J]. Appl. Opt., 2011, 50(34): H278 - H284.

[19] A. W. Lohmann, D. P. Paris. Binary fraunhofer holograms, generated by computer[J]. Appl. Opt., 1967, 6(10): 1739 - 1748.

[20] W. H. Lee. Computer-generated holograms: Techniques and applications[C]. Progress in Optics XVI, E. Wolf, editors, Elsevier, Amsterdam, 1978: 121 - 231.

[21] A. W. Lohmann, D. P. Paris. Binary Fraunhofer hologram generated by computer[J]. Appl. Opt., 1967, 6(10): 1739 - 1748.

[22] L. B. Lesem, P. M. Hirsch, Jr. J. A. Jordan. The Kinoform: A New Wavefront Reconstruction Device[C]. IBM J. Res. Dev., 1969,13(2): 150 - 155.

[23] 虞国良,金国藩.计算机制全息图[M].北京:清华大学出版社,1984.

[24] T. S. Huang. Digital Holography[C]. Proc. of IEEE, 1971, 59: 1335 - 1346.

[25] U. Schnars, W. P. O. Jüptner. Direct recording of holograms by a CCD target and numerical reconstruction[J]. Appl. Opt.,1994, 33(2): 179 - 181.

[26] U. Schnars, W. P. O. Jüptner. Digital recording and numerical reconstruction of holograms[J]. Meas. Sci. Technol., 2002, 13: R85 - R101.

[27] I. Yamaguchi, J. Kato, S. Ohta et al.. Image formation in phase-shifting digital holography and applications to microscopy[J]. Appl. Opt., 2001, 40(34): 6177 - 6186.

[28] P. Feng, X. Wen, R. Lu. Long-working-distance synthetic aperture Fresnel off-axis digital holography[J]. Opt. Express, 2009, 17(7): 5473 - 5480.

[29] B. Kemper, G. von Bally. Digital holographic microscopy for live cell applications and technical inspection[J]. Appl. Opt., 2008, 47(4): A52 - A61.

[30] D. Parshall, M. K. Kim. Digital holographic microscopy with dual- wavelength phase unwrapping[J]. Appl. Opt., 2006, 45(3): 451 - 459.

[31] S. De Nicola, A. Finizio, G. Pierattini, et al.. Recovering correct phase information in multiwavelength digital holographic microscopy by compensation for chromatic aberrations[J]. Opt. Lett., 2005, 30(20): 2706 - 2708.

[32] F. Dubois, N. Callens, C. Yourassowsky, et al.. Digital holographic microscopy with reduced spatial coherence for three-dimensional particle flow analysis[J]. Appl. Opt., 2006, 45(5): 864 - 871.

[33] Y. Park, W. Choi, Z. Yaqoob, et al.. Speckle-field digital holographic microscopy[J]. Opt. Express, 2009, 17(15): 12285 - 12292.

[34] M. Özcan, M. Bayraktar. Digital holography image reconstruction methods[C]. Proc. of SPIE, 2009, 7233: 72330B - 1 - 10.

[35] T. Zhang, I. Yamaguchi. Three dimensional microscopy with phase shifting digital holography[J]. Opt. Lett., 1998, 23(15): 1221 - 1223.

[36] J. Gareia-Sucerquia, J. A. H. Ramirez, D. V. Prieto. Reduetion of speckle noise in

digital holography by using digital image proeessing[C]. Optik, 2005, 116(1): 44-48.

[37] M. A. Schofield, Y. M. Zhu. Fast phase unwrapping algorithm for interferometric applications[J]. Opt. Lett., 2003, 28(14): 1194-1196.

[38] S. Seebacher, W. Osten, W. Jueptner. Measuring shape and deformation of small objects using digital holography[C]. Proc. of SPIE, 1998, 3479: 104-115.

[39] D. Carl, B. Kemper, G. Wernicke, et al.. Parameter-optimized digital holographic microscope for high-resolution living-cell analysis[J]. Appl. Opt., 2004, 43(36): 6536-6544.

[40] J. Kühn, F. Charrière, T. Colomb, et al.. Axial sub-nanometer accuracy in digital holographic microscopy[J]. Meas. Sci. Technol., 2008, 19(7): 074-7-8.

[41] H. Kogelnik. Coupled wave theory for thick hologram gratings[J]. Bell Syst Tech. J., 1969, 48: 2909-2947.

[42] G. B. Barndt. Image Plane Holography[J]. Appl. Opt., 1969, 8(7): 1421-1429.

[43] C. P. Grover, R. A. Lessard, R. Tremblay. Lensless one-step rainbow holography using a synthesized masking slit[J]. Appl. Opt., 1983, 22(20): 3300-3304.

[44] 王典民,哈流柱,王民草.周视彩虹全息术[J].光学学报,1990,10(11): 850-853.

[45] K. Haines. Development of embossed holograms[C]. Proc. Of SPIE, 1996, 2653: 45-52.

[46] 金洪震,李勇,王辉,等.数字全息图微缩输出系统设计[J].仪器仪表学报,2006,27(3): 233-236.

[47] H. Kang, C. Ahn, C. Ahn, et al.. A real-time 3D display system based on volume hologram[C]. Proc. Of SPIE, 2003, 5005: 168-178.

[48] B. Munjuluri, M. L. Huebschman, H. R. Garner. Rapid hologram updates for real-time volumetric information displays[J]. Appl. Opt., 2005, 44(24): 5076-5085.

[49] H. D. Zheng, Y. J. Yu, C. X. Dai. A novel three-dimensional holographic display system based on LC-R2500 spatial light modulator[J]. Optik, 2009, 120(9): 431-436.

[50] B. Herrington, C. Cole; S. T. Allan; et al.. Rugate coatings for an avionics head-up-display[C]. Optical Interference Coatings (OIC), OSA Technical Digest Series, 2001: FC7.

[51] J. M. Galeotti, M. Siegel, G. Stetten. Real-time tomographic holography for augmented reality[J]. Opt. Lett., 2010, 35(14): 2352-2354.

[52] T.-C. Poon. Optical scanning holography with MATLAB[M]. New York: Springer, 2007.

[53] Z. Xin, K. Dobson, Y. Shinoda, et al.. Sectional image reconstruction in optical scanning holography using a random-phase pupil[J]. Opt. Lett., 2010, 35(17): 2943-2936.

[54] A. M. Smolovich, E. Álvarez, S. A. Aseyev, et al.. Achromatic reconstruction of

femtosecond holograms in the planar optical waveguide[J]. Opt. Lett. , 2008, 33(20):
2401 – 2403.

[55] L. W. Zhu, C. H. Zhou, T. F. Wu, et al. . Femtosecond off-axis digital holography for
monitoring dynamic surface deformation[J]. Appl. Opt. , 2010, 49(13): 2510 – 2518.

第2章　数字化全息基本原理

三维显示有两种情况：一是将空间三维物体信息以平面投影图或透视图的形式在平面上表现出来，二是在空间形成物体光场分布影像。两种情况下对于人眼都能产生立体或空间感觉，但两种情况的立体视觉机理是完全不同的。第一种情况往往与人的主观经验有关，例如透视效应：当同样大小的物体以不同大小出现在同一个画面上时，就会认为小的要比大的距离人远一些；同样宽的道路，近处要比远处宽一些。目前正在流行的街头立体画最能说明这一效应，图2-1中的门楼实际上是画在平地上的。再如光照效应，如图2-2所示两个图，一个感觉是凸面，另一个是凹面，但它们实际上是同一个图上下翻转得到的。以主观经验对图像产生的立体知觉不存在视差，即不能期望通过移动眼睛或移动图片去看到物体的不同侧面。

图2-1　透视效应立体知觉

图2-2　光照效应立体知觉

另一个产生立体知觉的机理是由三维空间光的影像形成的，这种立体知觉客观性很强，它和人眼实际观察空间物体情况相同，是一种真实的立体显示。本书所关注的三维显示指的就是这一类显示技术。从视觉的角度而言，人眼三维知觉的本质是由于物体光的空间分布对人眼产生的刺激。在这种三维知觉中，双目视觉是最为重要的因素。每一只眼睛可以看到空间物体不同侧面的光的分布,各自形成透视图像,然后通过视轴辐合原理进行空间定位,如图 2-3 所示。

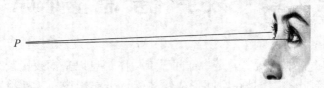

图 2-3　双眼视轴辐合

　　显然,要达到真实的三维显示,在所显示的信息中必须包含两个信息,一个是物体的纹理或亮度信息,一个是物体上各点空间位置信息。事实上这些信息都包含在从物体发射的光之中。从全息三维显示角度来说,就是研究光波是如何携带和传播三维物体信息、如何记录光波所携带的信息以及如何将记录的信息再现出来。本章首先讨论光波的传播问题,然后分别分析光全息、计算全息和数字全息基本原理。

2.1　光的衍射与干涉理论

2.1.1　基尔霍夫衍射理论

　　光学全息的理论基础是光的干涉与衍射,干涉与衍射是波动光学基本问题,在相关著述中有严格详细的分析,本节仅给出关于干涉和衍射的一些基本结论。

　　根据麦克斯韦电磁波理论,光波是时空变化的电磁场,电场和磁场都是矢量场,在信息光学中,更为关注其标量场的变化。标量衍射理论的电场或磁场满足如下标准的波动方程:

$$\nabla^2 u = -\frac{1}{c^2}\frac{\partial^2 u}{\partial t^2} \tag{2-1}$$

　　式中,u 表示波函数,既可以表示电场也可以表示磁场,c 为光速。对于单色光,其波函数可以写成

$$u(P,\,t) = U(P)\exp(-\mathrm{i}\omega t) \tag{2-2}$$

式中,角频率 $\omega = 2\pi\nu$,ν 为光频率,$U(P)$ 为复振幅,它是不含时间变量的空间波函数。将式(2-2)代入式(2-1)可以得到

$$\nabla^2 U + k^2 U = 0 \tag{2-3}$$

式中，$k = \dfrac{2\pi}{\lambda} = \dfrac{2\pi\nu}{c}$，为波数。式
(2-3)称为亥姆霍兹方程，它是单色光电
磁场(光场)在自由空间各点必须满足的
波动方程。光的衍射问题本质是求在一
定边界条件(式(2-3))下方程的解。在
信息光学中，常常需要解决的问题是，已
知通过光场中某一曲面的复振幅分布，求
光场中其他各点的复振幅，如图 2-4 所

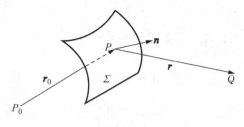

图 2-4　通过曲面 Σ 上光场复振幅分布求任一点 Q 的复振幅分布示意图

示，假设已知曲面 Σ 上光场复振幅，求任一点 Q 的复振幅。

如果曲面 Σ 上的光场是由位于 P_0 点发出的球面光波形成的，根据亥姆霍兹-
基尔霍夫积分定理[1]，可以得到

$$U(Q) = \frac{1}{\mathrm{i}\lambda} \iint\limits_{\Sigma} U(P)\, \frac{\mathrm{e}^{\mathrm{i}kr}}{r}\, \frac{\cos(\boldsymbol{n},\,\boldsymbol{r}_0) - \cos(\boldsymbol{n},\,\boldsymbol{r})}{2}\, \mathrm{d}s \qquad (2-4)$$

这就是著名的菲涅耳-基尔霍夫衍射公式，式中，$U(P) = \dfrac{a_0 \mathrm{e}^{\mathrm{i}kr_0}}{r_0}$ 是由 P_0
点发出的球面波在曲面 Σ 上的复振幅分布，在很多实际应用中，倾斜因子
$\dfrac{\cos(\boldsymbol{n},\,\boldsymbol{r}_0) - \cos(\boldsymbol{n},\,\boldsymbol{r})}{2} \approx 1$，这相当于几何光学中的傍轴近似。如果在曲面 Σ 上
有一复振幅透射率为 $\tau(P)$ 的透明体，可以令 $U(P) = \dfrac{a_0 \mathrm{e}^{\mathrm{i}kr_0}}{r_0}\tau(P)$，它的意义是一
球面波照射一个物体后透射光场，在实际应用中，往往不关注物体是被什么波前照
明的，$U(P)$ 就是表示物光波。这样，菲涅耳-基尔霍夫衍射公式可以写成

$$U(Q) = \frac{1}{\mathrm{i}\lambda} \iint\limits_{\Sigma} U(P)\, \frac{\mathrm{e}^{\mathrm{i}kr}}{r}\, \mathrm{d}s \qquad (2-5\mathrm{a})$$

式(2-5a)表示将 Σ 面上的所有点都看成是发出球面波的子波源，Q 点的复振幅是
由这些点发出振幅为 $U(P)$ 的球面波的叠加。按此理解，如果子波源是三维空间
分布，则式(2-5a)可以表示为

$$U(Q) = C \iint\limits_{\Omega} U(P)\, \frac{\mathrm{e}^{\mathrm{i}kr}}{r}\, \mathrm{d}V \qquad (2-5\mathrm{b})$$

上式表示三维积分，C 为常数，Ω 为子波源分布的空间。

2.1.2 衍射积分的不同表示

1) 平面孔径衍射积分

$$U(\xi, \eta) = \frac{1}{i\lambda} \iint\limits_{-\infty}^{\infty} U(x, y) P(x, y) \frac{e^{ik\sqrt{(x-\xi)^2+(y-\eta)^2+z^2}}}{\sqrt{(x-\xi)^2+(y-\eta)^2+z^2}} \mathrm{d}x\mathrm{d}y$$

$$(2-6)$$

上式的坐标关系如图 2-5 所示,注意到积分拓展到了无穷大区域,但多了一个函数 $P(x, y)$,称作孔径函数,它的定义是

$$P(x, y) = \begin{cases} 1 & \text{衍射孔径内} \\ 0 & \text{衍射孔径外} \end{cases}$$

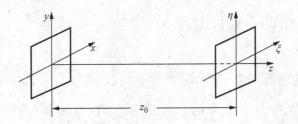

图 2-5 平面孔径衍射积分坐标示意图

2) 卷积形式

令 $h(x, y) = \dfrac{1}{i\lambda} \dfrac{e^{ik\sqrt{x^2+y^2+z^2}}}{\sqrt{x^2+y^2+z^2}}$,式(2-6)可以写成

$$U(\xi, \eta) = \iint\limits_{-\infty}^{\infty} U(x, y) P(x, y) h(x-\xi, y-\eta) \mathrm{d}x\mathrm{d}y \qquad (2-7)$$

上式是菲涅耳-基尔霍夫衍射公式的卷积形式,它反映了自由空间衍射的平移不变性,或者说对于衍射而言,自由空间是一个线性平移不变系统。$h(x, y)$ 是这个系统的脉冲响应,它反映了光波传播的空间域特性。

3) 角谱衍射积分

令 $U_0(x, y) = U(x, y) P(x, y)$,对式(2-7)两边进行傅里叶变换,根据卷积傅里叶变换性质,可以得到

$$\boldsymbol{U}(f_\xi, f_\eta) = \boldsymbol{U}_0(f_\xi, f_\eta) \boldsymbol{H}(f_\xi, f_\eta) \qquad (2-8)$$

式中，$\boldsymbol{U}(f_\xi,\,f_\eta)$，$\boldsymbol{U}_\text{o}(f_\xi,\,f_\eta)$ 和 $\boldsymbol{H}(f_\xi,\,f_\eta)$ 分别是 $U(x,\,y)$，$U_\text{o}(x,\,y)$ 和 $h(x,\,y)$ 的傅里叶变换，即

$$\boldsymbol{U}(f_\xi,\,f_\eta) = \iint\limits_{-\infty}^{\infty} U(\xi,\,\eta)\exp[\mathrm{i}2\pi(f_\xi\xi + f_\eta\eta)]\mathrm{d}\xi\mathrm{d}\eta = \mathscr{F}\{U(\xi,\,\eta)\}$$

$$\boldsymbol{U}_\text{o}(f_\xi,\,f_\eta) = \iint\limits_{-\infty}^{\infty} U_\text{o}(x,\,y)\exp[\mathrm{i}2\pi(f_\xi x + f_\eta y)]\mathrm{d}x\mathrm{d}y = \mathscr{F}\{U_\text{o}(x,\,y)\} \quad (2-9)$$

$$\boldsymbol{H}(f_\xi,\,f_\eta) = \iint\limits_{-\infty}^{\infty} h(x,\,y)\exp[\mathrm{i}2\pi(f_\xi x + f_\eta y)]\mathrm{d}x\mathrm{d}y = \mathscr{F}\{h(x,\,y)\}$$

并且存在逆变换：

$$U(\xi,\,\eta) = \iint\limits_{-\infty}^{\infty} U(f_\xi,\,f_\eta)\exp[-\mathrm{i}2\pi(f_\xi\xi + f_\eta\eta)]\mathrm{d}f_\xi\mathrm{d}f_\eta = \mathscr{F}^{-1}\{U(f_\xi,\,f_\eta)\}$$

$$U_\text{o}(x,\,y) = \iint\limits_{-\infty}^{\infty} U_\text{o}(f_\xi,\,f_\eta)\exp[-\mathrm{i}2\pi(f_\xi\xi + f_\eta\eta)]\mathrm{d}f_\xi\mathrm{d}f_\eta = \mathscr{F}^{-1}\{U_\text{o}(f_\xi,\,f_\eta)\} \quad (2-10)$$

$$h(x,\,y) = \iint\limits_{-\infty}^{\infty} H(f_\xi,\,f_\eta)\exp[-\mathrm{i}2\pi(f_\xi\xi + f_\eta\eta)]\mathrm{d}f_\xi\mathrm{d}f_\eta = \mathscr{F}^{-1}\{H(f_\xi,\,f_\eta)\}$$

式中，f_ξ，f_η 为空间频率，它是光场复振幅在单位空间距离上变化的次数。例如平行光在传播方向的空间频率就是波长的倒数，此时波长可以看成是传播方向的光场的周期。一般情况下，空间频率可以表示成

$$f_\xi = \frac{\cos\alpha}{\lambda},\ f_\eta = \frac{\cos\beta}{\lambda},\ f_\zeta = \frac{\cos\gamma}{\lambda}$$

其中，λ 是光波长，α，β，γ 分别是波矢与 ξ，η，ζ 三个坐标方向的夹角，图 2-6 可以很好地说明空间频率的意义。

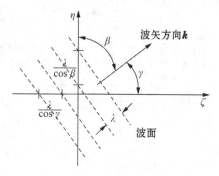

图 2-6　在 $\eta\zeta$ 平面内传播的波矢量 $\boldsymbol{k}$ 的空间频率

将 $U(f_\xi,\,f_\eta)$ 代入式(2-3)亥姆霍兹方程：

$$[\nabla^2 + k^2]U(\xi,\,\eta) = [\nabla^2 + k^2]\mathscr{F}^{-1}\{\boldsymbol{U}(f_\xi,\,f_\eta)\} = 0$$

得到

$$\frac{\mathrm{d}^2}{\mathrm{d}z^2}\boldsymbol{U}(f_\xi,\,f_\eta) + k^2(1 - \lambda^2 f_\xi^2 - \lambda^2 f_\eta^2)\boldsymbol{U}(f_\xi,\,f_\eta) = 0$$

解上述微分方程,可得

$$U(f_\xi, f_\eta) = c(f_\xi, f_\eta)\exp\left[i\frac{2\pi}{\lambda}z\sqrt{1-\lambda^2 f_\xi^2-\lambda^2 f_\eta^2}\right]$$

当 $z = 0$ 时,$U(f_\xi, f_\eta)\big|_{z=0} = c(f_\xi, f_\eta) = U_o(f_\xi, f_\eta)$
所以

$$U(f_\xi, f_\eta) = U_o(f_\xi, f_\eta)\exp\left[i\frac{2\pi}{\lambda}z\sqrt{1-\lambda^2 f_\xi^2-\lambda^2 f_\eta^2}\right] \tag{2-11}$$

与式(2-8)比较,有 $H(f_\xi, f_\eta) = \exp\left[i\frac{2\pi}{\lambda}z\sqrt{1-\lambda^2 f_\xi^2-\lambda^2 f_\eta^2}\right]$

因此,

$$U(\xi, \eta) = \mathscr{F}^{-1}\left\{U_o(f_\xi, f_\eta)\exp\left[i\frac{2\pi}{\lambda}z\sqrt{1-\lambda^2 f_\xi^2-\lambda^2 f_\eta^2}\right]\right\} \tag{2-12}$$

这就是衍射积分的角谱算法。

2.1.3　菲涅耳衍射与夫琅和费衍射

在式(2-6)中,

$$r = \sqrt{(x-\xi)^2+(y-\eta)^2+z^2} = z\sqrt{1+\frac{(x-\xi)^2+(y-\eta)^2}{z^2}}$$

$$= \left\{z+\frac{(x-\xi)^2+(y-\eta)^2}{2z}-\frac{\left[(x-\xi)^2+(y-\eta)^2\right]^2}{8z^3}+\cdots\right\} \tag{2-13}$$

如果 $\left|k\dfrac{\left[(x-\xi)^2+(y-\eta)^2\right]^2}{8z^3}\right| \ll 1$,即

$$|z^3| \gg \frac{\pi}{4\lambda}\left[(x-\xi)^2+(y-\eta)^2\right]^2 \tag{2-14}$$

此时衍射积分中高次项可以忽略,因此式(2-6)可以写成如下近似形式:

$$U(\xi, \eta) = \frac{e^{ikz_o}}{iz_o\lambda}\iint_{-\infty}^{\infty} U_o(x, y)\exp\left[ik\frac{(x-\xi)^2+(y-\eta)^2}{2z_o}\right]dxdy$$

$$= \frac{e^{ikz_o}\exp\left[ik\dfrac{\xi^2+\eta^2}{2z_o}\right]}{iz_o\lambda}\iint_{-\infty}^{\infty} U_o(x, y)\exp\left[ik\frac{x^2+y^2}{2z_o}\right]\exp\left[-ik\left(\frac{x\xi}{z_o}+\frac{y\eta}{z_o}\right)\right]dxdy$$

$$\tag{2-15}$$

式(2-15)就是菲涅耳衍射积分。

当 $k\dfrac{x^2+y^2}{2z_o}\ll 2\pi$ 时,式(2-15)可以进一步近似为

$$U(\xi,\ \eta)=\frac{\exp(\mathrm{i}kz_o)\exp\left(\mathrm{i}k\dfrac{\xi^2+\eta^2}{2z_o}\right)}{\mathrm{i}z_o\lambda}\iint\limits_{-\infty}^{\infty}U_o(x,\ y)\exp\left[-\mathrm{i}k\left(\frac{x\xi}{z_o}+\frac{y\eta}{z_o}\right)\right]\mathrm{d}x\mathrm{d}y$$

$$(2-16)$$

式(2-16)称为夫琅和费衍射积分。

2.1.4　光的干涉

光的干涉现象是由波的叠加形成的。波的叠加原理是,在波的独立传播原理成立条件下,波动相遇区域内任一点的扰动量是各列波单独存在时在该点产生的扰动矢量和。设 $\boldsymbol{E}_1(P,\ t_1)=\boldsymbol{A}_1(P)\mathrm{e}^{\mathrm{i}\varphi_1(P)}\mathrm{e}^{\mathrm{i}\varphi(t_1)}$ 和 $\boldsymbol{E}_2(P,\ t_2)=\boldsymbol{A}_2(P)\mathrm{e}^{\mathrm{i}\varphi_2(P)}\mathrm{e}^{\mathrm{i}\varphi(t_2)}$ 分别表示两列波在 P 点的电场矢量扰动,则 P 点总的电场矢量为

$$\boldsymbol{E}(P,\ t_1,\ t_2)=\boldsymbol{E}_1(P,\ t_1)+\boldsymbol{E}_2(P,\ t_2)=\boldsymbol{A}_1(P)\mathrm{e}^{\mathrm{i}\varphi_1(P)}\mathrm{e}^{\mathrm{i}\varphi(t_1)}+\boldsymbol{A}_2(P)\mathrm{e}^{\mathrm{i}\varphi_2(P)}\mathrm{e}^{\mathrm{i}\varphi(t_2)}$$

对应的光强分布为

$$I(P,\ t_1,\ t_2)=\boldsymbol{E}(P,\ t_1,\ t_2)\cdot\boldsymbol{E}^*(P,\ t_1,\ t_2)$$
$$=|\boldsymbol{A}_1(P)|^2+|\boldsymbol{A}_2(P)|^2+2\boldsymbol{A}_1(P)\cdot\boldsymbol{A}_2(P)\cos[\varphi_2(P)-\varphi_1(P)+\varphi(t_2)-\varphi(t_1)]$$
$$=I_1(P)+I_2(P)+2\boldsymbol{A}_1(P)\cdot\boldsymbol{A}_2(P)\cos[\Delta\varphi(P)+\Delta\varphi(t)]$$

上式表示的是空间某点 P 处的瞬时光强,"·"表示矢量点乘。到目前为止包括人眼在内的光探测器只能感应光强的时间平均值,所以实际观测到的光强为

$$I(P,\ t_1,\ t_2)=I_1(P)+I_2(P)+2\boldsymbol{A}_1(P)\cdot\boldsymbol{A}_2(P)\langle\cos[\Delta\varphi(P)+\Delta\varphi(t)]\rangle$$

$$(2-17)$$

式中,符号 $\langle\ \rangle$ 表示对时间求平均值。如果两列波的时间位相差 $\Delta\varphi(t)$ 变化极快,则 $\cos[\Delta\varphi(P)+\Delta\varphi(t)]$ 在积分时间内为零,那么观测到的光强为

$$I(P)=I_1(P)+I_2(P)\qquad(2-18)$$

这就是非相干叠加的结果,普通光源发出的光时间位相随机性很大,因而两列波的时间位相差也是随机的。如果参与叠加的两列波来自同一束光的波列,其时间位相差 $\Delta\varphi(t)$ 就有可能是固定的。激光可以产生持续时间很长的波列,将一束激光分为两束,只要两束光的光程差小于波列的长度,可以很好地保证时间位相差

为一常数 $\Delta\varphi_0$，则式(2-17)为

$$I(P, t_1, t_2) = I_1(P) + I_2(P) + 2\boldsymbol{A}_1(P) \cdot \boldsymbol{A}_2(P)\cos[\Delta\varphi(P) + \Delta\varphi_0]$$

$$(2-19)$$

此时，光强分布将随着两列波在空间各点的空间位相差 $\Delta\varphi(P)$ 变化而变化，这种现象就是光的干涉现象。如果两列波在 P 点振幅矢量夹角为 θ，则式(2-19)又可以写成

$$I(P, t_1, t_2) = I_1(P) + I_2(P) + 2\boldsymbol{A}_1(P) \cdot \boldsymbol{A}_2(P)\cos[\Delta\varphi(P) + \Delta\varphi_0]\cos\theta$$

$$(2-20)$$

从空间三维物体上透射或反射的光波将携带物体的纹理和空间位置信息，光强可以携带纹理信息，而空间位置信息携带于位相差 $\Delta\varphi(P)$ 之中。干涉图案虽然是光强度分布，但却包含着物体的纹理和空间位置信息，这就是全息编码物光波的原理。但要注意，如果两列波振幅矢量是正交的，$\cos\theta = 0$，则式(2-20)只有强度信息而无位相信息，此时又成为非相干情况。

2.2　光学全息原理

2.2.1　光学全息记录

不论是计算全息还是数字全息，其理论基础都是光学全息。本节简要讨论在菲涅耳衍射近似情况下的光学全息原理。全息记录的基本原理是光的干涉，激光所具有的非常高的时空相干性为全息照相真正实现提供了最为基本的条件。全息照相原理可用图 2-7 来说明。设物体对记录波长为 λ 的光振幅透射率(或反射率)为 $\tau(x, y, z)$，被激光均匀照明以后，在物空间形成的光场复振幅分布为 $U(x, y, z) = A\tau(x, y, z)$。通过在自由空间传播到记录平面，设记录平面任一点

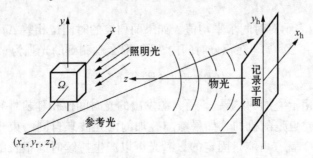

图 2-7　全息照相光路原理图

的复振幅为 $O(x_h, y_h)$，根据式(2-5b)式，可以得到

$$O(x_h, y_h) = A\int_\Omega \tau(x, y, z) \frac{\exp\left[ik\sqrt{(x-x_h)^2 + (y-y_h)^2 + z^2}\right]}{\sqrt{(x-x_h)^2 + (y-y_h)^2 + z^2}} \mathrm{d}x\mathrm{d}y\mathrm{d}z$$

$$(2-21)$$

在菲涅耳近似的情况下，上式可以写成

$$O(x_h, y_h) = A\int_\Omega \tau(x, y, z)\exp\left\{-\frac{\mathrm{i}\pi}{\lambda z}(x^2 + y^2)\right\}\exp\left\{-\frac{\mathrm{i}\pi}{\lambda z}(x_h^2 + y_h^2)\right\}\cdot$$

$$\exp\left[\mathrm{i}\frac{2\pi}{\lambda z}(xx_h + yy_h)\right]\exp\left\{\mathrm{i}\frac{2\pi}{\lambda}z\right\}\mathrm{d}x\mathrm{d}y\mathrm{d}z \qquad (2-22)$$

$O(x_h, y_h)$ 称作物光，对于反射物体，积分区域是物体表面；而对于透射物体，积分区域是物体所存在的区域。引入参考光 $R(x_h, y_h, z_h)$，使其在记录平面与物光波干涉叠加。设参考光是由处于 (x_r, y_r, z_r) 处的点光源发出，则在记录平面参考光复振幅分布的菲涅耳近似为

$$R(x_h, y_h) = A_r\exp\left\{-\frac{\mathrm{i}\pi}{\lambda z_r}(x_r^2 + y_r^2)\right\}\exp\left\{\mathrm{i}\frac{2\pi}{\lambda}z_r\right\}\cdot$$

$$\exp\left\{-\frac{\mathrm{i}\pi}{\lambda z_r}(x_h^2 + y_h^2)\right\}\exp\left[\mathrm{i}\frac{2\pi}{\lambda z_r}(x_rx_h + y_ry_h)\right]$$

$$= A_r\exp(\mathrm{i}\varphi_r)\exp\left\{-\frac{\mathrm{i}\pi}{\lambda z_r}(x_h^2 + y_h^2)\right\}\exp\left[\mathrm{i}\frac{2\pi}{\lambda z_r}(x_rx_h + y_ry_h)\right]$$

$$(2-23)$$

式中，$\varphi_r = \left\{\dfrac{2\pi}{\lambda}z_r - \dfrac{\pi}{\lambda z_r}(x_r^2 + y_r^2)\right\}$ 是一常数位相。根据干涉原理，记录平面的复振幅为

$$U(x_h, y_h) = O(x_h, y_h) + R(x_h, y_h) \qquad (2-24)$$

与之对应的强度分布为

$$I(x_h, y_h) = U(x_h, y_h)U^*(x_h, y_h)$$

$$= |O(x_h, y_h)|^2 + |R(x_h, y_h)|^2 + O(x_h, y_h)R^*(x_h, y_h) +$$

$$O^*(x_h, y_h)R(x_h, y_h) \qquad (2-25)$$

所谓全息图就是利用感光材料记录上式的光强分布。最后得到的全息图透射率可以将上式处理成

$$\tau(x_h, y_h) \propto I^\gamma(x_h, y_h) = \beta_0 + \beta I(x_h, y_h) + \beta_2 I^2(x_h, y_h) + \cdots \quad (2-26)$$

式中，$\gamma, \beta_0, \beta, \beta_2, \cdots$ 是与感光及显影过程有关的常数。透射率第二项是我

们期望的透射率分布，此时透射率与干涉光强成正比。但一般情况下总会存在高次项，高次项将产生多级再现像，对期望的再现像带来干扰。

2.2.2　光学全息再现

为了分析再现原理，这里假设全息图复振幅透射率与干涉光强成正比。设用复振幅分布为 $C(x_h, y_h)$ 的再现光照明全息图，从全息图出射的光复振幅分布为

$$
\begin{aligned}
u(x_h, y_h) &= \beta C(x_h, y_h) I(x_h, y_h) \\
&= \beta C(x_h, y_h) \mid O(x_h, y_h) \mid^2 + \beta C(x_h, y_h) \mid R(x_h, y_h) \mid^2 + \\
&\quad \beta C(x_h, y_h) O(x_h, y_h) R^*(x_h, y_h) + \beta C(x_h, y_h) O^*(x_h, y_h) R(x_h, y_h) \\
&= u_1(x_h, y_h) + u_2(x_h, y_h) + u_3(x_h, y_h) + u_4(x_h, y_h)
\end{aligned}
\tag{2-27}
$$

上式由四项相加组成，$u_1(x_h, y_h)$ 和 $u_2(x_h, y_h)$ 称之为零级光，其传播的方向与 $C(x_h, y_h)$ 一致，$u_3(x_h, y_h)$ 是被参考光的共轭光和再现光调制的原物光波，$u_4(x_h, y_h)$ 是被参考光和再现光调制的原物光波的共轭光。在满足一定条件时，零级光、物光和共轭物光的传播方向可以分离（详见第 3 章）。现选择具有代表性的第三项来讨论：

$$
u_3(x_h, y_h) = \beta C(x_h, y_h) O(x_h, y_h) R^*(x_h, y_h)
\tag{2-28}
$$

设再现光是波长为 λ_c 的球面波，再现光路如图 2-8 所示，入射到全息图上的再现光复振幅菲涅耳近似为

$$
\begin{aligned}
C(x_h, y_h) &= A_c \exp\left[-\frac{i\pi}{\lambda_c z_c}(x_c^2 + y_c^2)\right] \exp\left(i\frac{2\pi}{\lambda_c} z_c\right) \cdot \\
&\quad \exp\left[-\frac{i\pi}{\lambda_c z_c}(x_h^2 + y_h^2)\right] \exp\left[i\frac{2\pi}{\lambda_c z_c}(x_c x_h + y_c y_h)\right] \\
&= A_c \exp(i\varphi_c) \exp\left[-\frac{i\pi}{\lambda_c z_c}(x_h^2 + y_h^2)\right] \exp\left[i\frac{2\pi}{\lambda_c z_c}(x_c x_h + y_c y_h)\right]
\end{aligned}
$$

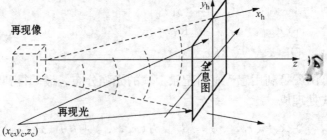

图 2-8　全息图再现原理示意图

式中，$\varphi_c = \dfrac{2\pi}{\lambda_c} z_c - \dfrac{\pi}{\lambda_c z_c}(x_c^2 + y_c^2)$，是一常数位相。

将式(2-23) $R(x_h, y_h)$ 的共轭 $R^*(x_h, y_h)$ 和 $C(x_h, y_h)$ 代入式(2-28)，得到

$$u_3(x_h, y_h) = \beta O(x_h, y_h) R^*(x_h, y_h) C(x_h, y_h)$$

$$= \beta A_r A_c O(x_h, y_h) \exp[i(\varphi_c - \varphi_r)] \exp\left[-i\pi\left(\frac{x_h^2 + y_h^2}{\lambda_c z_c} - \frac{x_h^2 + y_h^2}{\lambda z_r}\right)\right] \cdot$$

$$\exp\left[i2\pi\left(\frac{x_c x_h + y_c y_h}{\lambda_c z_c} - \frac{x_r x_h + y_r y_h}{\lambda z_r}\right)\right] \tag{2-29}$$

将式(2-22)代入式(2-29)进行运算，并分析 $u_3(x_h, y_h)$ 的特点。我们知道，$O(x_h, y_h)$ 是由原物体上所有点发出的球面波复振幅叠加而成的，所以下面仅考虑一个物点全息图的再现情况。设物点的坐标为 (x_o, y_o, z_o)，则其在记录平面上的物光波为

$$O_o(x_h, y_h) = A_o(x_o, y_o, z_o) \exp\left[-\frac{i\pi}{\lambda z_o}(x_o^2 + y_o^2)\right] \exp\left(i\frac{2\pi}{\lambda} z_o\right) \cdot$$

$$\exp\left[-\frac{i\pi}{\lambda z_o}(x_h^2 + y_h^2)\right] \exp\left[i\frac{2\pi}{\lambda z_o}(x_o x_h + y_o y_h)\right]$$

$$= A_o \exp(i\varphi_o) \exp\left[-\frac{i\pi}{\lambda z_o}(x_h^2 + y_h^2)\right] \exp\left[i\frac{2\pi}{\lambda z_o}(x_o x_h + y_o y_h)\right] \tag{2-30}$$

同样，式中 $\varphi_o = \dfrac{2\pi}{\lambda} z_o - \dfrac{\pi}{\lambda z_o}(x_o^2 + y_o^2)$，是一常数位相。将上式代入式(2-29)得

$$u_{o3}(x_h, y_h) = \beta A_o(x_o, y_o, z_o) A_r A_c \exp[i(\varphi_o - \varphi_r + \varphi_c)] \cdot$$

$$\exp\left[-i\pi\left(\frac{1}{\lambda z_o} - \frac{1}{\lambda z_r} + \frac{1}{\lambda_c z_c}\right)(x_h^2 + y_h^2)\right] \cdot$$

$$\exp\left\{i2\pi\left[\left(\frac{x_o}{\lambda z_o} - \frac{x_r}{\lambda z_r} + \frac{x_c}{\lambda_c z_c}\right)x_h + \left(\frac{y_o}{\lambda z_o} - \frac{y_r}{\lambda z_r} + \frac{y_c}{\lambda_c z_c}\right)y_h\right]\right\} \tag{2-31}$$

令

$$\frac{1}{\lambda_c z_i} = \frac{1}{\lambda z_o} - \frac{1}{\lambda z_r} + \frac{1}{\lambda_c z_c}$$

$$\frac{x_i}{\lambda_c z_i} = \frac{x_o}{\lambda z_o} - \frac{x_r}{\lambda z_r} + \frac{x_c}{\lambda_c z_c} \tag{2-32}$$

$$\frac{y_i}{\lambda_c z_i} = \frac{y_o}{\lambda z_o} - \frac{y_r}{\lambda z_r} + \frac{y_c}{\lambda_c z_c}$$

代入式(2-31)得

$$u_{o3}(x_h, y_h) = \beta_o A_o(x_o, y_o, z_o) A_r A_c \exp[i(\varphi_o - \varphi_r + \varphi_c)] \cdot$$

$$\exp\left(-i\pi \frac{x_h^2 + y_h^2}{\lambda_c z_i}\right) \exp\left(i2\pi \frac{x_i x_h + y_i y_h}{\lambda_c z_i}\right) \quad (2-33)$$

很明显,上式是一个球面波复振幅的菲涅耳近似表达式,当观察这个球面波时,在坐标(x_i, y_i, z_i)处将看到一个光点,这就是原物点的像。解式(2-32),可以得到像点坐标为

$$z_i = \frac{z_o z_r z_c}{z_r z_o + \mu z_c(z_r - z_o)}$$

$$x_i = \frac{x_c z_r z_o + \mu z_c(x_o z_r - x_r z_o)}{z_r z_o + \mu z_c(z_r - z_o)} \quad (2-34)$$

$$y_i = \frac{x_c z_r z_o + \mu z_c(y_o z_r - y_r z_o)}{z_r z_o + \mu z_c(z_r - z_o)}$$

式中,$\mu = \dfrac{\lambda_c}{\lambda}$,式(2-34)称为全息的物像公式。

再考虑式(2-27)的第四项,将$O^*(x_h, y_h)$,$R(x_h, y_h)$和$C(x_h, y_h)$的具体表达式代入。可以得到

$$u_{o4}(x_h, y_h) = \beta O^*(x_h, y_h) R(x_h, y_h) C(x_h, y_h)$$

$$= \beta A_r A_c A_o \exp[i(\varphi_c + \varphi_r - i\varphi_o)] \cdot$$

$$\exp\left[-i\pi\left(\frac{1}{\lambda_c z_c} + \frac{1}{\lambda z_r} - \frac{1}{\lambda z_o}\right)(x_h^2 + y_h^2)\right] \cdot$$

$$\exp\left\{i2\pi\left[\left(\frac{x_c}{\lambda_c z_c} + \frac{x_r}{\lambda z_r} - \frac{x_o}{\lambda z_o}\right)x_h + \left(\frac{y_c}{\lambda_c z_c} + \frac{y_r}{\lambda z_r} - \frac{y_o}{\lambda z_o}\right)y_h\right]\right\}$$

$$(2-35)$$

令

$$\frac{1}{\lambda_c z_i} = \frac{1}{\lambda_c z_c} - \frac{1}{\lambda z_o} + \frac{1}{\lambda z_r}$$

$$\frac{x_i}{\lambda_c z_i} = \frac{x_c}{\lambda_c z_c} + \frac{x_r}{\lambda z_r} - \frac{x_o}{\lambda z_o} \quad (2-36)$$

$$\frac{y_i}{\lambda_c z_i} = \frac{y_c}{\lambda_c z_c} + \frac{y_r}{\lambda z_r} - \frac{y_o}{\lambda z_o}$$

将式(2-36)代入式(2-35),可得

$$u_{o4}(x_h, y_h) = \beta A_r A_c A_o \exp[i(\varphi_c + \varphi_r - i\tilde{\omega}_o)] \cdot$$

$$\exp\left(-\mathrm{i}\pi\,\frac{x_\mathrm{h}^2+y_\mathrm{h}^2}{\lambda_\mathrm{c}z_\mathrm{i}}\right)\exp\left(\mathrm{i}2\pi\,\frac{x_\mathrm{i}x_\mathrm{h}+y_\mathrm{i}y_\mathrm{h}}{\lambda_\mathrm{c}z_\mathrm{i}}\right) \tag{2-37}$$

上式表示的是源点坐标为 $(x_\mathrm{i},\ y_\mathrm{i},\ z_\mathrm{i})$ 球面波的菲涅耳近似形式。同样,观察此球面波,将在 $(x_\mathrm{i},\ y_\mathrm{i},\ z_\mathrm{i})$ 位置看到一个光点,这就是原物点的共轭像。通过式 (2-36)可以得到

$$z_\mathrm{i}=\frac{z_\mathrm{o}z_\mathrm{c}z_\mathrm{r}}{z_\mathrm{o}z_\mathrm{r}-\mu z_\mathrm{c}(z_\mathrm{r}-z_\mathrm{o})}$$

$$x_\mathrm{i}=\frac{x_\mathrm{c}z_\mathrm{r}z_\mathrm{o}-\mu z_\mathrm{c}(x_\mathrm{o}z_\mathrm{r}-x_\mathrm{r}z_\mathrm{o})}{z_\mathrm{r}z_\mathrm{o}-\mu z_\mathrm{c}(z_\mathrm{r}-z_\mathrm{o})}$$

$$y_\mathrm{i}=\frac{x_\mathrm{c}z_\mathrm{r}z_\mathrm{o}-\mu z_\mathrm{c}(y_\mathrm{o}z_\mathrm{r}-y_\mathrm{r}z_\mathrm{o})}{z_\mathrm{r}z_\mathrm{o}-\mu z_\mathrm{c}(z_\mathrm{r}-z_\mathrm{o})}$$

综合式(2-32),原始像点和共轭像点坐标可以写成

$$z_\mathrm{i}=\frac{z_\mathrm{o}z_\mathrm{c}z_\mathrm{r}}{z_\mathrm{o}z_\mathrm{r}\pm\mu z_\mathrm{c}(z_\mathrm{r}-z_\mathrm{o})}$$

$$x_\mathrm{i}=\frac{x_\mathrm{c}z_\mathrm{r}z_\mathrm{o}\pm\mu z_\mathrm{c}(x_\mathrm{o}z_\mathrm{r}-x_\mathrm{r}z_\mathrm{o})}{z_\mathrm{r}z_\mathrm{o}\pm\mu z_\mathrm{c}(z_\mathrm{r}-z_\mathrm{o})} \tag{2-38}$$

$$y_\mathrm{i}=\frac{x_\mathrm{c}z_\mathrm{r}z_\mathrm{o}\pm\mu z_\mathrm{c}(y_\mathrm{o}z_\mathrm{r}-y_\mathrm{r}z_\mathrm{o})}{z_\mathrm{r}z_\mathrm{o}\pm\mu z_\mathrm{c}(z_\mathrm{r}-z_\mathrm{o})}$$

$u_\mathrm{o3}(x_\mathrm{h},\ y_\mathrm{h})$,$u_\mathrm{o4}(x_\mathrm{h},\ y_\mathrm{h})$ 是从全息图出射的光,像点是通过它们的衍射形成的。现在考察在像面上光的复振幅分布,根据菲涅耳衍射原理,从全息图衍射一段距离 z 以后,光场分布为

$$u_3(x_\mathrm{i}',\ y_\mathrm{i}')=\exp\left(-\mathrm{i}\pi\,\frac{x_\mathrm{i}'^2+y_\mathrm{i}'^2}{\lambda_\mathrm{c}z}\right)\int u_\mathrm{o3}(x_\mathrm{h},\ y_\mathrm{h})\cdot$$

$$\exp\left(-\mathrm{i}\pi\,\frac{x_\mathrm{h}^2+y_\mathrm{h}^2}{\lambda_\mathrm{c}z}\right)\exp\left(\mathrm{i}2\pi\,\frac{x_\mathrm{i}'x_\mathrm{h}+y_\mathrm{i}'y_\mathrm{h}}{\lambda_\mathrm{c}z}\right)\,\mathrm{d}x_\mathrm{h}\mathrm{d}y_\mathrm{h}$$

$$=\beta_\mathrm{o}A_\mathrm{o}A_\mathrm{r}A_\mathrm{c}\exp\left(-\mathrm{i}\pi\,\frac{x_\mathrm{i}'^2+y_\mathrm{i}'^2}{\lambda_\mathrm{c}z}\right)\exp[\mathrm{i}(\varphi_\mathrm{o}-\varphi_\mathrm{r}+\varphi_\mathrm{c})]\cdot$$

$$\int_H\exp\left[-\mathrm{i}\pi\left(\frac{x_\mathrm{h}^2+y_\mathrm{h}^2}{\lambda_\mathrm{c}z}+\frac{x_\mathrm{h}^2+y_\mathrm{h}^2}{\lambda_\mathrm{c}z_\mathrm{i}}\right)\right]\cdot$$

$$\exp\left\{\mathrm{i}2\pi\left[\left(\frac{x_\mathrm{i}'}{\lambda_\mathrm{c}z}+\frac{x_\mathrm{i}}{\lambda_\mathrm{c}z_\mathrm{i}}\right)x_\mathrm{h}+\left(\frac{y_\mathrm{i}'}{\lambda_\mathrm{c}z}+\frac{y_\mathrm{i}}{\lambda_\mathrm{c}z_\mathrm{i}}\right)y_\mathrm{h}\right]\right\}\mathrm{d}x_\mathrm{h}\mathrm{d}y_\mathrm{h} \tag{2-39}$$

上式 z 的选取是以全息图为原点的,根据图 2-8 的坐标设置,像面与全息图的距离为 $z=-z_\mathrm{i}$,另外设全息图大小为 $L_\mathrm{h}\times W_\mathrm{h}$,式(2-39)可以写成

$$u_3(x'_i, y'_i) = A_{oi} \iint\limits_{-\infty}^{\infty} \text{rect}\left(\frac{x_h}{L_h}, \frac{y_h}{L_h}\right) \cdot$$

$$\exp\left[-\text{i}2\pi\left(\frac{x'_i - x_i}{\lambda_c z_i}x_h + \frac{y'_i - y_i}{\lambda_c z_i}y_h\right)\right]\text{d}x_h\text{d}y_h \qquad (2-40)$$

式中，$A_{oi} = \beta_o A_o A_r A_c \exp\left(-\text{i}\pi\dfrac{x'^2 + y'^2}{\lambda_c z}\right)\exp[\text{i}(\varphi_o - \varphi_r + \varphi_c)]$，式(2-40)的积分结果为

$$u_{o3}(x'_i, y'_i, z_i) = A_{oi}L_h W_h \text{sinc}\left(L_h\frac{x'_i - x_i}{\lambda z_i}, W_h\frac{y'_i - y_i}{\lambda z_i}\right) \qquad (2-41)$$

当全息图为无限大时，上式演化为 δ 函数，表示理想像点。式(2-41)表明，在全息图大小有限的情况下，像点是一个由 sinc 函数确定的弥散斑，像斑半宽为

$$\Delta_x = \frac{\lambda z_i}{L_h}, \ \Delta_y = \frac{\lambda z_i}{W_h} \qquad (2-42)$$

上式即为全息图的横向分辨率。

对物光的波前进行不同处理和限制，并与参考光相对位置匹配，可以得到不同的全息图，例如菲涅耳全息图、傅里叶变换全息图、彩虹全息图、周视全息图以及反射全息图等。记录材料的厚薄决定全息图是平面全息还是体全息。

2.3 计算全息原理

2.3.1 计算全息基本概念

计算全息最主要特点之一是既可以制作实际存在物体的全息图，也可以记录物理上不存在的物体的全息图。也就是说，只要知道物体结构分布和纹理数据就可以用计算的方法模拟这个"物体"光波信息，并编码到全息图之中。不论是什么形式的全息图，在记录平面上的物光波都可以写成数学形式：

$$O(x_h, y_h) = a(x_h, y_h)\exp[\text{i}\varphi(x_h, y_h)] \qquad (2-43)$$

对式(2-43)进行离散化，其第 m，n 个抽样点复振幅为

$$O(m\Delta x_h, n\Delta y_h) = \iint\limits_{-\infty}^{\infty} a(x_h, y_h)\exp[\text{i}\varphi(x_h, y_h)]\delta(x_h - m\Delta x_h, y_h - n\Delta y_h)\text{d}x_h\text{d}y_h$$

$$= a(m\Delta x_h, n\Delta y_h)\exp[\text{i}\varphi(m\Delta x_h, n\Delta y_h)] \qquad (2-44)$$

光学全息是通过干涉的方法将物光波信息编码到干涉条纹中，而计算机制全

息却可以采取更多的方式编码。文献[3]对于基本的编码方法给予了全面而系统的论述。基本的方法包括迂回位相编码、计算干涉图编码、修正离轴参考光编码等。迂回位相计算全息图是二元全息图[4],即全息图的透射率为 0 或 1,主要用于空间滤波器以及全息光学元件的制作。在三维显示中,一般采用光全息术的计算机仿真或干涉型编码方式,具体算法有博奇黄氏(Huang)算法[5]、李威汉算法[6]等。这些算法都是基本的算法,在实际应用中,必须根据全息图类型的不同进行相应的修正,并研究快速计算以及数据压缩等问题。例如菲涅耳全息图算法、傅里叶变换全息图算法、彩虹全息图算法等。计算全息图的制作与显示过程如图 2-9 所示。

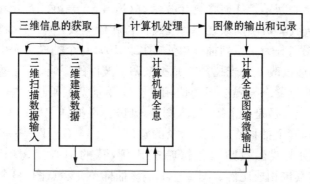

图 2-9 计算全息图制作原理

计算全息首先必须获取待显示物体的三维信息。对于实际存在的物体,可利用数字三维扫描仪进行数据采集。而对于那些实际不存在的物体,可利用 3D 软件设计所需要的三维物体,获得三维数据。计算全息必须对三维数据利用抽样定理将其离散化。这里应考虑抽样间隔选取问题,抽样点过少,会丢失物体信息而使再现像质量下降;抽样点过多,会使计算速度过慢。根据抽样定理,一般取抽样单元数不小于物体空间带宽积的四倍,即满足关系式

$$M_{o}N_{o} = 4\Delta X_{o}\Delta Y_{o}\Delta f_{xo}\Delta f_{yo} \tag{2-45}$$

式中,M_{o},N_{o} 分别为对物体在 x 方向和 y 方向的抽样点数,ΔX_{o} 和 ΔY_{o} 为物体的空间宽度,Δf_{xo} 和 Δf_{yo} 为物体的空间频率宽度。空间频率与物体结构有关,但如用于人眼观察,空间频率受视角的大小和人眼的空间分辨率的限制。下面简单介绍计算机制全息图几个基本编码方法。

光波从物体到记录平面,必然经过一个传播过程,而到达记录平面的光场复振幅函数是对应于物函数的某种变换。对于不同的全息图,变换的内容是不同的。例如对于傅里叶变换全息图,必须使用计算机完成物函数的傅里叶变换,得到全息图平面的光场复振幅函数。对于菲涅耳全息图,必须计算物函数经菲涅耳衍射到

达全息图平面的函数分布。如果是像全息,由于到达全息图平面的是物体的几何像,因而只需由计算机根据成像规律完成物函数的坐标缩放变换即可。

2.3.2　迂回位相编码技术[3]

历史上第一幅计算全息图是通过迂回位相编码获得的,它不仅以其精巧性成为计算全息编码的经典技术,而且也充分表明了人们如何从传统技术中探索新原理、发展新技术的能力,其特点在后来很多编码技术中得到了广泛的应用。迂回位相编码解决的核心问题是如何将物光波函数 $O(x, y) = a(x, y)\exp[\mathrm{i}\varphi(x, y)]$ 的振幅和位相编码到非负实函数之中。在迂回位相编码技术中,罗曼等人提出,先将待计算的全息图划分为一系列抽样单元(图 2-10),每个抽样单元由透光孔和不透光两部分组成,通过改变透光孔径的面积来调制波面的振幅,改变透光孔径中心到抽样单元中心的位置来编码波面的位相。在罗曼Ⅲ型编码技术中,抽样单元是一个矩形区域,通光孔径是一个矩形孔(图 2-11)。设抽样单元的宽和高分别为 W 和 L,对于第 m, n 个抽样点,通光孔径的宽度 $w_{mn} = B_{mn}W$ 是一个常量,其高度 $l_{mn} = A_{mn}L$ 与物光波函数归一化振幅成比例,孔的中心偏离单元中心的距离 $d_{mn} = p_{mn}W$ 与其位相成比例。图 2-11 是该抽样单元示意图,整个全息图面由一系列大小不一、位置各异的矩形孔组成,每个抽样单元的振幅透射率为

$$h_{mn}(x_{\mathrm{h}}, y_{\mathrm{h}}) = \mathrm{rect}\left(\frac{x_{\mathrm{h}} - p_{mn}W}{B_{mn}W}\right)\mathrm{rect}\left(\frac{y_{\mathrm{h}}}{A_{mn}L}\right) \tag{2-46}$$

整个全息图的透射率为

$$h(x_{\mathrm{h}}, y_{\mathrm{h}}) = \sum_m \sum_n \mathrm{rect}\left(\frac{x_{\mathrm{h}} - p_{mn}W - mW}{B_{mn}W}\right)\mathrm{rect}\left(\frac{y_{\mathrm{h}} - nL}{A_{mn}L}\right) \tag{2-47}$$

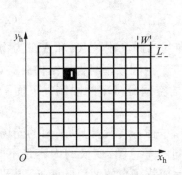

图 2-10　计算全息图抽样单元示意图

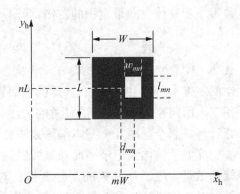

图 2-11　迂回位相编码示意图

我们期望通过式(2-47)的编码获得的全息图进行再现时,能够得到 $O(x, y)$,下面通过傅里叶分析来讨论这一问题。在这里需要假设物波函数的空间大小是有限的,其频谱也是近似限带的。对于频谱近似限带,我们可以这样理解:对于实际情况,当物光波变化很缓慢时,其空间频谱的高频部分可以近似为零。首先对 $O(x, y)$ 进行离散傅里叶变换,$O(x, y)$ 的抽样间隔即是全息图的抽样单元的大小 W 和 L:

$$F(\xi, \eta) = \mathrm{rect}\left(\frac{\xi}{\xi_{\max}}, \frac{\eta}{\eta_{\max}}\right) \sum_m \sum_n a(mW, nL) \cdot$$
$$\exp[\mathrm{i}\varphi(mW, nL)]\exp[\mathrm{i}2\pi(mW\xi + nL\eta)] \qquad (2-48)$$

式中,$\xi_{\max}$ 和 $\eta_{\max}$ 为频谱的带宽。

设用一单位振幅的平行光 $\exp\left(\mathrm{i}\dfrac{2\pi}{\lambda}x_{\mathrm{h}}\sin\theta\right)$ 照射全息图 $h(x_{\mathrm{h}}, y_{\mathrm{h}})$,$\theta$ 为入射角,从全息图出射光的复振幅分布为

$$u(x_{\mathrm{h}}, y_{\mathrm{h}}) = h(x_{\mathrm{h}}, y_{\mathrm{h}})\exp\left(\mathrm{i}2\pi x_{\mathrm{h}}\frac{\sin\theta}{\lambda}\right) \qquad (2-49)$$

对上式进行傅里叶变换,得

$$H(\xi, \eta) = \iint\limits_{-\infty}^{\infty} h(x_{\mathrm{h}}, y_{\mathrm{h}})\exp\left(\mathrm{i}2\pi x_{\mathrm{h}}\frac{\sin\theta}{\lambda}\right)\exp[-\mathrm{i}2\pi(x_{\mathrm{h}}\xi + y_{\mathrm{h}}\eta)]\mathrm{d}x_{\mathrm{h}}\mathrm{d}y_{\mathrm{h}}$$

$$= \iint\limits_{-\infty}^{\infty} \sum_m \sum_n \exp\left(\mathrm{i}2\pi x_{\mathrm{h}}\frac{\sin\theta}{\lambda}\right)\mathrm{rect}\left(\frac{x_{\mathrm{h}} - p_{mn}W - mW}{B_{mn}W}\right) \cdot$$
$$\mathrm{rect}\left(\frac{y_{\mathrm{h}} - nL}{A_{mn}L}\right)\exp[-\mathrm{i}2\pi(x_{\mathrm{h}}\xi + y_{\mathrm{h}}\eta)]\mathrm{d}x_{\mathrm{h}}\mathrm{d}y_{\mathrm{h}}$$

$$= \sum_m \sum_n B_{mn}A_{mn}LW \frac{\sin\left[\pi B_{mn}W\left(\xi - \dfrac{\sin\theta}{\lambda}\right)\right]}{\pi B_{mn}W\left(\xi - \dfrac{\sin\theta}{\lambda}\right)} \frac{\sin(\pi A_{mn}L\eta)}{\pi A_{mn}L\eta} \cdot$$
$$\exp\left(-\mathrm{i}2\pi W p_{mn}\frac{\sin\theta}{\lambda}\right)\exp\left(-\mathrm{i}2\pi mW\frac{\sin\theta}{\lambda}\right) \cdot$$
$$\exp(\mathrm{i}2\pi W p_{mn}\xi)\exp(\mathrm{i}2\pi mW\xi)\exp(\mathrm{i}2\pi nL\eta) \qquad (2-50)$$

在实际应用中,抽样单元很小,设在 $|\xi| \leqslant \xi_{\max}$,$|\eta| \leqslant \eta_{\max}$ 范围内,满足如下近似:

$$\frac{\sin\left[\pi B_{mn}W\left(\xi - \dfrac{\sin\theta}{\lambda}\right)\right]}{\pi B_{mn}W\left(\xi - \dfrac{\sin\theta}{\lambda}\right)} \approx 1$$

$$\frac{\sin(\pi A_{mn} L \eta)}{\pi A_{mn} L \eta} \approx 1, \ \exp(i2\pi W p_{mn} \xi) \approx 1 \qquad (2-51)$$

式(2-50)可以近似为

$$H(\xi, \eta) = \sum_m \sum_n B_{mn} A_{mn} L W \exp\left[-i2\pi W \frac{\sin\theta}{\lambda}(p_{mn} + m)\right] \cdot$$
$$\exp(i2\pi mW\xi)\exp(i2\pi nL\eta) \qquad (2-52)$$

式(2-48)是物波函数傅里叶变换的离散形式,式(2-52)是物波函数全息编码的傅里叶变换,如果正确编码,它们应该是相等的,或者说它们的展开式每一项是相等的,即

$$B_{mn} A_{mn} L W \exp\left[-i2\pi W \frac{\sin\theta}{\lambda}(p_{mn} + m)\right] = a(mW, nL)\exp[i\varphi(mW, nL)]$$

对于振幅部分,$B_{mn} A_{mn} L W = a(mW, nL)$,即

$$A_{mn} = \frac{a(mW, nL)}{B_{mn} L W} \qquad (2-53)$$

对于位相部分,适当地选取 $\sin\theta$,使得 $W\dfrac{\sin\theta}{\lambda} = M, M$ 为整数,则有

$$2\pi \frac{W\sin\theta}{\lambda}(p_{mn} + m) = 2\pi M p_{mn} + 2\pi M m = \varphi(mW, nL)$$

或者 $\qquad 2\pi M p_{mn} = \varphi(mW, nL) - 2\pi M m = \phi(mW, nL)$

$\phi(mW, nL)$ 是 $\varphi(mW, nL)$ 取模数 2π 之后的余数。最后可得

$$p_{mn} = \frac{\phi(mW, nL)}{2\pi M} \qquad (2-54)$$

式(2-53)和式(2-54)给出了迂回位相编码中透光孔大小参数 A_{mn} 和透光孔位移参数 p_{mn} 与物光波函数的振幅和位相的关系,或者说,只要按此关系进行编码,获得的全息图就可以再现出原物光波分布。关于计算全息的迂回位相编码技术详细的论述见文献[3]。

2.3.3　修正离轴参考光全息图

迂回位相技术是直接编码物光波的复振幅,而修正离轴参考光全息图可以看成是光学全息的仿真。其技术核心就是研究如何计算如下的光强分布并输出为全息图:

$$I(x_{\mathrm{h}}, y_{\mathrm{h}}) = \mid O(x_{\mathrm{h}}, y_{\mathrm{h}}) \mid^2 + \mid R(x_{\mathrm{h}}, y_{\mathrm{h}}) \mid^2 +$$
$$O^*(x_{\mathrm{h}}, y_{\mathrm{h}})R(x_{\mathrm{h}}, y_{\mathrm{h}}) + O(x_{\mathrm{h}}, y_{\mathrm{h}})R^*(x_{\mathrm{h}}, y_{\mathrm{h}}) \quad (2-55)$$

式中，$O(x_{\mathrm{h}}, y_{\mathrm{h}})$，$R(x_{\mathrm{h}}, y_{\mathrm{h}})$ 分别为物光和参考光。上式的零级项 $\mid O(x_{\mathrm{h}}, y_{\mathrm{h}}) \mid^2 +$ $\mid R(x_{\mathrm{h}}, y_{\mathrm{h}}) \mid^2$ 对再现像没有贡献，而且还会增加计算带宽，并带来噪声。作为计算全息灵活性的一个体现，在计算时，可以将上式简化为

$$I(x_{\mathrm{h}}, y_{\mathrm{h}}) = a + O^*(x_{\mathrm{h}}, y_{\mathrm{h}})R(x_{\mathrm{h}}, y_{\mathrm{h}}) + O(x_{\mathrm{h}}, y_{\mathrm{h}})R^*(x_{\mathrm{h}}, y_{\mathrm{h}})$$
$$= a + 2 \mid R(x_{\mathrm{h}}, y_{\mathrm{h}}) \mid\mid O(x_{\mathrm{h}}, y_{\mathrm{h}}) \mid \cos[\varphi_{\mathrm{R}}(x_{\mathrm{h}}, y_{\mathrm{h}}) - \varphi_{\mathrm{O}}(x_{\mathrm{h}}, y_{\mathrm{h}})]$$
$$(2-56)$$

式中，$\varphi_{\mathrm{O}}(x_{\mathrm{h}}, y_{\mathrm{h}})$ 为物光波位相分布数据，$\varphi_{\mathrm{R}}(x_{\mathrm{h}}, y_{\mathrm{h}})$ 为参考光位相分布数据，是一常数。若令 $R(x_{\mathrm{h}}, y_{\mathrm{h}}) = \exp\left(\mathrm{i}\dfrac{2\pi}{\lambda}x\sin\theta\right)$，并对 $\mid O(x_{\mathrm{h}}, y_{\mathrm{h}}) \mid$ 进行归一，则上式可以写成

$$I(x_{\mathrm{h}}, y_{\mathrm{h}}) = 0.5\left\{1 + \mid O(x_{\mathrm{h}}, y_{\mathrm{h}}) \mid \cos\left[2\pi\dfrac{\sin\theta}{\lambda}x_{\mathrm{h}} - \varphi_{\mathrm{O}}(x_{\mathrm{h}}, y_{\mathrm{h}})\right]\right\} \quad (2-57)$$

上式第二项贡献了物光波的全部信息，这种编码方法称作博奇型计算全息图，本书所述计算全息的编码方法基本上属于这种类型。得到式（2-57）的数组以后，可以将其转化为灰度图像，通过图像输出装置形成可以光学再现的全息图。

2.3.4　相息图[7]

相息图是由计算机产生的另一类型的波前编码图，它仅仅编码物光波的位相信息。我们首先讨论相息图的编码方法，然后讨论如何利用相息图进行物光波的波前再现。

物体各点发出的光传播一段距离后，在 $X_{\mathrm{k}}Y_{\mathrm{k}}$ 平面（图 2-12）上的复振幅分布可表示为

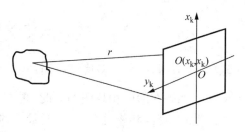

图 2-12　计算三维物体波面的光路图

$$O(x_{\mathrm{k}}, y_{\mathrm{k}}) = \int_{\Sigma} a(x, y, z)\exp[\mathrm{i}\varphi(x, y, z)]\mathrm{d}x\mathrm{d}y\mathrm{d}z \quad (2-58)$$

式中，积分区域为物体所在区域，上式可以写成如下形式：

$$O(x_{\mathrm{k}}, y_{\mathrm{k}}) = A(x_{\mathrm{k}}, y_{\mathrm{k}})\exp[\mathrm{i}\Phi(x_{\mathrm{k}}, y_{\mathrm{k}})] \quad (2-59)$$

式中，$A(x_k, y_k)$ 是 (x_k, y_k) 点的振幅，是一个正的实数函数，$\Phi(x_k, y_k)$ 是 (x_k, y_k) 的位相。所谓相息图就是编码了 $\Phi(x_k, y_k)$ 信息的光学元件，其透射率可表示为

$$\tau(x_k, y_k) = \exp[i\Phi(x_k, y_k)] \qquad (2-60)$$

编码时，考虑到位相的周期性，$\Phi(x_k, y_k)$ 可以表示成

$$\Phi_{kino}(x_k, y_k) = \mathrm{mod}\{2\pi[\Phi(x_k, y_k)]\} \qquad (2-61)$$

即 $\Phi_{kino}(x_k, y_k)$ 是 $\Phi(x_k, y_k)$ 取模数 2π 后的余数。然后将 $\Phi_{kino}(x_k, y_k)$ 量化为 M 个等级，M 取值决定于出图设备的灰度级。传统制作相息图的方法是，先用出图设备绘制 $\Phi_{kino}(x_k, y_k)$ 灰度图，再进行精密缩版达到所要求的尺寸，最后经漂白处理，就制成了相息图。由于相息图是依靠变化胶片的光学厚度或折射率来调制物波位相的，故在光学制版的曝光和显影过程中，特别在漂白处理中，都要求严格控制，仔细操作，使之对入射光波的位相调制与要求的物波位相匹配。经验表明，通过灰度漂白技术达到位相匹配是一件相当难以控制的技术。目前，可以通过激光直写或者电子束直写和光刻相结合的技术达到很精密的位相匹配，相息图也可以利用纯相位型空间光调制器进行直接显示。

下面讨论利用相息图重构物光波波前的问题。显然，相息图的透射率可表示为

$$\tau(x_h, y_h) = \frac{1}{A(x_k, y_k)}\int_{\Sigma} a(x, y, z)\exp[i\varphi(x, y, z)]\mathrm{d}x\mathrm{d}y\mathrm{d}z \quad (2-62)$$

考虑一束振幅为 1 的平行光入射到相息图上，则出射光的复振幅分布为

$$u(x_h, y_h) = \frac{1}{A(x_k, y_k)}\int_{\Sigma} a(x, y, z)\exp[i\varphi(x, y, z)]\mathrm{d}x\mathrm{d}y\mathrm{d}z \quad (2-63)$$

式(2-63)与式(2-58)比较可知，$u(x_h, y_h)$ 除去 $\dfrac{1}{A(x_h, y_h)}$ 一项外，正是原物光分布。如果在编码相息图的同时，再制作一个透射率为 $\tau_A(x_h, y_h) = A(x_h, y_h)$ 的透明片，将其和相息图叠合，则最后的再现光场与原物光波完全一致：

$$u'(x_k, y_k) = \int_{\Sigma} a(x, y, z)\exp[i\varphi(x, y, z)]\mathrm{d}x\mathrm{d}y\mathrm{d}z \qquad (2-64)$$

利用相息图进行波前再现最大的优点是衍现效率可以达到 100%。

近几年，一种和相息图类似的相位计算全息图引起了研究者的重视，这种计算全息图的设计思想是认为一个物体光像的分布是由一个纯相位分布的二维空间衍射形成的[8,9]。具体计算方法是利用迭代运算，使得相位分布的衍射光场逐步接近

物体光像分布。

设待显示的物体光振幅分布
为 $A(x, y)$，相位全息图的相位分
布为 $\varphi(x_p, y_p)$，设用单位振幅的
平行光照射相位全息图，希望它的
衍射光场振幅分布为 $A(x, y)$，如
图 2-13 所示。

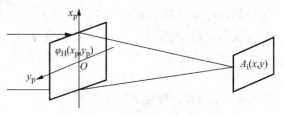

图 2-13　相位计算全息再现示意图

在菲涅耳近似下，上述的设计思想要求满足下式：

$$\left| \iint \exp[\mathrm{i}\varphi_H(x_p, y_p)]\exp\left[-\frac{\mathrm{i}\pi}{\lambda z}(x_p^2 + y_p^2)\right] \cdot \right.$$

$$\left. \exp\left[-\frac{\mathrm{i}\pi}{\lambda z}(x^2 + y^2)\right]\exp\left[\mathrm{i}\frac{2\pi}{\lambda z}(xx_p + yy_p)\right]\mathrm{d}x_p\mathrm{d}y_p \right| = A_i(x, y)$$

利用迭代算法可以使得上式在设定的精度条件下得到满足。一个著名的迭代运算
是 G-S 算法[10]，其算法原理如图 2-14 所示。

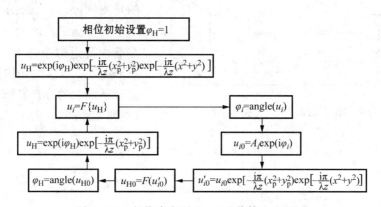

图 2-14　相位全息图 G-S 迭代算法流程图

计算开始时，首先设置 $\varphi_H(x_p, y_p)$ 的初始值为 1，然后令 $u_H = \exp(\mathrm{i}\varphi_H)$
$\exp\left[-\dfrac{\mathrm{i}\pi}{\lambda z}(x_p^2 + y_p^2)\right]\exp\left[-\dfrac{\mathrm{i}\pi}{\lambda z}(x_p^2 + y_p^2)\right]$，这样，上式积分就可以看成是对 u_H 的
傅里叶变换。对 u_H 傅里叶变换后得到其衍射平面的复振幅分布 u_i，取出复振幅分
布的复角 $\varphi_i = \mathrm{angle}(u_i)$，并重整 u_i 使其振幅等于 $A_i(x, y)$，但保留其复角不变，
得到 $u_{i0} = A_i\exp(\mathrm{i}\varphi_i)$。可以认为相位全息图平面的复振幅分布是由 u_{i0} 衍射而来
的，因而进一步计算下式：

$$u_{i0}' = \iint u_{i0}\exp\left[-\frac{\mathrm{i}\pi}{\lambda z}(x_p^2 + y_p^2)\right]\exp\left[-\frac{\mathrm{i}\pi}{\lambda z}(x^2 + y^2)\right] \cdot \exp\left[\mathrm{i}\frac{2\pi}{\lambda z}(xx_p + yy_p)\right]\mathrm{d}x\mathrm{d}y$$

就得到相位全息图平面上的复振幅分布,上式仍可以利用傅里叶变换进行计算,经过变换后,得到复振幅分布 u_{H0},其复角 φ_H 就是相位全息图的相位分布,此时可以进行判断是否满足精度要求,如果不满足继续进行迭代计算,直到满足为止。

2.3.5　菲涅耳计算全息算法原理

空间三维物体信息分布离散表达式为

$$f(m_o, n_o, l_o) = \sum_{m_o}^{M_o} \sum_{n_o}^{N_o} \sum_{l_o}^{L_o} a_{m_o n_o l_o}(m_o \Delta x_o, n_o \Delta y_o, l_o \Delta z_o) \quad (2-65)$$

式中,Δx_o,Δy_o,Δz_o 分别为在 x,y 和 z 方向的取样间隔。$a_{m_o n_o l_o}$ 是坐标为

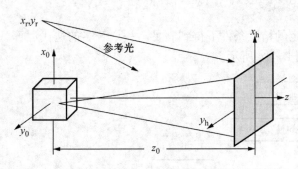

图 2-15　菲涅耳全息光路示意图

$(m_o \Delta x_o, n_o \Delta y_o, l_o \Delta z_o)$ 处物点光谱的反射率或者透射率函数,如果设照明物体的光是振幅为 1 的光波,则 $a_{m_o n_o l_o}$ 就表示($m_o \Delta x_o$,$n_o \Delta y_o$,$l_o \Delta z_o$)点的光的振幅。在菲涅耳近似条件下,某一个物点 (m_o, n_o, l_o) 的光传播到全息记录平面上的分布离散表达式为(参照光路图 2-15):

$$O_{m_o n_o l_o}(m_h, n_h) = Ca(m_o \Delta x_o, n_o \Delta y_o, l_o \Delta z_o) \cdot$$

$$\exp\left\{ i\frac{2\pi}{2\lambda(z_o - l_o \Delta z_o)}\left[(m_h \Delta x_h - m_o \Delta x_o)^2 + (n_h \Delta y_h - n_o \Delta y_o)^2\right] \right\}$$

$$(2-66)$$

Δx_h,Δy_h 是全息图抽样间隔,m_h,n_h 为全息图抽样点序数。全息面上总的物光场复振幅分布为

$$O(m_h, n_h) = \sum_{m_o}^{M_o} \sum_{n_o}^{N_o} \sum_{l_o}^{L_o} O_{m_o n_o l_o}(m_h, n_h) \quad (2-67)$$

物光波的位相分布为

$$\varphi_O(m_h, n_h) = \arctan\left[i\frac{O^*(m_h, n_h) - O(m_h, n_h)}{O(m_h, n_h) + O^*(m_h, n_h)} \right] \quad (2-68)$$

假设参考光是单位振幅的球面波,源点与全息记录平面距离为 z_r,坐标为 $(x_r,\ y_r)$,在菲涅耳近似下,参考光在记录面上的复振幅分布为

$$R(x_h,\ y_h) = \exp\left\{-\mathrm{i}k\left[\frac{(x_h-x_r)^2}{2z_r}+\frac{(y_h-y_r)^2}{2z_r}\right]\right\}$$
$$= \exp\left[-\mathrm{i}k\left(\frac{x_h^2-2x_hx_r+x_r^2}{2z_r}+\frac{y_h^2-2y_hy_r+y_r^2}{2z_r}\right)\right]$$

其离散形式为

$$R(m_h,\ n_h) = \exp\left\{-\mathrm{i}k\left[\frac{(m_h\Delta x_h-x_r)^2}{2z_r}+\frac{(n_h\Delta y_h-y_r)^2}{2z_r}\right]\right\}$$
$$= \exp\left\{-\mathrm{i}k\left[\frac{(m_h\Delta x_h)^2-2m_h\Delta x_hx_r+x_r^2}{2z_r}+\right.\right.$$
$$\left.\left.\frac{(n_h\Delta y_h)^2-2n_h\Delta y_hy_r+y_r^2}{2z_r}\right]\right\} \tag{2-69}$$

当上式中 $z_r \to \infty$,参考光就演变为平行光,此时 $\dfrac{x_r}{z_r} \to \sin\alpha$,$\dfrac{y_r}{z_r} \to \sin\beta$,$\alpha,\ \beta$ 分别是平行光传播方向与 x,y 轴夹角的余角。对于平行光,有

$$R(m_h,\ n_h) = \exp[-\mathrm{i}k(m_h\Delta x_h\sin\alpha+n_h\Delta y_h\sin\beta)]$$
$$= \exp[-\mathrm{i}\varphi_R(m_h,\ n_h)] \tag{2-70}$$

采用式(2-57)计算,全息图的离散光强分布为

$$I(m_h,\ n_h) = 0.5\{1+|\ O(m_h,\ n_h)\ |\cos[\varphi_R(m_h,\ n_h)-\varphi_O(m_h,\ n_h)]\} \tag{2-71}$$

　　计算全息图通常都用光学方法实现波前重现,因而必须把计算全息图输出成光学全息图的形式。全息图的输出方法有多种,最普遍的一种是用计算机绘图仪将计算机处理的结果直接输出在胶片上,然后用精密照相缩小到合适的尺寸拍制在照相底片上,制成实用的全息图。对于用迂回位相编码法和博奇型编码形成的振幅型全息图,都可以用这种方法。此外,还可用图形发生器、光绘仪、显微密度仪、激光光束扫描记录装置等来制作振幅型计算全息图。而对于浮雕型位相计算全息图(如相息图),由于只记录物的位相信息,因此还必须用光刻机、离子束刻蚀机或电子束刻蚀机等制作。计算全息图也可以直接输入空间光调制器(SLM)进行动态实时显示。

　　计算全息图的再现方法是根据全息图类型来确定的,它还与编码方式有关。对于用干涉编码法制作的计算全息图和光学再现的方法相同。对于用迂回编码法

制作的全息图,必须在编码之初就把再现条件设计在内。为便于计算,一般选择平面波作为再现照明光,垂直或者斜入射照射全息图。但照明光必须满足一定条件,才可保证在一个抽样单元内获得 $0\sim2\pi$ 变化的位相差,从而使得物波函数的位相信息可用矩孔沿 x 方向的位移量来表征。

　　在实际应用中,根据实际情况,利用这些基本算法可以演化出更加实用的技术。本书提供的多个利用 Matlab 语言编制计算全息程序(下载地址:www. jiaodapress. com. cn/uploadfile/download/《数字化全息三维显示与检测》数字文件. rar)包括:

　　(1) FNRCGH. m 为菲涅耳全息图计算程序。

　　(2) steroFullFNL. m 为体视全息计算程序,其原理是计算三维物体不同视角的二维图像全息图。程序首先提取三维数据不同视角的二维图像,然后计算相应视角方位的全息图。

　　(3) FNLctHL. m 为三维物体分层计算菲涅耳全息。即将三维物体按照 z 轴方向分成一系列二维图像,然后依次计算每一二维图像在记录平面上的光分布,并把所有光分布叠加,最后引入参考光计算全息图。

　　(4) COLOdotHL. m 为点全息图计算程序,本程序针对二维彩色图像计算所谓"点全息图",其原理首先是将彩色图像像素点分解成三原色点,然后将每一原色像点扩展成为一定大小的光栅全息图(点全息图),光栅常数由参考光入射角和三原色波长共同决定。

　　(5) reconHL. m 为菲涅耳全息图模拟再现程序。

　　通过以上计算程序不仅可以进一步理解计算全息原理,而且因为所有程序都是可以修改的,所以读者可以根据自己对计算全息的理解进行修改,形成新的算法。

2.4　数字全息原理

　　数字全息术用光敏电子成像器件取代了传统全息记录介质记录全息图,并完成全息图的数字化,然后利用计算机模拟全息图的衍射成像过程实现原始物光波的数字再现。

2.4.1　数字全息的记录

　　图 2-16 为数字全息记录和再现的坐标系统变换示意图。以下所有的讨论均按照图 2-16 所示的坐标关系展开。假设 xy 平面为被记录的物体平面,x_hy_h 平

面为记录全息图的成像器件光敏面，$x_i y_i$ 平面为再现像面，成像器件记录面与物平面、再现像平面的距离分别为 z_o 和 z_i。对于不同类型的全息图，xy 平面、$x_h y_h$ 平面和 $x_i y_i$ 平面的意义是不一样的。如果 xy 平面到 $x_h y_h$ 平面是自由衍射空间，称之为衍射全息图，例如

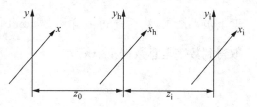

图 2-16　数字全息记录和再现的坐标系统变换示意图

夫琅和费衍射全息图、菲涅耳衍射全息图；如果 xy 平面与 $x_h y_h$ 平面是傅里叶变换平面，称之为傅里叶变换全息；如果 xy 平面和 $x_h y_h$ 平面是共轭平面，称之为像面全息。假设位于 xy 平面的物光场分布为 $u(x, y)$，不同类型全息图，记录面上的物光场分布 $O(x_h, y_h)$ 是不同的。对于衍射全息图，$O(x_h, y_h)$ 的分布由菲涅耳-基尔霍夫衍射积分公式确定；如果是傅里叶变换全息，$O(x_h, y_h)$ 是 $u(x, y)$ 的傅里叶变换，即 $O(x_h, y_h) = F[u(x, y)]$；而如果是像面全息，$O(x_h, y_h)$ 就是经过缩放的 $u(x, y)$，或 $O(x_h, y_h) = au(Mx_h, My_h)$，$a$ 为常数，M 为缩放倍率。

设记录时参考光为 $R(x_h, y_h)$，则记录平面上的全息图强度分布可表示为

$$\begin{aligned}
I(x_h, y_h) &= |O(x_h, y_h) + R(x_h, y_h)|^2 \\
&= |O(x_h, y_h)|^2 + |R(x_h, y_h)|^2 + O(x_h, y_h)R^*(x_h, y_h) + \\
&\quad O^*(x_h, y_h)R(x_h, y_h) \\
&= I_0(x_h, y_h) + O(x_h, y_h)R^*(x_h, y_h) + O^*(x_h, y_h)R(x_h, y_h)
\end{aligned}$$

$$(2-72)$$

式中，$I_0(x_h, y_h) = |O(x_h, y_h)|^2 + |R(x_h, y_h)|^2$。式(2-72)的光强分布通过数字成像器件记录。设成像器件参数为：像素大小为 $a_x \times a_y$，像素间隔 d_x, d_y，感光面积为 $L_x \times L_y$，像素数 $M \times N$，如图 2-17 所示。则数字化全息图表示为[11]

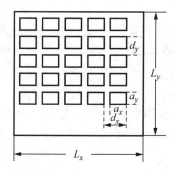

图 2-17　成像器件结构及其参数

$$\begin{aligned}
I_{dgt}(x_h, y_h) = &\left[I(x_h, y_h) * \mathrm{rect}\left(\frac{x_h}{a_x}, \frac{y_h}{a_y}\right) \right] \\
&\mathrm{comb}\left(\frac{x_h}{d_x}, \frac{y_h}{d_y}\right) \mathrm{rect}\left(\frac{x_h}{L_x}, \frac{y_h}{L_y}\right)
\end{aligned}$$

$$(2-73)$$

图 2-18 给出了一维情况下，式(2-73)所表达的数字全息图记录过程示意。连续光强分布 $I(x_h)$ 与感光单元函数 $\mathrm{rect}\left(\dfrac{x_h}{a_x}\right)$ 卷积后，其效果是 $I(x_h)$ 在一定程

度上被平滑了,然后通过取样函数 $\mathrm{comb}\left(\dfrac{x_h}{d_x}\right)$ 抽样,最后由孔径函数 $\mathrm{rect}\left(\dfrac{x_h}{L_x}\right)$ 截取得到数字全息数据 $I_{\mathrm{dgt}}(x_h)$。

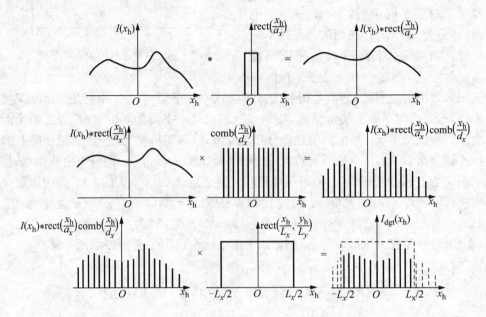

图 2-18　数字成像器件对全息光强分布的取样

2.4.2　数字全息的再现

数字全息的再现与传统全息的光学再现方法不同,它可以利用衍射积分公式进行数值计算得到再现光场。对于不同类型的全息图,模拟再现的方法是不一样的,下面简要讨论衍射全息图、傅里叶变换全息图和像面全息图的基本再现方法。

1) 衍射全息图

衍射全息图再现计算的基本原理仍然是菲涅耳-基尔霍夫衍射公式,根据不同记录情况和近似要求,主要方法有菲涅耳衍射积分再现算法、卷积再现算法和角谱再现算法。

(1) 菲涅耳衍射积分再现算法。

根据基尔霍夫衍射公式,在与数字全息图记录平面距离为 z_i 的平面上衍射光波场的复振幅分布为

$$U(x_i, y_i) = \frac{1}{\mathrm{i}\lambda} \iint\limits_{\Sigma} C(x_h, y_h) I_{\mathrm{dgt}}(x_h, y_h) \frac{\exp(\mathrm{i}2\pi\rho/\lambda)}{\rho} \cos\theta \mathrm{d}x_h \mathrm{d}y_h \quad (2-74)$$

式中，$\rho = [z_i^2 + (x_i - x_h)^2 + (y_i - y_h)^2]^{1/2}$，$\cos\theta = \dfrac{z_i}{\rho}$，$\Sigma$ 表示全息图孔径，$C(x_h,$ $y_h)$ 为模拟的再现光，一般令模拟再现光和记录时参考光的共轭光一致，即 $C(x_h,$ $y_h) = R^*(x_h, y_h)$。为了简化问题，下面用 $I(x_h, y_h)$ 代替 $I_{dgt}(x_h, y_h)$，参照(2-72)从数字全息图出射光的复振幅为

$$
\begin{aligned}
U_h(x_h, y_h) &= C(x_h, y_h)I(x_h, y_h) = R^*(x_h, y_h)I(x_h, y_h) \\
&= I_0(x_h, y_h)R^*(x_h, y_h) + O(x_h, y_h)R^{*2}(x_h, y_h) + \\
&\quad O^*(x_h, y_h)\,|\,R(x_h, y_h)\,|^2
\end{aligned} \tag{2-75}
$$

将式(2-74)改写成

$$
U(x_i, y_i) = \frac{1}{i\lambda}\iint\limits_{\Sigma} U_h(x_h, y_h) \frac{\exp\left\{i\dfrac{2\pi}{\lambda}[z_i^2 + (x_i - x_h)^2 + (y_i - y_h)^2]^{1/2}\right\}}{\sqrt{z_i^2 + (x_i - x_h)^2 + (y_i - y_h)^2}} \mathrm{d}x_h\mathrm{d}y_h
$$
$$\tag{2-76}$$

当物体大小相对于物体与记录平面的距离很小，并满足菲涅耳衍射近似条件式(2-14)时

$$
|\,z_i^3\,| \gg \frac{\pi}{4\lambda}[(x_i - x_h)^2 + (y_i - y_h)^2]^2
$$

式(2-76)可以近似为

$$
U(x_i, y_i) = \frac{\exp(i2\pi z_i/\lambda)}{i\lambda z_i}\iint\limits_{\Sigma} U_h(x_h, y_h)\exp\left[i\frac{2\pi}{\lambda}\frac{(x_i - x_h)^2 + (y_i - y_h)^2}{2z_i}\right]\mathrm{d}x_h\mathrm{d}y_h
$$
$$\tag{2-77}$$

以上就是菲涅耳衍射模拟再现算法。根据光学全息再现原理(见 2.2.2 节)，当 $C(x_h, y_h)$ 和 z_i 设置正确时，可以得到式(2-34)所表达的像分布。需要强调的是，数字全息再现与光学再现过程是不同的，光学全息是用实际光源照明再现的，只需适当的再现光，在空间总能形成再现像的光场分布，或者说总能看到再现像，可以认为光学全息的再现是"自动再现"。而数字全息的再现光是模拟的，$C(x_h, y_h)$ 很难与记录时参考光一致，而且，计算平面 $z = z_i$ 也是不确定的，或者说所选择的 $z = z_i$ 平面不一定是像面，这样，当 $C(x_h, y_h)$ 并不严格等于 $R^*(x_h, y_h)$，或者 $z = z_i$ 不是像平面时，并不能得到准确的再现像。式(2-77)可以写成

$$U(x_i, y_i) = \frac{\exp(ikz_i)}{i\lambda z_i} \iint\limits_{\Sigma} U_h(x_h, y_h) \exp\left(ik \frac{x_i^2 + x_h^2 + y_i^2 + y_h^2}{2z_i}\right) \cdot$$

$$\exp\left(-i2\pi \frac{x_i x_h + y_i y_h}{\lambda z_i}\right) dx_h dy_h \tag{2-78}$$

上式可认为是对 $U_h(x_h, y_h) \exp\left(ik \dfrac{x_i^2 + x_h^2 + y_i^2 + y_h^2}{2z_i}\right)$ 的傅里叶变换,具体计算时可利用快速傅里叶变换计算。

(2) 卷积再现算法。

令

$$h(x_i, y_i) = \frac{1}{i\lambda} \frac{\exp[i2\pi(z_i^2 + x_i^2 + y_i^2)^{1/2}/\lambda]}{\sqrt{z_i^2 + x_i^2 + y_i^2}} \tag{2-79}$$

或令

$$h(x_i, y_i) = \frac{\exp(i2\pi z_i/\lambda)}{i\lambda z_i} \exp\left(i \frac{\pi}{\lambda} \frac{x_i^2 + y_i^2}{z_i}\right) \tag{2-80}$$

则式(2-76)和式(2-77)可以写成

$$U(x_i, y_i) = \iint\limits_{-\infty}^{\infty} U_h(x_h, y_h) h(x_i - x_h, y_i - y_h) dx_h dy_h \tag{2-81}$$

根据卷积的傅里叶变换性质,上式可以利用傅里叶变换进行计算:

$$\boldsymbol{U}(f_{x_i}, f_{y_i}) = \boldsymbol{U}_h(f_{x_i}, f_{y_i}) \boldsymbol{H}(f_{x_i}, f_{y_i}) \tag{2-82}$$

式中,$\boldsymbol{U}(f_{x_i}, f_{y_i})$,$\boldsymbol{U}_h(f_{x_i}, f_{y_i})$ 和 $\boldsymbol{H}(f_{x_i}, f_{y_i})$ 分别是 $U(x_i, y_i)$,$U_n(x_i, y_i)$ 和 $h(x_i, y_i)$ 的傅里叶变换。计算时,首先分别对全息图数组式(2-73)和点扩散函数式(2-79)或式(2-80)进行傅里叶变换,得到 $\boldsymbol{U}_h(f_{x_i}, f_{y_i})$ 和 $\boldsymbol{H}(f_{x_i}, f_{y_i})$,然后计算式(2-82),最后对 $\boldsymbol{U}(f_{x_i}, f_{y_i})$ 再次进行傅里叶逆变换就得到衍射光波分布 $U(x_i, y_i)$。需要指出的是,用式(2-79)表示的 $h(x_i, y_i)$ 进行卷积的算法叫做惠更斯卷积法,而用式(2-80)表示的 $h(x_i, y_i)$ 进行卷积的算法叫做菲涅耳卷积法。

(3) 角谱再现算法。

从 2.1.2 节可知,角谱理论严格遵从标量衍射的亥姆霍兹方程,而且没有任何限制条件,因此它是衍射现象在频域的准确描述。设 $U_h(f_{x_i}, f_{y_i})$ 是数字全息图出射光场分布的傅里叶变换,利用式(2-12)可以得到

$$U(x_i, y_i) = \mathscr{F}^{-1}[\boldsymbol{U}_h(f_{x_i}, f_{y_i}) \boldsymbol{G}(f_{x_i}, f_{y_i})] \tag{2-83}$$

式中，$\mathscr{F}^{-1}$ 表示傅里叶逆变换，$G(f_{x_i}, f_{y_i}) = \exp\left(i\dfrac{2\pi}{\lambda}z_i\sqrt{1 - \lambda^2 f_i^2 - \lambda^2 f_i^2}\right)$ 为衍射在频域的传递函数。

2）傅里叶变换数字全息的再现

傅里叶变换数字全息光路如图 2-19 所示。此时 $O(x_h, y_h) = \mathscr{F}[U(x, y)]$，成像器件记录的光强分布为

$$I(x_h, y_h) = |\mathscr{F}[U(x, y)]|^2 + |R(x, y)|^2 + \mathscr{F}[U(x, y)]R^*(x, y) + \\ \mathscr{F}[U(x, y)]^* R(x, y) \tag{2-84}$$

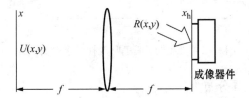

图 2-19　傅里叶变换数字全息光路示意图

设模拟再现光 $C(x_h, y_h) = 1$，则式（2-75）变为

$$U_h(x_h, y_h) = \{|\mathscr{F}[U(x, y)]|^2 + |R(x_h, y_h)|^2\} + \\ \mathscr{F}[U(x, y)]R^*(x_h, y_h) + \mathscr{F}[U(x, y)]^* |R(x_h, y_h)| \\ = I_0(x_h, y_h) + \mathscr{F}[U(x, y)]R^*(x_h, y_h) + \\ \mathscr{F}[U(x, y)]^* R(x_h, y_h) \tag{2-85}$$

对上式进行傅里叶逆变换，得到

$$U(f_{x_i}, f_{y_i}) = \mathscr{F}^{-1}[I_0(x_h, y_h)] + \mathscr{F}^{-1}\{F[u(x, y)]R^*(x_h, y_h)\} + \\ F^{-1}\{\mathscr{F}[u(x, y)]^* R(x_h, y_h)\} \\ = I_0(x_i, y_i) + u(x_i, y_i) * \mathscr{R}^*(x_i, y_i) + \\ u^*(x_i, y_i) * \mathscr{R}(x_i, y_i) \tag{2-86}$$

式中，f_{x_i}，f_{y_i} 是空间频率坐标，它们与像面坐标的关系为 $f_{x_i} = \dfrac{x_i}{\lambda f}$、$f_{y_i} = \dfrac{y_i}{\lambda f}$，$f$ 是傅里叶变换透镜的焦距，$I_0(x_i, y_i) = \mathscr{F}^{-1}[I_0(x_h, y_h)]$，并且

$$\mathscr{R}^*(x_i, y_i) = \mathscr{F}^{-1}[R^*(x_h, y_h)], \quad \mathscr{R}(x_i, y_i) = \mathscr{F}^{-1}[R(x_h, y_h)]$$

一个常用的无透镜傅里叶变换全息光路如图 2-20 所示。如果光路设置满足夫琅和费衍射条件，根据式（2-16），物光和参考光分别为

$$O(x_h,\,y_h) = A_O\exp\left(ik\frac{x_h^2+y_h^2}{2z_0}\right)\iint\limits_{-\infty}^{\infty}U(x,\,y)\exp\left[-ik\left(\frac{xx_h}{z_0}+\frac{yy_h}{z_0}\right)\right]\mathrm{d}x\mathrm{d}y$$

$$R(x_h,\,y_h) = A_R\exp\left(ik\frac{x_h^2+y_h^2}{2z_0}\right)\exp\left[-ik\left(\frac{x_r x_h}{z_0}+\frac{y_r y_h}{z_0}\right)\right] \tag{2-87}$$

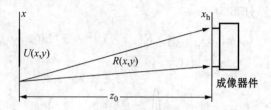

图 2-20　无透镜傅里叶变换数字全息光路

记录平面干涉光强分布为

$$I(x_h,\,y_h) = I_0(x_h,\,y_h)+O(x_h,\,y_h)R^*(x_h,\,y_h)+O^*(x_h,\,y_h)R(x_h,\,y_h)$$

$$= I_0(x_h,\,y_h)+A_O A_R e^{ik\left(\frac{x_r x_h}{z_0}+\frac{y_r y_h}{z_0}\right)}\iint\limits_{-\infty}^{\infty}U(x,\,y)e^{-ik\left(\frac{xx_h}{z_0}+\frac{yy_h}{z_0}\right)}\mathrm{d}x\mathrm{d}y+$$

$$A_O A_R e^{-ik\left(\frac{x_r x_h}{z_0}+\frac{y_r y_h}{z_0}\right)}\iint\limits_{-\infty}^{\infty}U^*(x,\,y)e^{ik\left(\frac{xx_h}{z_0}+\frac{yy_h}{z_0}\right)}\mathrm{d}x\mathrm{d}y$$

$$= I_0(x_h,\,y_h)+A_O A_R\iint\limits_{-\infty}^{\infty}U(x,\,y)e^{-ik\left[\frac{(x-x_r)x_h}{z_0}+\frac{(y-y_h)y_h}{z_0}\right]}\mathrm{d}x\mathrm{d}y+$$

$$A_O A_R\iint\limits_{-\infty}^{\infty}U^*(x,\,y)e^{ik\left[\frac{(x-x_r)x_h}{z_0}+\frac{(y-y_r)y_h}{z_0}\right]}\mathrm{d}x\mathrm{d}y$$

$$= I_0(x_h,\,y_h)+A_O A_R\mathscr{F}[U(x,\,y)]+A_O A_R\mathscr{F}[U^*(x,\,y)] \tag{2-88}$$

很明显,式(2-88)所记录的全息分布包含了物光波的 $U(x,\,y)$ 傅里叶变换,再现时,只需对式(2-88)进行傅里叶逆变换即可获得再现像。

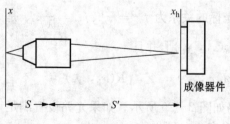

图 2-21　像面数字全息光路示意图

3) 像面数字全息再现

像面数字全息光路如图 2-21 所示。此时 $O(x_h,\,y_h) = a U(M x_h,\,M y_h)$,$M=-\dfrac{S'}{S}$,为放大率。光电成像器件记录

的光强分布为

$$I(x_h, y_h) = \mid aU(Mx_h, My_h) \mid^2 + \mid R(x_h, y_h) \mid^2 +$$
$$aU(Mx_h, My_h)R^*(x_h, y_h) + aU^*(Mx_h, My_h)R(x_h, y_h)$$
$$= I_0 + aU(Mx_h, My_h)R^*(x_h, y_h) + aU^*(Mx_h, My_h)R(x_h, y_h)$$

令模拟再现光 $C(x_h, y_h) = R^*(x_h, y_h)$，则

$$U_h(x_h, y_h) = I_0 R^*(x_h, y_h) + aU(Mx_h, My_h)R^{*2}(x_h, y_h) +$$
$$aU^*(Mx_h, My_h) \mid R(x_h, y_h) \mid^2 \qquad (2-89)$$

上式中已经包含物光波 $U(Mx_h, My_h)$ 或其共轭光波 $U^*(Mx_h, My_h)$，但它们和零级项 $I_0 R^*(x_h, y_h)$ 都叠加在同一平面不能分离。为了分离它们，一般首先对式 $(2-89)$ 进行傅里叶变换：

$$U_h(f_x, f_y) = \mathscr{F}[I_0 R^*(x_h, y_h)] + \mathscr{F}[aU(Mx_h, My_h)R^{*2}(x_h, y_h)] +$$
$$\mathscr{F}[aU^*(Mx_h, My_h) \mid R(x_h, y_h) \mid^2]$$

如果上式三项在频谱空间能够分离，然后通过滤波选择需要的频谱，例如选择 $\mathscr{F}[aU(Mx_h, My_h)R^{*2}(x_h, y_h)]$，对其再次进行傅里叶逆变换，即可得到再现结果。

　　事实上，本节所讨论的所有类型的数字全息再现中，都涉及再现像、零级项和共轭项分离的问题，这是数字全息图中极为重要的问题，将在第 3 章和第 7 章中进行详细讨论。

参考文献

［1］　马科斯·波恩，埃米尔·沃耳夫. 光学原理［M］. 杨葭荪，译. 北京：电子工业出版社，2009：347-357.

［2］　R. J. Collier, C. B. Burckhardt, L. H. Lin. Optical holography［M］. New York：Academic Press, 1971.

［3］　虞国良，金国藩. 计算机制全息图［M］. 北京：清华大学出版社，1984.

［4］　L. B. Lesem, P. M. Hirsch, Jr. J. A. Jordan. The kinoform：a new wavefront reconstruction device［J］. IBM J. Res. Dev., 1969：150-155.

［5］　A. W. Lohmann, D. P. Paris. Binary Fraunhofer hologram generated by computer［J］. Appl. Opt., 1967, 6(10)：1739-1748.

［6］　T. S. Huang. Digital holograms［C］. Proc. of IEEE, 1971, 59：1335-1346.

［7］　W. H. Lee. Binary synthetic holograms［J］. Appl. Opt., 1974, 13(7)：1677-1682.

［8］　Kyongsik Choi, Hwi Kim, Byoungho Lee. Full-color autostereoscopic 3D display system using color-dispersion-compensated syntheticphase holograms[J]. Optics Express，2004，12(21)：5229 - 5236.

[9] Kyongsik Choi，Hwi Kim，youngho Lee. Synthetic phase holograms for auto-stereoscopic image displays using a modified IFTA[J]. Optics Express，2004，12(11)：2454 - 2462.

[10] R. W. Gerchberg，W. O. Saxton. A practical algorithm of the determination of the phase from image and diffraction plane pictures[J]. Optik，1972，35：237 - 246.

[11] H. Z. Jin，H. Wan，Y. P. Zhang，et. al.. The influence of structural parameters of CCD on the reconstruction image of digital holograms[J]. J. Mod. Opt.，2008，55(18)：2989 - 3000.

第3章 三维显示信息量及其数字化全息抽样理论

在数字化全息中,要涉及大量的数字计算、分析以及信号的传递等这些在光学全息中很少遇到的问题。问题的核心在于数据量,而数据量必然涉及信息量、抽样、计算量以及存储容量等问题。

3.1 信息量基本概念和定律

3.1.1 光场信息量定义

三维显示信息量本质是光场信息量。"信息"是相对于主体而存在的客体变化,而"信息量"是客体相对于主体的变化度量。具体来说,光场信息的主体应该是观察者或测量仪器,而客体是指光场中所有可以被测量或被观察的物理量,例如光强、振幅、相位等。光场信息量应该是这些物理量相对于观察者或测量仪器变化的可能性。而这些物理量变化可能性依赖于它们所具有的"自由度"。例如,光强、振幅、相位这些物理量可以在空间、时间、波长和偏振这些方面发生变化,那么空间、时间、波长和偏振等就是光强、振幅和相位的自由度。香农(Shannon)对信息的定义是:信息是对事物运动状态或存在方式的不确定性的描述,同时给出了信息量一般表达式:

$$I_{\text{infoC}} = N\log_2\left(1 - \frac{P_s}{P_n}\right) \tag{3-1}$$

式中,N 是系统总自由度,$\dfrac{P_s}{P_n}$ 是信噪比。对于光场而言,其总的自由度可以表示成

$$N = N_t N_s N_c N_p \tag{3-2}$$

式中,N_s,N_t,N_c 和 N_p 分别是空间自由度、时间自由度、颜色自由度和偏振自由度。

从信息量定义式可以看出光场信息量 I_{infoC} 与信噪比 $\dfrac{P_s}{P_n}$ 是对数关系,图 3-1

为一个信息系统信息量与信噪比的关系。可以看出,当信噪比从 0 增加到 100 时,信息量迅速提高。但当信噪比超过 100 以后,信噪比的提高对信息量增加的贡献相对较小。因此对于较高信噪比的光场系统而言,信息量 I_{infoC} 主要由总自由度数 N 决定[1]。

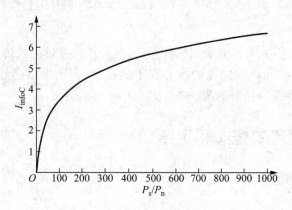

图 3 - 1　信息量与信噪比的关系

3.1.2　Laue-Lukosz 自由度数不变定理

设有一个光场信息传递系统,允许传递的光场在 x 和 y 方向的带宽为(也是系统的空间截止频率) f_x, f_y,时间响应频率为 f_t,传递时间为 T,波长分辨率为 δ,波长带宽为 $\Delta\lambda$。那么这个系统包含如下自由度:

空间自由度: $N_s = \Delta L_x \Delta L_y f_x f_y$

时间自由度: $N_t = T f_t$

颜色自由度: $N_c = \Delta\lambda/\delta$

偏振自由度: $N_p = 2$

总的自由度为

$$N = N_t N_s N_c N_p = 2\Delta L_x \Delta L_y f_x f_y T f_t \Delta\lambda/\delta \qquad (3-3)$$

Laue-Lukosz 自由度数不变定理是:一个确定的光信息传递系统的自由度是不变的,即

$$2\Delta L_x \Delta L_y f_x f_y T f_t \Delta\lambda\delta = 常量 \qquad (3-4)$$

下面以一个简单的例子说明自由度不变原理。如图 3 - 2 是一个成像系统,我们知道在成像系统中存在拉格朗日不变量。设在成像系统中,xy 平面和 $\xi\eta$ 是一

对共轭平面，$S_{xy} = L_x \times L_y$ 和 $S_{\xi\eta} = L_\xi \times L_\eta$ 分别是这两个平面上物或像的大小，α_x，α_y 和 α_ξ，α_η 分别是两个共轭面上对应方向上的孔径半角，n_o 和 n_i 分别是两个共轭面的折射率，那么乘积 $Ln\sin\alpha$ 称之为拉格朗日不变量，即

$$L_x \, n_o \sin\alpha_x = L_\xi \, n_i \sin\alpha_\xi = 常量$$

$$L_y \, n_o \sin\alpha_y = L_\eta \, n_i \sin\alpha_\eta = 常量 \tag{3-5}$$

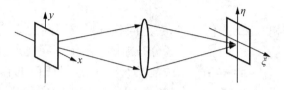

图 3-2 成像系统示意图

设入射光的波长为 λ，上式可以表示成

$$L_x \frac{n_o \sin\alpha_x}{\lambda} = L_\xi \frac{n_i \sin\alpha_\xi}{\lambda} = 常量$$

$$L_y \frac{n_o \sin\alpha_y}{\lambda} = L_\eta \frac{n_i \sin\alpha_\eta}{\lambda} = 常量 \tag{3-6}$$

$\lambda_o = \dfrac{\lambda}{n_o}$ 和 $\lambda_i = \dfrac{\lambda}{n_i}$ 分别是两个共轭面处的光波长。根据光的空间频率定义，式 (3-5) 可以写成

$$L_x f_{x\max} = L_\xi f_{\xi\max} = 常量$$

$$L_y f_{y\max} = L_\eta f_{\eta\max} = 常量 \tag{3-7}$$

式中 $f_{x\max} = \dfrac{\sin\alpha_x}{\lambda_o}$，$f_{y\max} = \dfrac{\sin\alpha_y}{\lambda_o}$，$f_{\xi\max} = \dfrac{\sin\alpha_\xi}{\lambda_i}$，$f_{\eta\max} = \dfrac{\sin\alpha_\eta}{\lambda_i}$，是成像系统中光波的最大空间频率。从式 (3-7) 可以得到

$$L_x L_y f_{x\max} f_{y\max} = L_\xi L_\eta f_{\xi\max} f_{\eta\max} = 常量 \tag{3-8}$$

与式 (3-4) 比较，式 (3-8) 说明成像系统共轭平面光信息自由度是不变的。

如果是线性系统，同样可以证明时间自由度、颜色自由度和偏振自由度的乘积 $2Tf_t\Delta\lambda/\delta$ 在传递过程中是不变的。从式 (3-4) 可以得到如下结论[1]：

(1) 减小物体或像的面积可以展宽空间频带宽度。

(2) 在保持系统二维空间带宽不变的情况下，可减小一个方向的空间带宽，同时按比例增大另一个方向的空间带宽。

（3）当传递光信息的光波仅具有一个方向的偏振时，可使系统传递的带宽增加一倍。

（4）通过压缩时间频率带宽，可以使空间频率带宽扩展。

（5）单色光信息空间带宽大于多色光空间带宽。

3.1.3　三维光场在自由空间观察窗口的自由度数

空间三维物体发出的光传播时，在空间各点形成不同的光场分布。不同的光

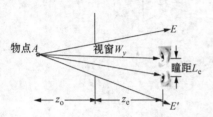

图 3-3　观察视角与光场分布
（图中 z_e 为视窗与人眼的
距离，z_o 为物点与视窗的距离）

场分布提供了物体不同视角信息。在自然观察的情况下，可以通过眼睛的移动获得物体周围 $360°$ 的视角信息。在实际显示中，观察者能够获得多少立体信息，取决于观察窗口的大小，如图 3-3 所示。

现在讨论光场在窗口内可能有的最大自由度数。设观察窗口在 x 和 y 方向的宽度分别为 W_x，W_y，空间某物点 A 坐标为 $(x_o,\ y_o,\ z_o)$，光波的波长为 λ，物点发出的光波在窗口处的复振幅分布为

$$u(x,\ y,\ z) = A\exp\left[\mathrm{i}k\sqrt{(x-x_o)^2+(y-y_o)^2+z^2}\right]$$

令
$$l = \sqrt{(x-x_o)^2+(y-y_o)^2+z^2} = \sqrt{r^2+z^2}$$

根据空间频率定义：

$$f_x = \frac{1}{2\pi}\left|\frac{\partial\varphi(x,\ y)}{\partial x}\right| = \frac{|x-x_o|}{\lambda\sqrt{(x-x_o)^2+(y-y_o)^2+z^2}} = \frac{\sin\alpha}{\lambda}$$

$$f_y = \frac{1}{2\pi}\left|\frac{\partial\varphi(x,\ y)}{\partial y}\right| = \frac{|y-y_o|}{\lambda\sqrt{(x-x_o)^2+(y-y_o)^2+z^2}} = \frac{\sin\beta}{\lambda}$$

$$(3-9)$$

式中，α 和 β 分别是物点在 x 和 y 方向的张角，对于物点 A 而言，其最大值的正弦分别为

$$\sin\alpha_1 = \frac{|W_x/2-x_o|}{l} \quad \sin\alpha_2 = \frac{|x_o+W_x/2|}{l}$$

$$\sin\beta_1 = \frac{|W_y/2-y_o|}{l} \quad \sin\beta_2 = \frac{|y_o+W_y/2|}{l}$$

图 3-4 给出了 x 方向的 α_1 和 α_2。令 $\Omega_x = \alpha_1 + \alpha_2$，$\Omega_y = \beta_1 + \beta_2$，$\Omega$ 越大，立体感越强，视差越大，所以定义 Ω 为视差角。设 α_{large} 是 α_1 和 α_2 中的较大值、β_{large} 是 β_1 和 β_2 中的较大值，则某个物点的光波在窗口处最大的空间频率为

$$f_{x\max} = \frac{\sin\alpha_{large}}{\lambda} \quad f_{y\max} = \frac{\sin\beta_{large}}{\lambda} \quad\quad (3-10)$$

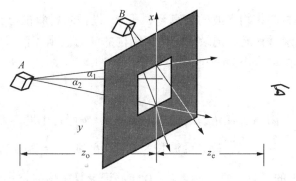

图 3-4 人眼的观察窗口

根据自由度的定义，窗口中光波的自由度数为

$$N_o = W_x W_y f_{x\max} f_{y\max} = \frac{\sin\alpha_{large}\sin\beta_{large} W_x W_y}{\lambda^2} \quad\quad (3-11)$$

下面举一个例子说明式(3-11)信息量的数量级。人眼在静止状态下观察三维物体所产生的立体感觉主要靠双眼视差原理，即两眼同时看到来自物体不同方向的光，然后通过视轴辐合形成空间三维像。参见图 3-3，人眼通过窗口 W_y 观察物点 A，为了两只眼睛能够同时观察到物点，视差角应该满足

$$\Omega \geqslant 2\arctan\left[\frac{L_e}{2(z_e + z_o)}\right] \quad\quad (3-12)$$

L_e 为瞳距，一般人眼的瞳距约为 65 mm，设物点 A 与人眼的距离 $z_o + z_e$ 为 300 mm，窗口与人眼的距离 z_e 为 250 mm，经计算 $\Omega \geqslant 12.4°$。对应的窗口的大小 $W_y \approx 2z_o\tan\frac{\Omega}{2} = 11$ mm。设光的波长为 600 nm，由式(3-11)可得窗口内光波的自由度(信息量)为

$$N_s = \frac{\sin\frac{\Omega}{2}W_y}{\lambda} \approx 1\,980$$

其意义是，在一维观察窗口内有 1 980 多个独立的点，如果窗口是矩形孔，则窗口内

有 1 980×1 980 个独立的点，即约达到 $4×10^6$ 个点。

显然随着物点的移动，α_{large}，β_{large} 最大值可达 90°，因而窗口可以传递的最大自由度数为

$$N_s = W_x W_y f_{xmax} f_{ymax} = \frac{W_x W_y}{\lambda^2} \qquad (3-13)$$

假设用记录材料将物光波的信息记录下来，设记录材料能够记录最高空间频率 f_{re}，它反映记录材料能够记录信息精细结构的能力。则在窗口内的记录材料能够记录的信息自由度大小为

$$N_{re} = W_x W_y f_{re}^2 \qquad (3-14)$$

如果要把窗口内的所有光场信息都记录下来，按照自由度不变原理，有 $N_{re} = N_o$，即要求 $f_{re} = \frac{1}{\lambda}$。例如，设光的波长为 0.5 μm，则 $f_{re} = 2×10^3$ mm^{-1}。这里需要注意的是，以上的信息是复振幅表达的，能够记录复振幅的材料到目前为止还是不存在的，全息记录方式是通过干涉，将复振幅信息编码到干涉条纹即光强变化之中。

3.2　数字化全息抽样

3.2.1　计算全息抽样问题

计算全息处理的是离散数据，从物体数据的获取到全息图的计算直至全息图的输出，都存在数据采样问题。与所有信息处理问题一样，计算全息过程的数据采样必须满足 Whittaker-Shannon 抽样定理[3]。即对于一个有限带宽的函数，当采样频率是它最大频率的两倍时，该函数可以由采样所得到的抽样值唯一确定。

1) 物体数据抽样

对于物体而言，设期望显示的最细结构的空间频率为 f_{omax}，则对物体的采样间隔为

$$\Delta_o \leqslant \frac{1}{2f_{omax}} \qquad (3-15)$$

最后再现像是否能够恢复物体的最细结构，又取决于全息图的衍射。设全息图的大小为 $L_h×W_h$，再现像的像距为 z_i，根据衍射原理，像点在两个方向的分辨极限为

$$\Delta_{iL} = \frac{\lambda}{L_h} z_i \qquad \Delta_{iW} = \frac{\lambda}{W_h} z_i \qquad (3-16)$$

式中, λ 为再现光波长。也就说, 间隔小于 Δ_{iL} 或 Δ_{iW} 的两个像点是无法被分辨的。为说明问题, 这里仅讨论 L 方向物点取样与再现像分辨率的关系。设成像过程的放大率为 M, 那么上述像点的分辨极限要求物体最细结构的间隔应该满足:

$$\Delta_o' \geqslant \frac{\Delta_{iL}}{M} = \frac{\lambda}{ML_h} z_i \qquad (3-17)$$

或者说, 对物点的取样间隔要求是:

$$\frac{\lambda}{ML_h} z_i \leqslant \Delta_o \leqslant \frac{1}{2f_{omax}} \qquad (3-18)$$

这样的限制对于计算全息而言是很有意义的。全息图的衍射限制了可再现物体的分辨率。取样间隔太小, 以至于再现时由于全息图有限的孔径衍射而不能分辨, 结果是浪费计算量, 因为对于同样大小的物体, 取样间隔越小, 物点数就越多, 计算量也就越大。

2) 全息图抽样

对于全息图而言, 它的取样间隔与物体结构和全息图的大小有关。但总的来说, 全息图实际上是由式(2-15)或式(2-16)所描述的物光波与参考光的干涉图, 它是一种条纹结构, 设全息图中条纹的最大空间频率为 f_{hmax}, 则全息图的采样间隔应该满足

$$\Delta_h \leqslant \frac{1}{2f_{hmax}} \qquad (3-19)$$

全息图的空间频谱由式(2-25)的傅里叶变换确定。对式(2-25)进行傅里叶变换:

$$\mathcal{H}(f_x, f_y) = \mathcal{O}(f_x, f_y) * \mathcal{O}^*(f_x, f_y) + \mathcal{R}(f_x, f_y) * \mathcal{R}^*(f_x, f_y) +$$
$$\mathcal{O}^*(f_x, f_y) * \mathcal{R}(f_x, f_y) + \mathcal{O}(f_x, f_y) * \mathcal{R}^*(f_x, f_y) \qquad (3-20)$$

式中, $\mathcal{O}(f_x, f_y)$ 和 $\mathcal{R}(f_x, f_y)$ 分别是物光和参考光的傅里叶变换。仅考虑 f_x 方向, 设物光最大空间频率为 f_{omax}、参考光最大空间频率为 f_{rmax}、最小空间频率为 f_{rmin}, 物光的频谱和参考光的频谱分别用图 3-5 中的 a 和 b 表示, 则式(3-20)所表示的谱分布应该如图 3-6所示。假设参考光频谱宽度小于物光

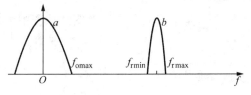

图 3-5　物光及参考光频谱

波频谱宽度,因而零级项的频谱 $\mathscr{O}(f_x) * \mathscr{O}^*(f_x) + \mathscr{R}(f_x) * \mathscr{R}^*(f_x)$ 宽度由物光波决定。

显示全息图要求再现像能和零级衍射光在空间分离,实际上就是要求图 3-6 所示的三个区域的频谱分离。显然,从图中可以看出,频谱分离条件为

$$f_{\mathrm{rmin}} - f_{\mathrm{omax}} \geqslant 2f_{\mathrm{omax}}$$

或者

$$f_{\mathrm{rmin}} \geqslant 3f_{\mathrm{omax}} \tag{3-21}$$

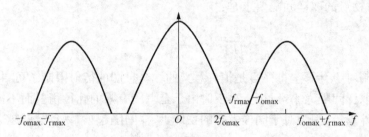

图 3-6   全息图频谱

从图 3-6 可以看出全息图最大的空间频率是 $f_{\mathrm{hmax}} = f_{\mathrm{rmax}} + f_{\mathrm{omax}}$,设参考光频谱宽度为 Δf_r,则 $f_{\mathrm{rmax}} = \Delta f_r + f_{\mathrm{rmin}}$,有

$$f_{\mathrm{hmax}} = f_{\mathrm{rmax}} + f_{\mathrm{omax}} = \Delta f_r + 4f_{\mathrm{omax}} \tag{3-22}$$

在很多情况下 $\Delta f_r = 0$(平行光作为参考光),有

$$f_{\mathrm{hmax}} = 4f_{\mathrm{omax}} \tag{3-23}$$

对于计算全息,我们更关注采样间隔。根据采样定理,对全息图采样间隔要求为

$$\Delta_{\mathrm{h}} \leqslant \frac{1}{2f_{\mathrm{hmax}}} = \frac{1}{8f_{\mathrm{omax}}} \tag{3-24}$$

如果利用式(2-56)计算全息图,它的空间频谱为

$$\mathscr{K}(f_x, f_y) = a\delta(f_x, f_y) + \mathscr{O}^*(f_x, f_y) * \mathscr{R}(f_x, f_y) + \mathscr{O}(f_x, f_y) * \mathscr{R}^*(f_x, f_y)$$
$$\tag{3-25}$$

图 3-7 是上式的分布示意图。从图中可以看出原始像和共轭像频谱分离条件为

$$f_{\mathrm{rmin}} \geqslant f_{\mathrm{omax}}$$

因此,全息图最大空间频率为

$$f_{\mathrm{hmax}} = f_{\mathrm{rmax}} + f_{\mathrm{omax}} = \Delta f_r + 2f_{\mathrm{omax}} \tag{3-26}$$

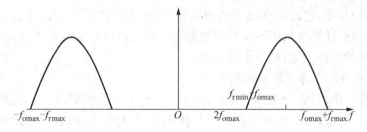

图 3-7　博奇型计算全息图频谱

若 $\Delta f_r = 0$，则

$$f_{hmax} = 2f_{omax} \qquad (3-27)$$

对计算全息图采样间隔要求为

$$\Delta_h \leqslant \frac{1}{2f_{hmax}} = \frac{1}{4f_{omax}} \qquad (3-28)$$

3）全息图记录的信息量[4]

全息图等价于图 3-4 所示的窗口，现在来考虑这样的全息窗口可以记录多少物光波信息。设全息图在 x 和 y 方向最大空间频率为 f_{hxmax}，f_{hymax}，全息图大小为 $W_{hx} \times W_{hy}$，则全息图自由度为

$$N_H = W_{hx}W_{hy}f_{hxmax}f_{hymax} \qquad (3-29)$$

设物光波在 x 和 y 方向最大空间频率分别为 f_{oxmax}，f_{oymax}，窗口中物光波的信息量为

$$N_o = W_{hx}W_{hy}f_{oxmax}f_{oymax} \qquad (3-30)$$

当要求再现像和零级项分离时，根据式（3-23）全息图空间频率与物光波空间频率的关系，可得

$$N_H = 16W_{hx}W_{hy}f_{oxmax}f_{oymax} = 16N_o \qquad (3-31)$$

全息图的信息量是物光波信息量的 16 倍，这就是所谓全息图信息冗余，但这种冗余是用全息记录物光波复振幅分布方式必不可少的。

在 3.1.2 节我们通过例子说明观察一个物点所需的信息量约为 4×10^6，通过全息方式记录此信息量时，其全息图的信息量利用式（3-31）计算则是 6.4×10^7，如果将全息图数字化，则抽样数至少达到 $4 \times 6.4 \times 10^7 \approx 2.5 \times 10^8$ 个点。如果根据式（3-27）计算全息图空间频率与物光波空间频率的关系，则有

$$N_H = 4W_{hx}W_{hy}f_{oxmax}f_{oymax} = 4N_o \qquad (3-32)$$

与式(3-31)相比,记录同样物光的信息,全息图信息量减少了四分之三。这说明采用式(3-28)计算全息图不仅可以消除零级衍射斑对再现像的干扰,同时也降低了对全息图的采样点数,减少了计算量。

4) 物光波与参考光的空间频率

从上述讨论可知,全息图的采样间隔与物光波空间频率和参考光的空间频率都有关系。物光波的空间频率取决于物体的结构,对于漫射物体,可以认为物体是

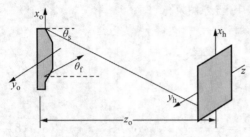

图 3-8　物光波与参考光空间频率计算

一个高频结构,物体上任一点都向各个方向散射光波。此时可以通过物体的大小来分析记录平面物光波的空间频率。空间频率实际上反映了光波的传播方向。物体上任一点都是球面波源点,从物体大小角度来看,物体越大,边缘的点偏离光轴就越大,其光线与全息记录平面法向夹角也就越大。设物体边缘在 x 方向的坐标为 x_{omax},全息图边缘在 x 方向的坐标为 x_{hmax}。根据式(3-9),在菲涅耳近似下,参照图3-8可以得到

$$\sin\theta_{\mathrm{s}} \approx \frac{x_{\mathrm{omax}} + x_{\mathrm{hmax}}}{z_{\mathrm{o}}} \qquad (3-33)$$

物光波最大空间频率为

$$f_{\mathrm{omax}} \approx \frac{\sin\theta_{\mathrm{s}}}{\lambda} \approx \frac{x_{\mathrm{omax}} + x_{\mathrm{hmax}}}{\lambda z_{\mathrm{o}}} \qquad (3-34)$$

设参考光为球面波,在菲涅耳近似下,球面波函数为

$$U(x_{\mathrm{h}},\ y_{\mathrm{h}}) = A_{\mathrm{r}}\exp\left[\mathrm{i}\,\frac{2\pi}{\lambda}\,\frac{(x_{\mathrm{h}} - x_{\mathrm{r}})^2 + (y_{\mathrm{h}} - y_{\mathrm{r}})^2}{2z_{\mathrm{r}}}\right] \qquad (3-35)$$

同样根据光波的空间频率定义,式(3-35)所表达的球面波的空间频率分布为

$$f_{\mathrm{rx}} = \frac{1}{2\pi}\,\frac{\partial\varphi(x_{\mathrm{h}},\ y_{\mathrm{h}})}{\partial x_{\mathrm{h}}} = \frac{x_{\mathrm{h}} - x_{\mathrm{r}}}{\lambda z_{\mathrm{r}}}$$
$$f_{\mathrm{ry}} = \frac{1}{2\pi}\,\frac{\partial\varphi(x_{\mathrm{h}},\ y_{\mathrm{h}})}{\partial y_{\mathrm{h}}} = \frac{y_{\mathrm{h}} - y_{\mathrm{r}}}{\lambda z_{\mathrm{r}}} \qquad (3-36)$$

仅考虑 x 方向,参考光最大空间频率为

$$f_{\mathrm{rxmax}} = \frac{x_{\mathrm{hmax}} + |\,x_{\mathrm{r}}\,|}{\lambda z_{\mathrm{r}}} \qquad (3-37)$$

最小空间频率为

$$f_{\mathrm{r}x\min} = \frac{\mid x_{\mathrm{r}}\mid - x_{\mathrm{hmax}}}{\lambda z_{\mathrm{r}}} \tag{3-38}$$

频谱宽度为

$$\Delta f_{\mathrm{r}x} = f_{\mathrm{r}x\max} - f_{\mathrm{r}x\min} = \frac{2x_{\mathrm{hmax}}}{\lambda z_{\mathrm{r}}} \tag{3-39}$$

参考式(3-26)，得到对全息图采样间隔的要求为

$$\Delta_{x\mathrm{h}} \leqslant \frac{1}{2f_{\mathrm{hmax}}} = \frac{1}{4}\frac{\lambda z_{\mathrm{r}}}{\lambda z_{\mathrm{r}}f_{\mathrm{omax}} + x_{\mathrm{hmax}}} \tag{3-40}$$

如果参考光为平行光，$z_{\mathrm{r}} \to \infty$，上式变为

$$\Delta_{x\mathrm{h}} \leqslant \frac{1}{4f_{\mathrm{omax}}} \tag{3-41}$$

设物体为漫射体，$x_{\mathrm{omax}} = L_{\mathrm{o}}/2$，$x_{\mathrm{hmax}} = L_{\mathrm{h}}/2$，则物光波的最大空间频率为 $f_{\mathrm{omax}} \approx \dfrac{L_{\mathrm{o}} + L_{\mathrm{h}}}{2\lambda z_{\mathrm{o}}}$，抽样间隔为

$$\Delta_{x\mathrm{h}} \leqslant \frac{1}{2}\frac{\lambda z_{\mathrm{o}}}{L_{\mathrm{o}} + L_{\mathrm{h}}} \tag{3-42}$$

3.2.2　数字全息抽样

　　数字全息是通过光电成像器件实现全息图记录。在目前的技术条件下，光电成像器件的分辨率或像素数与传统的全息感光材料是无法相比的，成像器件所能记录的信息量受到很大的限制。研究记录器件能够记录的最大信息量对数字全息是相当重要的。

　　使用图 3-9 来研究数字全息信息最佳记录条件。在 2.4 节已经知道，光电成像器件所记录的是式(2-72)的干涉条纹分布，即

$$
\begin{aligned}
I(x_{\mathrm{h}}, y_{\mathrm{h}}) = & \mid O(x_{\mathrm{h}}, y_{\mathrm{h}}) \mid^{2} + \mid R(x_{\mathrm{h}}, y_{\mathrm{h}}) \mid^{2} + O(x_{\mathrm{h}}, y_{\mathrm{h}})R^{*}(x_{\mathrm{h}}, y_{\mathrm{h}}) + \\
& O^{*}(x_{\mathrm{h}}, y_{\mathrm{h}})R(x_{\mathrm{h}}, y_{\mathrm{h}}) \\
= & I_{\mathrm{o}}(x_{\mathrm{h}}, y_{\mathrm{h}}) + O(x_{\mathrm{h}}, y_{\mathrm{h}})R^{*}(x_{\mathrm{h}}, y_{\mathrm{h}}) + O^{*}(x_{\mathrm{h}}, y_{\mathrm{h}})R(x_{\mathrm{h}}, y_{\mathrm{h}}) \\
= & I_{\mathrm{o}}(x_{\mathrm{h}}, y_{\mathrm{h}}) + 2 \mid O(x_{\mathrm{h}}, y_{\mathrm{h}}) \mid \mid R(x_{\mathrm{h}}, y_{\mathrm{h}}) \mid \\
& \cos[\varphi_{\mathrm{R}}(x_{\mathrm{h}}, y_{\mathrm{h}}) - \varphi_{\mathrm{O}}(x_{\mathrm{h}}, y_{\mathrm{h}})]
\end{aligned} \tag{3-43}
$$

式中，$\varphi_{\mathrm{O}}(x_{\mathrm{h}}, y_{\mathrm{h}})$ 是物光波相位分布，$\varphi_{\mathrm{R}}(x_{\mathrm{h}}, y_{\mathrm{h}})$ 是参考光相位分布。先考虑一个物点的光波和参考光的干涉问题。设物点坐标为 $(x_{\mathrm{o}}, 0, z_{\mathrm{o}})$，参考光为发自坐

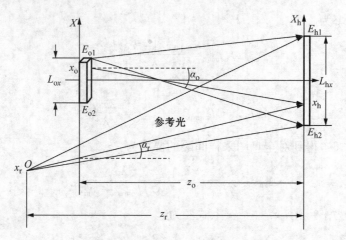

图 3-9 参物夹角与记录参数关系

标 $(x_r, 0, z_r)$ 的球面波。物点光波和参考光波在记录平面上分布分别为

$$u_o(x_h, y_h, z_h) = A_o \exp[ik\sqrt{(x_h - x_o)^2 + y_h^2 + z_o^2}]$$
$$u_r(x_h, y_h, z_h) = A_r \exp[ik\sqrt{(x_h - x_r)^2 + y_h^2 + z_r^2}] \qquad (3-44)$$

$$\varphi_O(x_h, y_h) = k\sqrt{(x_h - x_o)^2 + y_h^2 + z_h^2}$$
$$\varphi_R(x_h, y_h) = k\sqrt{(x_h - x_r)^2 + y_h^2 + z_r^2} \qquad (3-45)$$
$$\Delta\varphi(x_h, y_h) = \varphi_R(x_h, y_h) - \varphi_O(x_h, y_h)$$

式中，$k = \dfrac{2\pi}{\lambda}$，根据空间频率定义，可以得到全息图的空间频率为

$$f_{xh} = \frac{1}{2\pi}\left|\frac{\partial \Delta\varphi(x_h, y_h)}{\partial x_h}\right|$$
$$= \frac{1}{\lambda}\left|\frac{x_h - x_o}{\sqrt{(x_h - x_o)^2 + y_h^2 + z_o^2}} - \frac{x_h - x_r}{\sqrt{(x_h - x_r)^2 + y_h^2 + z_r^2}}\right|$$
$$= \left|\frac{\sin\alpha_o - \sin\alpha_r}{\lambda}\right|$$
$$f_{yh} = \frac{1}{2\pi}\left|\frac{\partial \Delta\varphi(x_h, y_h)}{\partial y_h}\right|$$
$$= \frac{1}{\lambda}\left|\frac{y_h}{\sqrt{(x_h - x_o)^2 + y_h^2 + z_o^2}} - \frac{y_h}{\sqrt{(x_h - x_r)^2 + y_h^2 + z_r^2}}\right|$$
$$= \left|\frac{\sin\beta_o - \sin\beta_r}{\lambda}\right| \qquad (3-46)$$

现在来分析记录平面上干涉条纹最大空间频率条件。以 x 方向为例,参照图 3-9 可以看出,从物体边缘 E_o 处发出的光波到达记录器件边缘 E_h 处,干涉条纹频率最大。对于物体边缘 E_{o1} 处发出的光,有

$$\sin \alpha_o = \frac{\pm L_{hx} - L_{\alpha x}}{\sqrt{(\pm L_{hx} - L_{\alpha x})^2 + 4z_o^2}}, \quad \sin \alpha_r = \frac{\pm L_{hx} - 2x_r}{\sqrt{(\pm L_{hx} - 2x_r)^2 + 4z_r^2}} \quad (3-47)$$

对应的空间频率为

$$\begin{aligned} f_{xh\text{max}} &= \left| \frac{\sin \alpha_o - \sin \alpha_r}{\lambda} \right| \\ &= \frac{1}{\lambda} \left| \frac{\pm L_{hx} - L_{\alpha x}}{\sqrt{(\pm L_{hx} - L_{\alpha x})^2 + 4z_o^2}} - \frac{\pm L_{hx} - 2x_r}{\sqrt{(\pm L_{hx} - 2x_r)^2 + 4z_r^2}} \right| \end{aligned} \quad (3-48)$$

式中,符号"±"分别表示成像器件的上下边缘,正号为上边缘,负号为下边缘。参照图 3-9 分析式(3-48),可以看出随着 $|x_r|$ 的增大,参考光和物光的夹角随之增大,$f_{xh\text{max}1}$ 和 $f_{xh\text{max}2}$ 也随之增大。当期望以最小的空间频率全息图记录物体信息时,则要求 $x_r = 0$,这就是同轴全息图(图 3-10),此时

$$f_{xh\text{max}} = \left| \frac{\sin \alpha_o - \sin \alpha_r}{\lambda} \right| = \frac{1}{\lambda} \left| \frac{\pm L_{hx} - L_{\alpha x}}{\sqrt{(\pm L_{hx} - L_{\alpha x})^2 + 4z_o^2}} - \frac{\pm L_{hx}}{\sqrt{L_{hx}^2 + 4z_r^2}} \right| \quad (3-49)$$

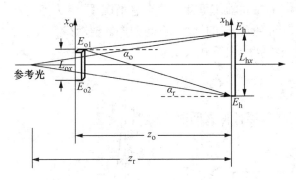

图 3-10　同轴全息光路

当 $L_{hx} \ll z_o$,$L_{\alpha x} \ll z_o$ 时,上边缘近似为

$$f_{xh\text{max}+} = \frac{1}{\lambda} \left| \frac{3(L_{hx} - L_{\alpha x})L_{hx}L_{\alpha x}}{16z_o^3} + \frac{L_{hx} - L_{\alpha x}}{2z_o} - \frac{L_{hx}}{2z_r} \right| \quad (3-50a)$$

下边缘近似为

$$f_{xhmax-} = \frac{1}{\lambda}\left|\frac{3(L_{hx}-L_{ox})L_{hx}L_{ox}}{16z_o^3} - \frac{L_{hx}+L_{ox}}{2z_o} + \frac{L_{hx}}{2z_r}\right| \qquad (3-50b)$$

图 3-11 给出了在同轴全息情况下,随着参考光 z_r 的变化,$\sin\alpha_o - \sin\alpha_r$ 值在成像器件上、下边缘的变化。

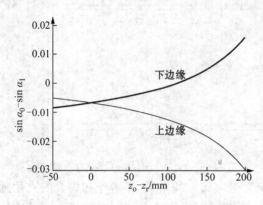

从图 3-11 可以看出,随着参考光源的位置向成像器件移动,对于下边缘,$\sin\alpha_o - \sin\alpha_r$ 绝对值先是变小,然后再慢慢变大;而对于上边缘,$\sin\alpha_o - \sin\alpha_r$ 绝对值一直在变大,当 $z_r \approx z_o$ 时,上下边缘对应的 $\sin\alpha_o - \sin\alpha_r$ 值一致,此时成像器件面上的干涉条纹空间频率达到最小,在满足抽样定理的前提下,对成像器件分辨率的要求最低,显然这正是同轴无透镜傅里叶变换全息光路。当 $z_r = z_o$ 时,式(3-50)两式合为一式,得

图 3-11　$\sin\alpha_o - \sin\alpha_r$ 与 $z_o - z_r$ 的关系图
($L_{hx} = 6.8\,\text{mm}$, $z_o = 300\,\text{mm}$, $L_{ox} = 4\,\text{mm}$)

$$f_{xhmax} = \frac{1}{\lambda}\left|\frac{3(L_{hx}-L_{ox})L_{hx}L_{ox}}{16z_o^3} - \frac{L_{ox}}{2z_o}\right| \qquad (3-51)$$

图 3-12 给出了在同轴傅里叶变换全息情况下,最大空间频率与距离 z_o 的关系,从图中可以看出,随着 z_o 的增大,空间频率快速减少。

全息图干涉条纹间距由下式决定:

$$\delta = \frac{1}{f_{xhmax}} \qquad (3-52)$$

根据抽样定理,对成像器件像素间隔要求为

$$d_{hx} \leqslant \frac{\delta}{2} = \frac{1}{2f_{xhmax}} \qquad (3-53)$$

当物体很小的情况下,式(3-51)可以进一步近似为

$$f_{xhmax} \approx \frac{L_{ox}}{2\lambda z_o} \qquad (3-54)$$

所以

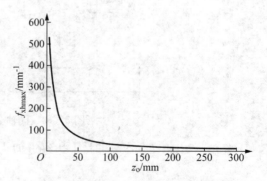

图 3-12　f_{xhmax} 与 z_o 的关系
($L_{CCDx} = 6.8\,\text{mm}$, $L_{ox} = 4\,\text{mm}$, $\lambda = 600\,\text{nm}$)

$$d_{hx} \leqslant \frac{\delta}{2} = \frac{\lambda z_o}{L_{ox}} \tag{3-55}$$

对于数字全息,为了充分利用成像器件的分辨率,问题可以倒过来考虑。即在成像器件分辨率确定的情况下,光路如何设置,才能最大限度地记录物体信息量。根据式(3-55),当 d_{hx} 确定时,要求

$$z_o \geqslant \frac{d_{hx}L_{ox}}{\lambda}$$

但因为 z_o 越小,记录到的信息越多,最佳记录距离为 $z_o = \dfrac{d_{hx}L_{ox}}{\lambda}$。

3.3　记录器件参数对数字全息再现像的影响

数字全息是采用光电成像器件记录干涉图的,其有限的分辨率和对全息图数字化的方式,将对全息再现像质量产生显著的影响。本节讨论记录器件像素大小、像素间隔和记录面积对再现像的影响。

1) 数字全息信号获取

下面以傅里叶变换全息讨论记录器件结构参数对再现像的影响。2.4 节已经对傅里叶变换全息图进行了说明,在记录平面上傅里叶变换全息干涉条纹分布为

$$I(x_h, y_h) = | \mathscr{F}[U(x, y)] |^2 + | R(x, y) |^2 + \mathscr{F}[U(x, y)] \cdot$$
$$R^*(x, y) + \mathscr{F}[U(x, y)]^* R(x, y) \tag{3-56}$$

或对于无透镜傅里叶变换全息:

$$I(x_h, y_h) = I_0(x_h, y_h) + A_O A_R e^{-ik\frac{x_r^2+y_r^2}{2z_0}} \cdot$$
$$\mathscr{F}[U(x, y)] + A_O A_R e^{ik\frac{x_r^2+y_r^2}{2z_0}} \mathscr{F}[U^*(x, y)] \tag{3-57}$$

通过数字成像器件记录下来的光强分布为(参见 2.4 节)

$$I_{dgt}(x_h, y_h) = \left[I(x_h, y_h) * \text{rect}\left(\frac{x_h}{a_x}, \frac{y_h}{a_y}\right) \right] \text{comb}\left(\frac{x_h}{d_x}, \frac{y_h}{d_y}\right) \text{rect}\left(\frac{x_h}{L_x}, \frac{y_h}{L_y}\right) \tag{3-58}$$

式中,(a_x, a_y),(d_x, d_y),(L_x, L_y) 分别是数字成像器件的感光像元的大小、抽样间隔和感光面积,如图 2-15 所示。对式(3-58)进行傅里叶逆变换,即可以得到再现像的光场分布:

$$g(x_i, y_i) = \mathscr{F}^{-1}\big[I_{dgt}(x_h, y_h)\big]$$

$$= \mathscr{F}^{-1}\left\{\left[I(x_h, y_h) * \mathrm{rect}\left(\frac{x_h}{a_x}, \frac{y_h}{a_y}\right)\right]\mathrm{comb}\left(\frac{x_h}{d_x}, \frac{y_h}{d_y}\right)\mathrm{rect}\left(\frac{x_h}{L_x}, \frac{y_h}{L_y}\right)\right\}$$

$$= \mathscr{F}^{-1}\left[I(x_h, y_h) * \mathrm{rect}\left(\frac{x_h}{a_x}, \frac{y_h}{a_y}\right)\right] * \mathrm{comb}\left(\frac{d_x x_i}{\lambda f}, \frac{d_y y_h}{\lambda f}\right) *$$

$$\mathrm{sinc}\left(\frac{L_x x_i}{\lambda f}, \frac{L_y y_h}{\lambda f}\right) \tag{3-59}$$

式中，f 是傅里叶变换透镜的焦距。式(3-59)全面地反映了数字成像器件结构参数对再现像的影响，下面进行逐一分析。

2) 感光单元大小对再现像的影响

成像器件感光单元对再现像的影响由 $\mathrm{rect}\left(\frac{x_h}{a_x}, \frac{y_h}{a_y}\right)$ 决定，即

$$g_{pix}(x_i, y_i) = \mathscr{F}^{-1}\left[I(x_h, y_h) * \mathrm{rect}\left(\frac{x_h}{a_x}, \frac{y_h}{a_y}\right)\right]$$

$$= \mathscr{F}^{-1}\big[I(x_h, y_h)\big]\mathrm{sinc}\left(\frac{a_x x_i}{\lambda f}, \frac{a_y y_i}{\lambda f}\right) \tag{3-60}$$

设参考光为平行光：

$$R(x, y) = A_r\exp\left(\mathrm{i}\frac{2\pi}{\lambda}x_h\sin\theta\right)$$

式中，θ 为参考光与光轴夹角。参考光 $R(x, y)$ 的傅里叶变换为

$$\mathscr{F}[R(x, y)] = A_r\delta\left(\frac{x_i}{\lambda f} - \frac{\sin\theta}{\lambda}\right) = A_r\delta(x_i - f\sin\theta)$$

$$\mathscr{F}[R^*(x, y)] = A_r\delta\left(\frac{x_i}{\lambda f} + \frac{\sin\theta}{\lambda}\right) = A_r\delta(x_i + f\sin\theta)$$

将式(3-56)代入式(3-60)，得到

$$g_{pix}(x_i, y_i) = \mathscr{F}^{-1}\{|\mathscr{F}[U(x, y)]|^2 + |R(x, y)|^2 + \mathscr{F}[U(x, y)]R^*(x, y) +$$

$$\mathscr{F}[U(x, y)]^*R(x, y)\}\mathrm{sinc}\left(\frac{a_x x_i}{\lambda f}, \frac{a_y y_i}{\lambda f}\right)$$

$$= \mathscr{F}^{-1}\{|\mathscr{F}[U(x, y)]|^2\}\mathrm{sinc}\left(\frac{a_x x_i}{\lambda f}, \frac{a_y y_i}{\lambda f}\right) + \mathscr{F}^{-1}[|R(x, y)|^2] \cdot$$

$$\mathrm{sinc}\left(\frac{a_x x_i}{\lambda f}, \frac{a_y y_i}{\lambda f}\right) + \mathscr{F}^{-1}\{\mathscr{F}[U(x, y)]R^*(x, y)\}$$

$$\mathrm{sinc}\left(\frac{a_x x_i}{\lambda f}, \frac{a_y y_i}{\lambda f}\right) + \mathscr{F}^{-1}\{\mathscr{F}[U(x, y)]^*R(x, y)\}\mathrm{sinc}\left(\frac{a_x x_i}{\lambda f}, \frac{a_y y_i}{\lambda f}\right)$$

进一步推导，可以得到

$$g_{\text{pix}}(x_i,\ y_i) = U^*(-x_i,\ -y_i) * U(x_i,\ y_i)\operatorname{sinc}\left(\frac{a_x x_i}{\lambda f},\ \frac{a_y y_i}{\lambda f}\right) +$$

$$\delta(x_i,\ y_i)\operatorname{sinc}\left(\frac{a_x x_i}{\lambda f},\ \frac{a_y y_i}{\lambda f}\right) + U(x_i - f\sin\theta,\ y_i)\cdot$$

$$\operatorname{sinc}\left(\frac{a_x x_i}{\lambda f},\ \frac{a_y y_i}{\lambda f}\right) + U^*(-x_i + f\sin\theta,\ -y_i)\cdot$$

$$\operatorname{sinc}\left(\frac{a_x x_i}{\lambda f},\ \frac{a_y y_i}{\lambda f}\right) \qquad (3-61)$$

设物体是一维光栅，式(3-61)的意义可以用图 3-13 来说明。图 3-13(a)是 $\operatorname{sinc}\left(\frac{a_x x_i}{\lambda f},\ \frac{a_y y_i}{\lambda f}\right)$。从图中可以看出，再现像在两个方面受到 $\operatorname{sinc}\left(\frac{a_x x_i}{\lambda f},\ \frac{a_y y_i}{\lambda f}\right)$ 函数的影响：

（1）再现像空间大小受到 sinc 函数的限制，成像宽度最大值为（图 3-13(a)）

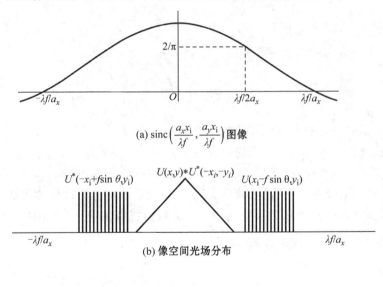

(a) $\operatorname{sinc}\left(\dfrac{a_x x_i}{\lambda f},\dfrac{a_y x_i}{\lambda f}\right)$ 图像

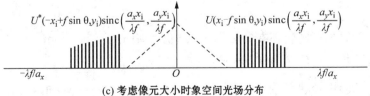

(c) 考虑像元大小时象空间光场分布

图 3-13 感光像元对再现像亮度的影响

$$L_i = \frac{2\lambda f}{a_x} \tag{3-62}$$

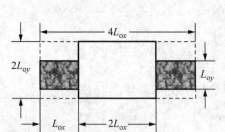

图 3-14　再现像分离时像空间面积

在像空间,存在三部分光场(图 3-13(b)),中间部分是直射光,它占据空间的大小由 $U(x, y) * U(x, y)$ 决定。根据傅里叶变换性质, $U(x, y) * U^*(-x, -y)$ 的宽度是 $U(x, y)$ 宽度的两倍,即物体宽度的两倍。假设物体宽度为 $L_{ox} \times L_{oy}$,并假设物体和参考光的设置恰好可以使得零级项和再现像分离,如图 3-14 所示,则像空间面积至少为

$$S = 4L_{ox} \times 2L_{oy} \tag{3-63}$$

式(3-63)所表示的宽度 $4L_{ox}$ 必须小于式(3-62)由 sinc 函数限制的宽度,即

$$4L_{ox} \leqslant L_i = \frac{2\lambda f}{a_x} \tag{3-64}$$

或者物体在 x 方向的大小应该满足

$$L_{ox} \leqslant \frac{\lambda f}{2a_x} \tag{3-65}$$

例如,目前一般的 CCD 器件像素单元的大小约为 $7\ \mu m$ 左右,假设记录波长为 $0.633\ \mu m$,焦距 $f=0.3\ m$,则得到物体在 x 方向的最大长度为 $L_{ox} =11.17\ mm$。

(2) 从图 3-13(c)还可看出,再现像的强度也受 sinc 函数调制,强度沿像场的中心向边缘逐渐减弱。很明显,满足式(3-65)大小的物体再现像的边缘光的强度将降为零。如果把 sinc 函数下降到 $2/\pi$ 作为可以接受的亮度,此时对应的坐标为 $\frac{\lambda f}{2a_x}$,相应的物体在 x 方向的大小被限制为

$$L_{ox} \leqslant \frac{\lambda f}{4a_x} \tag{3-66}$$

仍使用上述参数,此时物体在 x 方向最大长度只有 $L_{ox} =5.6\ mm$。

3) 成像器件抽样频率对再现像的影响

式(3-59)中梳状函数 $comb\left(\dfrac{d_x x_i}{\lambda f}, \dfrac{d_y y_h}{\lambda f}\right)$ 与 $g_{pix}(x_i, y_i)$ 的卷积结果形成多重像,如图 3-15 所示。

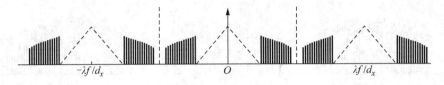

图 3-15　多重像

从图中可以看出,在物体和参考光的设置恰好可以使得零级项和再现像分离时,如果 $\dfrac{\lambda f}{d_x} < 4L_{\alpha x}$,多重像将相互重叠,所以为了使多重像可分离,至少必须满足

$$\frac{\lambda f}{d_x} \geqslant 4L_{\alpha x} \tag{3-67}$$

或者
$$L_{\alpha x} \leqslant \frac{\lambda f}{4d_x} \tag{3-68}$$

与式(3-66)比较,由于 $\dfrac{\lambda f}{4d_x} < \dfrac{\lambda f}{4a_x}$,所以成像器件取样间隔的大小对物体大小的限制比像素单元大小的限制更大。利用上述参数,并假设 $d_x = 10~\mu\mathrm{m}$,可得此时 $L_{\alpha x} = 4.7~\mathrm{mm}$。

以上的结果是在零级项(卷积项)存在的情况下得出的。如果能够消除卷积项,像空间就可以扩大到如图 3-16 所示的大小,此时多重像分离的条件是

$$\frac{\lambda f}{d_x} \geqslant 2L_{\alpha x} \tag{3-69}$$

所能够记录的物体在 x 方向上的长度为

$$L_{\alpha x} \leqslant \frac{\lambda f}{2d_x} \tag{3-70}$$

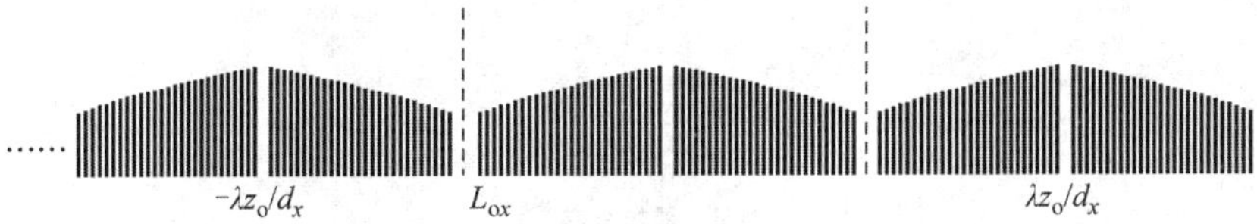

图 3-16　消除零级向后再现像

进一步,如果再能够消除共轭像,像空间就可以扩大到图 3-17 所示的大小。多重像分离的条件为

$$\frac{\lambda f}{d_x} \geqslant L_{\alpha x} \tag{3-71}$$

所以,能够记录的物体在 x 方向上长度为

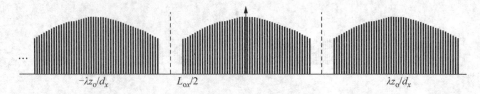

图3-17 消除零级项和共轭像后的再现像

$$L_{ox} \leqslant \frac{\lambda f}{d_x} \qquad (3-72)$$

现在有很多技术可以消除零级项和共轭像[6,7],但是由于数字成像器件像素单元有一定大小的限制,即 $\mathrm{sinc}\left(\dfrac{a_x\,x_i}{\lambda f}, \dfrac{a_y\,y_i}{\lambda f}\right)$ 的限制,即使消除了零级项和共轭像,物体的大小也不能充分增大到式(3-70)和式(3-72)那样大。

4) 成像器件感光面积对再现像的影响

成像器件感光面积对再现像的影响由式(3-59)中的 $\mathrm{sinc}\left(\dfrac{L_x\,x_i}{\lambda f}, \dfrac{L_y\,y_h}{\lambda f}\right)$ 决定。在整个成像过程中,它起到孔径的作用,因而决定了成像的分辨率。它对再现像的影响可用图3-18进行解释。由于 $\mathrm{sinc}\left(\dfrac{L_x\,x_i}{\lambda f}, \dfrac{L_y\,y_i}{\lambda f}\right)$ 函数达到的第一个零

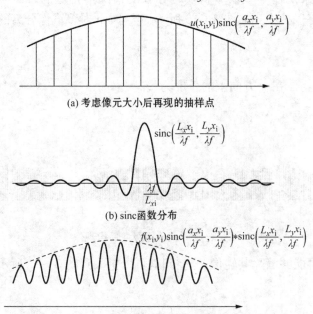

(a) 考虑像元大小后再现的抽样点

(b) sinc函数分布

(c) 抽样点与sinc函数的卷积

图3-18 感光面积的大小对再现像分辨率的影响

点的宽度为$\dfrac{\lambda f}{L_x}$，它与物函数卷积的结果将使得物体的结构展宽$\dfrac{2\lambda f}{L_x}$，因此，根据瑞利判据，可以分辨的物体结构间隔d_o必须满足

$$\delta_o \geqslant \frac{\lambda f}{L_x} \qquad\qquad (3-73)$$

或者说，可分辨的极限为$\delta_{omin} = \dfrac{\lambda f}{L_x}$。

例如，设成像器件抽样周期为$d_x = 10\ \mu m$，抽样点数为 1 024，$L_x = 10.24\ mm$，在记录波长为 0.633 μm，焦距 $f = 0.3\ m$ 时，能够分辨的物点最小距离为 18.54 μm。

参考文献

［1］　陶纯堪，陶纯匡. 光学信息论[M]. 北京：科学出版社，1999.

［2］　W. Lukosz. Optical systems with resolving powers exceeding the classical limit[J]. J. Opt. Soc. Am. , 1966, 56(11): 1463 - 1471.

［3］　C. E. Shannon. Communication in the presence of noise[J]. Proc. IRE, 1949, 37: 10 - 21.

［4］　王辉，应朝福，万旭，等. 数字全息显示中的三维物体信息量及其压缩[J]. 中国激光，2003，30(9): 823 - 828.

［5］　Hongzhen Jin, Hui Wang, Yupei Zhang, et al. . The influence of structural parameters of CCD on the reconstruction image of digital holograms[J], Journal of Modern Optics, 2008, 55(18): 2989 - 3000.

［6］　T. Zhang, I. Yamaguchi. Three-dimensional microscopy with phase-shifting digital holography[J]. Opt. Lett. , 1998, 23(16): 1221 - 1223.

［7］　Y Takaki, H Kawai, H Ohzu. Hybrid holographic microscopy free of conjugate and zero2order images[J]. Appl. Opt. , 1999, 38(23): 4990 - 4996.

第 4 章　计算机制彩虹全息

　　1969 年本顿(Benton)发明了二步彩虹全息术[1]，从此，在 20 世纪 70 年代，以白光显示为特征的全息三维显示进入了新的发展高潮。自 1978 年杨振寰等人发明了一步彩虹全息技术以后[2]，全息技术迅速商业化，产生了全息印刷产业。彩虹全息是一种特殊的菲涅耳全息，它不仅实现了白光再现，对于计算全息来说有着更为重要的意义。这是因为彩虹全息简化了垂直视差信息，从而使全息图的计算量大大减少。

4.1　彩虹全息

4.1.1　菲涅耳全息再现像的色模糊

　　对于光学菲涅耳全息记录和再现，2.2 节已经进行了较为详细的讨论，但未涉及当再现光和原记录参考光不一致时，再现像和原物体的差异问题。对这些问题，文献[3]已经给出了经典和权威分析。下面以基元全息图(点全息图)为对象，讨论计算机制彩虹全息相关问题。首先，给出基元全息图记录和再现相关参数：

全息图记录波长：λ_o

物点的空间坐标：(x_o, y_o, z_o)

参考光源坐标：(x_r, y_r, z_r)

再现光波长：λ_c

再现光源坐标：(x_c, y_c, z_c)

再现像点坐标：(x_i, y_i, z_i)

它们之间的关系由式(2-38)给出：

$$z_i = \frac{z_r z_o z_c}{z_o z_r \pm \mu z_c (z_r - z_o)} \qquad \frac{1}{z_i} = \frac{1}{z_c} \pm \mu \left(\frac{1}{z_o} - \frac{1}{z_r} \right) \qquad (4-1)$$

$$x_i = \frac{z_r z_o x_c \pm \mu z_c (x_o z_r - x_r z_o)}{z_o z_r \pm \mu z_c (z_r - z_o)} \qquad \frac{x_i}{z_i} = \frac{x_c}{z_c} \pm \mu \left(\frac{x_o}{z_o} - \frac{x_r}{z_r} \right) \qquad (4-2)$$

$$y_i = \frac{z_r z_o y_c \pm \mu z_c (y_o z_r - y_r z_o)}{z_o z_r \pm \mu z_c (z_r - z_o)} \qquad \frac{y_i}{z_i} = \frac{y_c}{z_c} \pm \mu \left(\frac{y_o}{z_o} - \frac{y_r}{z_r} \right) \qquad (4-3)$$

式中，$\mu = \dfrac{\lambda_c}{\lambda_0}$。正号是与物相一致的再现像(原再现像)，负号是共轭像。当再现光源的源点坐标与原参考光一致时，即 $z_c = z_r$，$x_c = x_r$，$y_c = y_r$，若仅考虑原再现像，有

$$z_i = \frac{z_r z_o}{z_o + \mu(z_r - z_o)} \tag{4-4}$$

$$x_i = \frac{z_o x_r + \mu(x_o z_r - x_r z_o)}{z_o + \mu(z_r - z_o)} \tag{4-5}$$

$$y_i = \frac{z_o y_r + \mu(y_o z_r - y_r z_o)}{z_o + \mu(z_r - z_o)} \tag{4-6}$$

如果用宽带点光源再现，不同波长的光将再现不同的像点。不同波长的像点一般情况下是不重合的，再现象将产生色模糊。设波长变化量用 $\Delta\mu = \dfrac{\Delta\lambda}{\lambda_0}$ 表示，色模糊量用像点坐标的变化来表示。经推导可以得到色模糊为

$$\begin{aligned}
\Delta x_{i\lambda} &= \frac{(x_o - x_r) z_r z_o}{[z_o + \mu(z_r - z_o)]^2}\Delta\mu = \frac{(x_o - x_r) z_r z_o}{[z_o + \mu(z_r - z_o)]^2}\Delta\mu \\
\Delta y_{i\lambda} &= \frac{(y_o - y_r) z_r z_o}{[z_o + \mu(z_r - z_o)]^2}\Delta\mu = \frac{(y_o - y_r) z_r z_o}{[z_o + \mu(z_r - z_o)]^2}\Delta\mu
\end{aligned} \tag{4-7}$$

因为 $z_i = \dfrac{z_r z_o}{z_o \pm \mu(z_r - z_o)}$，即 $z_o z_r \pm \mu z_c(z_r - z_o) = \dfrac{z_r z_o z_c}{z_i}$，所以上式可以表示为

$$\begin{aligned}
\Delta x_{i\lambda} &= \frac{(x_o - x_r) z_i^2}{z_r z_o}\Delta\mu = \frac{z_i^2}{z_o}\Delta\mu\tan\theta_x \\
\Delta y_{i\lambda} &= \frac{(y_o - y_r) z_i^2}{z_r z_o}\Delta\mu = \frac{z_i^2}{z_o}\Delta\mu\tan\theta_y
\end{aligned} \tag{4-8}$$

式中，θ_x，θ_y 分别是 x 和 y 方向的参考光和物光的夹角。

如图 4-1 所示，由于色散，像点在 x 方向上，从点 (x_{i1}, y_{i1}, z_{i1}) 到点 (x_{i2}, y_{i2}, z_{i2}) 将形成一条彩虹线，人眼在观察全息图时，其视线将通过全息图的不同区域看到彩虹线上不同点。例如通过 I 区看到点 (x_{i1}, y_{i1}, z_{i1})，通过 II 区看到点 (x_{i2}, y_{i2}, z_{i2})，而介于这两点之间的其他各点则通过 I 区和 II 区之间的区域看到。眼睛看到的是一条彩虹线而不是一个像点，这就是再现像的色模糊。所以一般菲涅耳全息图无法用光谱扩展光源再现出清晰的像。

通过分析图 4-1 可知，如果在计算全息图的时候，任一物点的物光并不遍及整个记录平面，例如对于 (x_{i1}, y_{i1}, z_{i1}) 点，只计算它在 I 区物光的全息图，而对于 (x_{i2}, y_{i2}, z_{i2}) 点，只计算它在 II 区物光的全息图。这样，不同物点的全息图只能存

在于对应的比较小的区域。再现时,观察者通过全息图不同区域看到不同物点的像,眼睛观察到的色模糊就大大减小了,这就是彩虹全息在白光照明下可以再现较为清晰像的本质。

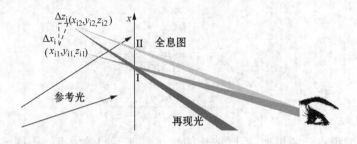

图 4-1 色模糊示意图

作为自动三维显示,需要两只眼睛同时观察到像点。而人的双眼是水平排列的,因而物点的全息图可以在水平方向延伸形成一条狭缝(见图 4-2),即所谓的"线全息图"[4]。设人眼瞳孔直径为 D_e,眼睛与全息图的距离为 z_e,物点与全息图的距离为 z_i,可以计算出线全息图的宽度为(参照图 4-3):

$$w_{\text{lineHL}} = \frac{z_i}{z_i + z_e} D_e \tag{4-9}$$

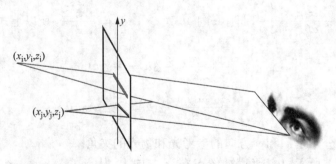

图 4-2 线全息图

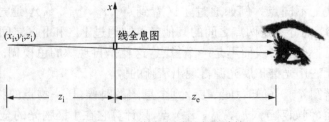

图 4-3 线全息图宽度的计算

4.1.2　线全息图的记录与再现

上述分析表明,彩虹全息可以归结为物点的线全息图问题。线全息图的制作有很多种方法,归纳起来主要有两步法[1]和一步法[2]两种技术。两步法是首先制作物体的菲涅耳全息图,如图 4-4 所示,这个全息图被称作 H1。

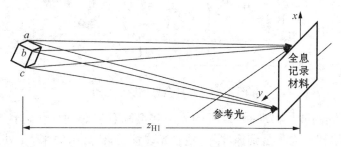

图 4-4　H1 制作示意图

然后将记录好的全息图用原参考光共轭光再现,将在原物体位置重构物体的像。将此像作为物光,进行第二次全息记录(图 4-5)。记录时将记录材料置于像附近,设与 H1 距离为 z_e;在 H1 处放置一沿 Y 方向延伸的狭缝,仅让 H1 上一条形区域参与再现,狭缝的宽度为 w_{H1}。从图中可以看出,H1 再现像上所有点在记录面上都形成与之对应的线状物光分布,例如像点 a,b,c 对应的物光线状分布为 a_h,b_h,c_h。线全息的宽度近似为

$$w_{\text{lineHL}} = \frac{z_{H1} - z_e}{z_{H1}} w_{H1} \qquad (4-10)$$

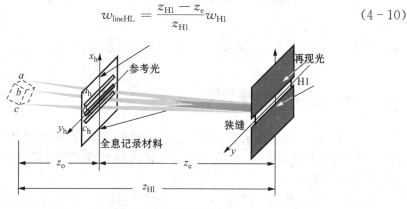

图 4-5　H2 制作示意图

在第二步获得的全息图中,不同物点对应不同位置的一条很窄的线状全息图。再现过程可以用图 4-6 来说明。当用原记录波长的光再现时,每一线全息图都能

再现出其对应的像点。同时,所有再现像点光都将在原 H1 的狭缝处汇聚。若人眼在此处观察,即可看到整个物体的像。

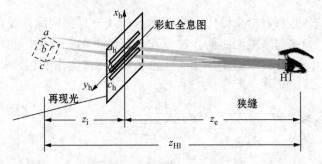

图 4-6   彩虹全息再现示意图

当用不同的波长再现时,再现的光束将会随着波长的变化,沿着与线全息图垂直的方向偏转。为了看到像,眼睛随着光线移动,比如从原来 S1 处,移到 S1′处(图 4-7)。如果再现光是白光,白光中各种波长都参与再现。每一个波长光沿着不同方向衍射,将在原 H1 的狭缝附近形成彩虹状光分布。当眼睛上下移动观察时,将看到再现像颜色按彩虹色序列发生变化。所以这样的全息图被称作彩虹全息图。

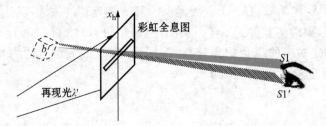

图 4-7   采用不同波长再现彩虹全息观察位置变化

4.1.3   彩虹全息线模糊与色模糊

彩虹全息尽管通过线全息图而降低了色模糊,但毕竟线全息还是有一定宽度的,当再现光波长展宽时,各个波长再现的像点仍有可能同时进入眼睛,此时仍然会看到色模糊像。

除了波长扩展外,实际的再现光源往往在空间也是扩展的,再现光源上每一个点光源将再现不同的像。这样一个像点将被扩展成为像斑,由再现光源的扩展形成像模糊称为线模糊。另一方面,如果线全息图很窄,由于衍射使得像点扩展成弥散斑,也将对像的质量产生影响。

1）线模糊

设再现光源在两个方向扩展分别为 Δx_c 和 Δy_c，利用式（4-2）和式（4-3）不难求得再现像的线模糊为

$$\Delta x_{ir} = \frac{\Delta x_c z_o z_r}{z_o z_r \pm \mu z_c (z_r - z_o)} \qquad \Delta y_{ir} = \frac{\Delta y_c z_o z_r}{z_o z_r \pm \mu z_c (z_r - z_o)} \qquad (4-11)$$

注意在两步彩虹全息中，式（4-11）中的坐标 $z_o = z_{H1} - z_e$。现在讨论 $z_c = z_r$，$\mu = 1$ 情况下再现清晰像对光源扩展的要求。以 x 方向为例，此时 $\Delta x_{ir} = \frac{z_o}{z_c} \Delta x_c$，根据眼睛分辨率的要求，线模糊量必须小于人眼的最小分辨间隔才能感觉到清晰的像点，设人眼最小分辨角为 δ_e，则要求

$$\Delta x_{ir} \leqslant (z_i + z_e) \delta_e \qquad (4-12)$$

即

$$\Delta x_c \leqslant \frac{z_c (z_i + z_e)}{z_o} \delta_e = \frac{z_c z_{H1}}{z_{H1} - z_e} \delta_e \qquad (4-13)$$

注意上式进行了 $z_i = z_o = z_{H1} - z_e$ 代换。式（4-13）是眼睛看到清晰像点对光源的扩展要求。设 $z_e = 300$ mm，$z_{H1} = 320$ mm，$z_c = z_r = 1\,000$ mm，人眼的角分辨 $\delta_e = 2.9 \times 10^{-4}$ rad，代入上式可得 $\Delta x_c \leqslant 4.64$ mm。

再现光源的纵向扩展将使再现像在所有方向都产生模糊，设光源纵向扩展为 Δz_c，利用式（4-1）～式（4-3）可以求得像在三个方向的模糊为

$$\Delta x_{iz} = \frac{(x_o - x_c) z_r^2 z_o + (x_c - x_r) z_o^2 z_r}{[z_o z_r + \mu z_c (z_r - z_o)]^2} \mu \Delta z_c \qquad (4-14)$$

$$\Delta y_{iz} = \frac{(y_o - y_c) z_r^2 z_o + (y_c - y_r) z_o^2 z_r}{[z_o z_r + \mu z_c (z_r - z_o)]^2} \mu \Delta z_c \qquad (4-15)$$

$$\Delta z_i = \frac{z_r^2 z_o^2}{[z_o z_r + \mu z_c (z_r - z_o)]^2} \Delta z_c \qquad (4-16)$$

若 $x_c = x_r$，$y_c = y_r$，$z_c = z_r$，可以证明

$$\Delta x_{iz} = \frac{z_i^2}{z_o z_c} \mu \Delta z_c \tan \theta_x = \frac{z_i^2}{(z_{H1} - z_e) z_c} \mu \Delta z_c \tan \theta_x \qquad (4-17)$$

$$\Delta y_{iz} = \frac{z_i^2}{z_o z_c} \mu \Delta z_c \tan \theta_y = \frac{z_i^2}{(z'_{H1} - z_e) z_c} \mu \Delta z_c \tan \theta_y \qquad (4-18)$$

$$\Delta z_i = \frac{z_i^2}{z_c^2} \Delta z_c \qquad (4-19)$$

对于彩虹全息,光源的空间横向扩展造成的线模糊将因为线全息图得到抑制。图 4-8 为人眼通过线全息图所能看到的线模糊情况。由于眼睛只能通过线全息图看到再现像,因此,不管光源扩展造成的线模糊有多大,眼睛只能通过宽度为 w_{lineHL} 的窗口看到像的扩展长度为 $\Delta x_{\text{ixe}} = \overline{ab}$。经过简单的几何推导可得到人眼可以看到的线模糊 Δx_{ixe} 大小为

$$\Delta x_{\text{ixe}} = \overline{ab} = \frac{(z_i + z_e)}{z_e} w_{\text{lineHL}} \qquad (4-20)$$

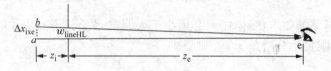

图 4-8 光源横向扩展时彩虹全息的线模糊

将式(4-10)代入得

$$\Delta x_{\text{ixe}} = \frac{(z_i + z_e)(z_{H1} - z_e)}{z_e z_{H1}} w_{H1} = \frac{(z_i + z_e) z_o}{z_e z_{H1}} w_{H1} \approx \frac{z_o}{z_e} w_{H1} \qquad (4-21)$$

上式,设 $z_i \approx z_o$, $z_i + z_e \approx z_{H1}$。式(4-21)说明,即使再现光源扩展很大,由于线全息图的作用,眼睛观察到的线模糊不会大于 $\frac{z_o}{z_e} w_{H1}$。

2) 色模糊

设置参考光 $\theta_y = 0$,则在 y 方向不存在色模糊。在 x 方向,由式(4-7)或式(4-8)已知色模糊为

$$\Delta x_{i\lambda} = \frac{(x_o - x_r) z_r z_o}{[z_o + \mu(z_r - z_o)]^2} \Delta \mu = \frac{z_i^2}{z_o} \Delta \mu \tan \theta_x \qquad (4-22)$$

色模糊可能引起两种视觉感受,一是如果 $\Delta x_{i\lambda}$ 大于人眼的视觉空间分辨距离,像点就弥散成彩色线条;二是如果 $\Delta x_{i\lambda}$ 小于人眼的视觉空间分辨间隔,人眼将看到多色光混合的像点,对于彩色全息图来说,可能会造成像点的颜色饱和度下降。下面首先讨论线全息图的宽度与色模糊的关系。同样可以用图 4-8 来分析人眼通过线全息图所能看到的色模糊情况,只是把 Δx_{ixe} 改成 $\Delta x_{i\lambda e}$ 即可。与线模糊一样,人眼是通过线全息图中一个宽度为 w_{lineHL} 的窗口看到的色模糊像,$\Delta x_{i\lambda e}$ 可以表示为

$$\Delta x_{i\lambda e} = \frac{(z_i + z_e)}{z_e} w_{\text{lineHL}} \qquad (4-23)$$

将式(4-10)代入得

$$\Delta x_{i\lambda e} = \frac{(z_i + z_e)(z_{H1} - z_e)}{z_e z_{H1}} w_{H1} = \frac{(z_i + z_e)z_o}{z_e z_{H1}} w_{H1} \approx \frac{z_o}{z_e} w_{H1} \qquad (4-24)$$

式(4-21)或式(4-24)表明,线模糊和色模糊大小与线全息图的宽度和景深 z_o 成正比,与观察距离 z_e 成反比。这样的关系对于三维显示是不利的。减小 H1 的狭缝宽度 w_{H1} 来减少色模糊是彩虹全息可用白光再现的最基本的原理。但 w_{H1} 越小,则由于衍射使得再现像分辨率下降,再现的像质将下降。通过减少景深同样可以降低模糊,例如 $z_o = 0$ 时模糊也为零,这就是像面全息可以用白光再现的原理。但作为三维显示,总是希望景深越大越好。如果通过增加观察距离来减小模糊,则会因为视差变小,立体感降低。因为同样景深的三维物体,距离人眼越远,视差就越小,其立体感越不明显。

现在以人眼对线模糊和色模糊的分辨极限为例,分析彩虹全息图对狭缝大小的要求。设人眼的角分辨率为 δ_e,当 Δx_{ixe} 或 $\Delta x_{i\lambda e}$ 小于 $\delta_e(z_i + z_e)$ 时,人眼无法分辨模糊。根据式(4-21)或式(4-24),此时:

$$w_{H1} \leqslant \frac{z_e(z_i + z_e)}{z_o} \delta_e \qquad (4-25)$$

设 $z_e = 300$ mm, $z_i \approx z_o = 20$ mm,人眼的角分辨 $\delta_e = 2.9 \times 10^{-4}$ rad,代入上式可得 $w_{H1} = 1.4$ mm。本例的景深很小,如果景深大一些,例如 $z_i = 100$ mm,则 $w_{H1} = 0.35$ mm。全息再现实际上是衍射过程,这样窄的全息图衍射将使其像点扩展成光斑,并和其他扩展像斑叠加,形成干涉噪声,成像质量大大下降。如果我们反过来考虑,即设狭缝宽度等于人眼的瞳孔直径 $w_{H1} = 3$ mm,由式(4-21)或式(4-24)可以算出模糊(线模糊或色模糊)量为 $\Delta x_{ixe} = \Delta x_{i\lambda e} = \frac{z_o}{z_e} w_{H1} = \frac{20}{300} \times 3 = 0.6$ mm,这样的模糊量人眼很容易察觉,解决问题的办法可参阅像散全息技术[5],这里不再详述。

人眼对于彩色图像的分辨率往往要低于黑白图像[6]。在很多情况下,尽管 $\Delta x_{i\lambda e}$ 比较大,但人眼还是不能分辨的,这就给彩虹全息的制作带来方便。但由于进入人眼的光谱仍有一定的带宽,将产生多色光混合色,对于真彩色全息的颜色精确再现产生不利影响。下面分析混合色波长的宽度。设 $\Delta x_{i\lambda e} \leqslant \delta_e(z_i + z_e)$,由式(4-22),可得

$$\frac{z_i^2}{z_o} \tan\theta_x \Delta\mu \leqslant \delta_e(z_i + z_e) \qquad (4-26)$$

在 $z_c = z_r$ 情况下,$\frac{1}{z_o} = \frac{1}{z_i} - \Delta\mu \frac{1}{z_c}$,代入上式得

$$\left(\frac{1}{z_i} - \Delta\mu\,\frac{1}{z_c}\right)\Delta\mu \leqslant \frac{\delta_e(z_i+z_e)}{z_i^2\tan\theta_x}$$

假设 $\Delta\mu = \dfrac{\Delta\lambda_c}{\lambda}$ 很小,忽略 $\dfrac{\Delta\mu^2}{z_c}$ 的影响,则 $\Delta\mu \leqslant \dfrac{\delta_e(z_i+z_e)}{z_i\tan\theta_x}$,即

$$\Delta\lambda_c \leqslant \frac{\lambda\delta_e(z_i+z_e)}{z_i\tan\theta_x} \tag{4-27}$$

当 $z_e=300$ mm,$z_i=50$ mm,$\lambda=500$ nm,人眼的角分辨 $\delta_e=2.9\times10^{-4}$ rad,$\theta_x=45°$ 时,可以算出 $\Delta\lambda_c$ 约为 1 nm。对于计算全息,由于受到图像输出设备的限制,难以获得很高空间频率的全息图,参物夹角一般设置得都比较小,同样原因,景深也设置得比较小。参物夹角一般只有几度,假设 $\theta_x=5°$,$z_e=300$ mm,$z_i=20$ mm,可以算出 $\Delta\lambda_c$ 约为 23 nm。根据人眼的颜色视觉原理,人眼对因光波长变化引起的颜色变化感觉是很灵敏的。图 4-9 是不同波长的颜色辨认曲线[6],它表明只要波长变化 1~2 nm,人眼即可感觉颜色的变化。因而 23 nm 对于颜色视觉来说,是相当大的变化,这一点对于彩色全息具有重要的影响。

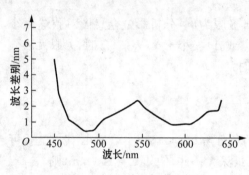

图 4-9　光谱颜色辨认曲线

4.2　计算彩虹全息线全息图的形成

4.2.1　计算彩虹全息物光波

计算彩虹全息的计算有多种编码方法[7~10]。为了说明原理,这里参照光学彩虹全息原理设计编码方法。

1) 两步法计算彩虹全息平面物光波

两步计算彩虹全息是完全模拟光学方法。首先根据 2.3.2 节菲涅耳全息算法原理计算物体光波在距物体某一距离狭长空间(等价于狭缝)处的复振幅分布,然后再计算此分布的共轭光在物空间某平面(记录平面或彩虹全息平面)的衍射分布,这就是彩虹全息的物光,最后引入参考光叠加形成全息图。

模拟光路如图 4-10 所示。设三维物体各点的复振幅分布为 $O(x_o, y_o, z_o)$,首先计算所有物点光在 x_{H1},y_{H1} 平面上的长条形区域 $w_{H1}\times l_{H1}$ 内的复振幅分布,

采用菲涅耳衍射近似分布:

$$u(x_{H1}, y_{H1})\mid_{slit} = \iint O(x_o, y_o, z_o)\exp\left(-ik\frac{x_o^2+y_o^2}{2z_o}\right)\cdot$$

$$\exp\left(-ik\frac{x_{H1}^2+y_{H1}^2}{2z_o}\right)\exp\left(ik\frac{x_o x_{H1}+y_o y_{H1}}{z_o}\right)dx_o dy_o \quad (4-28)$$

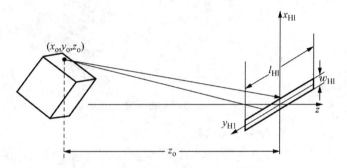

图 4 - 10 计算彩虹全息 H1 计算模型

上式的离散形式为

$$u(x_{H1}, y_{H1})\mid_{slit} = \sum_i \sum_j \sum_l a_{oijl}\exp\left(-ik\frac{x_{oijl}^2+y_{oijl}^2}{2z_{oijl}}\right)\cdot$$

$$\exp\left(-ik\frac{x_{H1}^2+y_{H1}^2}{2z_{oijl}}\right)\exp\left(ik\frac{x_{oijl}x_{H1}+y_{oijl}y_{H1}}{z_{oijl}}\right) \quad (4-29)$$

式中,a_{oijl} 是物点的复振幅。

光学两步法彩虹全息中第二步最重要的目的是通过 H1 衍射出原物光的共轭光,进而形成原物体的共轭像。而在计算全息中,第二步就是计算数字化物光波 $u(x_{H1}, y_{H1})\mid_{slit}$ 的共轭 $\mathrm{conj}\{u(x_{H1}, y_{H1})\mid_{slit}\}$ 在彩虹全息平面 $x_{RBh}y_{RBh}$ 上的衍射分布,如图 4 - 11 所示。设 $x_{H1}y_{H1}$ 平面与 $x_{RBh}y_{RBh}$ 平面距离为 z_e,$u(x_{H1}, y_{H1})\mid_{slit}$ 的共轭在 $x_{RBh}y_{RBh}$ 平面上衍射的菲涅耳近似为

$$U_o(x_{RBh}, y_{RBh})$$

$$= \exp\left(-ik\frac{x_{RBh}^2+y_{RBh}^2}{2z_e}\right)\iint \mathrm{conj}[u(x_{H1}, y_{H1})\mid_{slit}]\exp\left(-ik\frac{x_{H1}^2+y_{H1}^2}{2z_e}\right)\cdot$$

$$\exp\left(ik\frac{x_{H1}x_{RBh}+y_{H1}y_{RBh}}{z_e}\right)dx_{H1}dy_{H1}$$

$$= \exp\left(-ik\frac{x_{RBh}^2+y_{RBh}^2}{2z_e}\right)\mathscr{F}\left\{\mathrm{conj}[u(x_{H1}, y_{H1})\mid_{slit}]\exp\left(-ik\frac{x_{H1}^2+y_{H1}^2}{2z_e}\right)\right\} \quad (4-30)$$

式中,$\mathscr{F}\{\}$ 表示傅里叶变换,可以利用快速傅里叶变换(FFT)进行计算。如果利用

FFT 进行计算,要注意必须对 $\mathrm{conj}[\,u(x_{\mathrm{H1}},\,y_{\mathrm{H1}})\,|_{\mathrm{slit}}]$ 分布以外的区域插零,以保证变换后的数组大小与彩虹全息平面的数组大小一致。

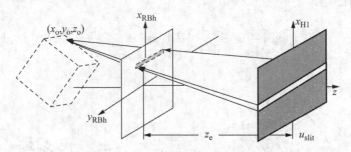

图 4 - 11　一步法计算彩虹全息原理示意图

2) 一步法计算彩虹全息平面物光波

充分利用计算全息的灵活性,可以这样理解彩虹全息中线全息的形成:三维物体上任一点$(x_\mathrm{o},\,y_\mathrm{o},\,z_\mathrm{o})$都发出一个扁平状光束,每一个扁平状光束都在$x_\mathrm{H1}y_\mathrm{H1}$平面上狭缝处重合(图 4 - 11)。根据光路的可逆原理,同样可以认为,物体上任一点$(x_\mathrm{o},\,y_\mathrm{o},\,z_\mathrm{o})$的光分布都是由会聚于$(x_\mathrm{o},\,y_\mathrm{o},\,z_\mathrm{o})$点的球面波通过$x_\mathrm{H1}y_\mathrm{H1}$平面上狭缝衍射形成的。这样只要知道物点分布,就可以直接计算彩虹全息平面上的物光分布。在菲涅耳近似条件下,会聚点为$(x_\mathrm{o},\,y_\mathrm{o},\,z_\mathrm{o})$的球面波在$x_\mathrm{H1}y_\mathrm{H1}$平面上分布为

$$U_\mathrm{o}(x,\,y) = a_\mathrm{o}\exp\left(\mathrm{i}k\,\frac{x_\mathrm{o}^2+y_\mathrm{o}^2}{2z_\mathrm{o}}\right)\exp\left(\mathrm{i}k\,\frac{x_\mathrm{H1}^2+y_\mathrm{H1}^2}{2z_\mathrm{o}}\right)\exp\left(-\mathrm{i}k\,\frac{x_\mathrm{o}x_\mathrm{H1}+y_\mathrm{o}y_\mathrm{H1}}{z_\mathrm{o}}\right)$$

$$(4-31)$$

设狭缝全息图的宽度为 w_H1,长度为 l_H1,上述会聚球面波通过狭缝衍射在彩虹全息平面 $x_\mathrm{RBh}y_\mathrm{RBh}$ 上的菲涅耳近似分布为

$$U_\mathrm{o}(x_\mathrm{RBh},\,y_\mathrm{RBh})_{(x_\mathrm{o},\,y_\mathrm{o},\,z_\mathrm{o})}$$

$$= a_\mathrm{o}(x_\mathrm{o},\,y_\mathrm{o},\,z_\mathrm{o})\iint\limits_{\Sigma}\exp\left(\mathrm{i}k\,\frac{x_\mathrm{o}^2+y_\mathrm{o}^2}{2z_\mathrm{o}}\right)\exp\left(\mathrm{i}k\,\frac{x_\mathrm{H1}^2+y_\mathrm{H1}^2}{2z_\mathrm{o}}\right)\exp\left(-\mathrm{i}k\,\frac{x_\mathrm{o}x_\mathrm{H1}+y_\mathrm{o}y_\mathrm{H1}}{z_\mathrm{o}}\right)\cdot$$

$$\exp\left(-\mathrm{i}k\,\frac{x_\mathrm{RBh}^2+y_\mathrm{RBh}^2}{2z_\mathrm{e}}\right)\exp\left(-\mathrm{i}k\,\frac{x_\mathrm{H1}^2+y_\mathrm{H1}^2}{2z_\mathrm{e}}\right)\exp\left(\mathrm{i}k\,\frac{x_\mathrm{RBh}x_\mathrm{H1}+y_\mathrm{RBh}y_\mathrm{H1}}{z_\mathrm{e}}\right)\mathrm{d}x_\mathrm{H1}\,\mathrm{d}y_\mathrm{H1}$$

$$(4-32)$$

式中,$a_\mathrm{o}(x_\mathrm{o},\,y_\mathrm{o},\,z_\mathrm{o})$ 为物点 $(x_\mathrm{o},\,y_\mathrm{o},\,z_\mathrm{o})$ 的复振幅,Σ 为狭缝区域。对上式 $x,\,y$ 进行分离变量:

$$U_o(x_{RBh},\ y_{RBh})_{(x_o,\ y_o,\ z_o)}$$

$$= a_o(x_o,\ y_o,\ z_o)\exp\left(ik\frac{x_o^2+y_o^2}{2z_o}\right)\exp\left(-ik\frac{x_{RBh}^2+y_{RBh}^2}{2z_e}\right)\cdot$$

$$\int_{-\frac{w_{H1}}{2}}^{\frac{w_{H1}}{2}}\exp\left[ik\left(\frac{1}{2z_o}-\frac{1}{2z_e}\right)x_{H1}^2\right]\exp\left[ik\left(\frac{x_{RBh}}{z_e}-\frac{x_o}{z_o}\right)x_{H1}\right]dx_{H1}\cdot$$

$$\int_{-\frac{l_{H1}}{2}}^{\frac{l_{H1}}{2}}\exp\left[ik\left(\frac{1}{2z_o}-\frac{1}{2z_e}\right)y_{H1}^2\right]\exp\left[ik\left(\frac{y_{RBh}}{z_e}-\frac{y_{oijl}}{z_o}\right)y_{H1}\right]dy_{H1}\qquad(4-33)$$

得到如下两项积分：

$$U_o(x_{RBh})_{(x_o,\ z_o)}=\exp\left(ik\frac{x_o^2}{2z_o}\right)\exp\left(-ik\frac{x_{RBh}^2}{2z_e}\right)\cdot$$

$$\int_{-\frac{w_{H1}}{2}}^{\frac{w_{H1}}{2}}\exp\left[ik\left(\frac{1}{2z_o}-\frac{1}{2z_e}\right)x_{H1}^2\right]\exp\left[ik\left(\frac{x_{RBh}}{z_e}-\frac{x_o}{z_o}\right)x_{H1}\right]dx_{H1}$$

$$U_o(y_{RBh})_{(y_o,\ z_o)}=\exp\left(ik\frac{y_o^2}{2z_o}\right)\exp\left(-ik\frac{y_{RBh}^2}{2z_e}\right)\cdot$$

$$\int_{-\frac{l_{H1}}{2}}^{\frac{l_{H1}}{2}}\exp\left[ik\left(\frac{1}{2z_o}-\frac{1}{2z_e}\right)y_{H1}^2\right]\exp\left[ik\left(\frac{y_{RBh}}{z_e}-\frac{y_{oijl}}{z_o}\right)y_{H1}\right]dy_{H1}$$

$$(4-34)$$

如果狭缝的长度 l_{H1} 很大，y 方向的光波传到记录平面时，可以证明仍近似为球面波：

$$U_o(y_{RBh})_{(y_o,\ z_o)}=\int_{-\frac{l_{H1}}{2}\to-\infty}^{\frac{l_{H1}}{2}\to\infty}\exp\left(ik\frac{y_o^2}{2z_o}\right)\exp\left(-ik\frac{y_{RBh}^2}{2z_e}\right)\exp\left[ik\left(\frac{1}{2z_o}-\frac{1}{2z_e}\right)y_{H1}^2\right]\cdot$$

$$\exp\left[ik\left(\frac{y_{RBh}}{z_e}-\frac{y_o}{z_o}\right)y_{H1}\right]dy_{H1}$$

$$=\exp\left[ik\frac{(y_o-y_{RBh})^2}{2(z_o-z_e)}\right]\qquad(4-35)$$

式中，$\exp\left[ik\dfrac{(y_o-y_{RBh})^2}{2(z_o-z_e)}\right]$ 为菲涅耳近似下球面波的标准形式。因而，物点 $(x_o,$ $y_o,\ z_o)$ 在 $x_{RBh}y_{RBh}$ 平面上的物光波分布可以近似表示为

$$U_o(x_{RBh},\ y_{RBh})_{(x_o,\ y_o,\ z_o)}=a_o(x_o,\ y_o,\ z_o)U_o(x_{RBh})_{(x_o,\ z_o)}U_o(y_{RBh})_{(y_o,\ z_o)}$$

$$\approx a_o(x_o,\ y_o,\ z_o)U_o(x_{RBh})_{(x_o,\ z_o)}\exp\left[ik\frac{(y_o-y_{RBh})^2}{2(z_o-z_e)}\right]$$

$$(4-36)$$

物体上所有点在 $x_{\mathrm{RBh}}y_{\mathrm{RBh}}$ 平面上总的复振幅分布为

$$U_{\mathrm{o}}(x_{\mathrm{RBh}},\ y_{\mathrm{RBh}}) = \sum_{M,\ N} U_{\mathrm{o}}(x_{\mathrm{RBh}},\ y_{\mathrm{RBh}})_{(x_{\mathrm{o}},\ y_{\mathrm{o}},\ z_{\mathrm{o}})}$$

$$= \sum_{M,\ N} a_{\mathrm{o}}(x_{\mathrm{o}},\ y_{\mathrm{o}},\ z_{\mathrm{o}})U_{\mathrm{o}}(x_{\mathrm{RBh}},\ y_{\mathrm{RBh}})_{(x_{\mathrm{o}},\ z_{\mathrm{o}})} \exp\left[\mathrm{i}k\ \frac{(y_{\mathrm{o}} - y_{\mathrm{RBh}})^2}{2(z_{\mathrm{o}} - z_{\mathrm{e}})} \right]$$

$$(4-37)$$

与一步法相比,两步法是严格按照光学彩虹全息进行仿真的,因而结果比较精确。一步法充分利用了计算全息的灵活性,利用线全息图特点,仅仅计算条形区域的分布,计算量大大减少,计算速度更快。但在一步法中,当物点处于 $x_{\mathrm{RBh}}y_{\mathrm{RBh}}$ 平面附近时,由于衍射,误差将增大。尤其当 $z_{\mathrm{o}} = z_{\mathrm{e}}$ 时,如果仍然利用式(4-37)计算,将出现 $U_{\mathrm{o}}(y_{\mathrm{RBh}})_{(y_{\mathrm{o}},\ z_{\mathrm{o}})} \to \infty$,此时必须结合两步法原理。在考虑狭缝衍射情况下进行修正,本问题将在 4.2.3 节讨论。

4.2.2　计算彩虹全息图的抽样

前面还只分析了在彩虹全息平面上的物光波分布。我们最终目的是计算彩虹全息图。这里采用干涉型编码方式,即引入参考光与物光波干涉形成全息图。设模拟参考光复振幅分布为 $U_{\mathrm{r}}(x_{\mathrm{RBh}},\ y_{\mathrm{RBh}})$,与物光叠加后干涉条纹强度分布为

$$\begin{aligned} I(x_{\mathrm{RBh}},\ y_{\mathrm{RBh}}) &= \mid U_{\mathrm{o}}(x_{\mathrm{RBh}},\ y_{\mathrm{RBh}})\mid^2 + \mid U_{\mathrm{r}}(x_{\mathrm{RBh}},\ y_{\mathrm{RBh}})\mid^2 + \\ &\quad U_{\mathrm{o}}^*(x_{\mathrm{RBh}},\ y_{\mathrm{RBh}})U_{\mathrm{r}}(x_{\mathrm{RBh}},\ y_{\mathrm{RBh}}) + U_{\mathrm{o}}(x_{\mathrm{RBh}},\ y_{\mathrm{RBh}})U_{\mathrm{r}}^*(x_{\mathrm{RBh}},\ y_{\mathrm{RBh}}) \\ &= \mid U_{\mathrm{o}}(x_{\mathrm{RBh}},\ y_{\mathrm{RBh}})\mid^2 + \mid U_{\mathrm{r}}(x_{\mathrm{RBh}},\ y_{\mathrm{RBh}})\mid^2 + \\ &\quad \mid U_{\mathrm{o}}(x_{\mathrm{RBh}},\ y_{\mathrm{RBh}})\mid\mid U_{\mathrm{r}}(x_{\mathrm{RBh}},\ y_{\mathrm{RBh}})\mid \cdot \\ &\quad \exp\{-\mathrm{i}[\varphi_{\mathrm{o}}(x_{\mathrm{RBh}},\ y_{\mathrm{RBh}}) - \varphi_{\mathrm{r}}(x_{\mathrm{RBh}},\ y_{\mathrm{RBh}})]\} + \\ &\quad \mid U_{\mathrm{o}}(x_{\mathrm{RBh}},\ y_{\mathrm{RBh}})\mid\mid U_{\mathrm{r}}(x_{\mathrm{RBh}},\ y_{\mathrm{RBh}})\mid \cdot \\ &\quad \exp\{\mathrm{i}[\varphi_{\mathrm{o}}(x_{\mathrm{RBh}},\ y_{\mathrm{RBh}}) - \varphi_{\mathrm{r}}(x_{\mathrm{RBh}},\ y_{\mathrm{RBh}})\} \end{aligned}$$

$$(4-38)$$

式中,$\varphi_{\mathrm{o}}(x_{\mathrm{RBh}},\ y_{\mathrm{RBh}})$,$\varphi_{\mathrm{r}}(x_{\mathrm{RBh}},\ y_{\mathrm{RBh}})$ 分别是物光波和参考光波在彩虹全息面上的相位分布。

根据 3.2.1 节的分析,如果再现时零级衍射光与再现像恰好分离,式(4-38)的最大频谱半宽度是物光波频宽的 4 倍,即 $4f_{\mathrm{omax}}$。根据抽样定理,抽样频率为 $f_{\mathrm{sampl}} \geqslant 8f_{\mathrm{omax}}$。实际上,在式(4-38)中,$\mid U_{\mathrm{o}}(x_{\mathrm{RBh}},\ y_{\mathrm{RBh}})\mid^2 + \mid U_{\mathrm{r}}(x_{\mathrm{RBh}},\ y_{\mathrm{RBh}})\mid^2$ 并不参与成像,它的存在不仅干扰再现像、增加噪声,而且增加了频谱宽度和计算量,所以,利用计算全息的灵活性,我们只计算:

$$I'(x_{\text{RBh}}, y_{\text{RBh}}) = |U_o(x_{\text{RBh}}, y_{\text{RBh}})||U_r(x_{\text{RBh}}, y_{\text{RBh}})| \cdot$$
$$\exp\{-i[\varphi_o(x_{\text{RBh}}, y_{\text{RBh}}) - \varphi_r(x_{\text{RBh}}, y_{\text{RBh}})]\} +$$
$$|U_o(x_{\text{RBh}}, y_{\text{RBh}})||U_r(x_{\text{RBh}}, y_{\text{RBh}})| \cdot$$
$$\exp\{i[\varphi_o(x_{\text{RBh}}, y_{\text{RBh}}) - \varphi_r(x_{\text{RBh}}, y_{\text{RBh}})]\}\}$$
$$= |U_o(x_{\text{RBh}}, y_{\text{RBh}})||U_r(x_{\text{RBh}}, y_{\text{RBh}})| \cdot$$
$$\cos[\varphi_o(x_{\text{RBh}}, y_{\text{RBh}}) - \varphi_r(x_{\text{RBh}}, y_{\text{RBh}})] \qquad (4-39)$$

对上式加一偏置以保证其为非负值[11]。此时,根据式(3-28),抽样间隔为

$$\Delta_{\text{RBh}} \leqslant \frac{1}{4f_{\text{omax}}} \qquad (4-40)$$

式中,f_{omax} 为物光波的最大空间频率。可以利用图 4-12 来估计物光波的空间频率。物点发出"扁平状光束"可以看成是球面波的一部分,物点 (x_o, y_o, z_o) 发出的球面波在全息图平面上的分布为

$$U_o(x_{\text{RBh}}, y_{\text{RBh}}) = a_o \exp[-i\varphi(x_{\text{RBh}}, y_{\text{RBh}})]$$
$$= a_o \exp[-ik\sqrt{(x_{\text{RBh}} - x_o)^2 + (y_{\text{RBh}} - y_o)^2 + (z_e - z_o)^2}]$$
$$(4-41)$$

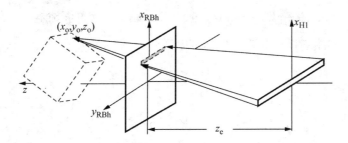

图 4-12 彩虹全息物光波空间频率估计示意图

根据光波的空间频率定义

$$f_{x_{\text{RBh}}} = \frac{1}{2\pi}\left|\frac{\partial\varphi_o(x_{\text{RBh}}, y_{\text{RBh}})}{\partial x_{\text{RBh}}}\right|, \qquad f_{y_{\text{RBh}}} = \frac{1}{2\pi}\left|\frac{\partial\varphi_o(x_{\text{RBh}}, y_{\text{RBh}})}{\partial y_{\text{RBh}}}\right|$$
$$(4-42)$$

将式(4-41)代入上式可得

$$f_{x_{\text{RBh}}} = \left|\frac{x_{\text{RBh}} - x_o}{\lambda\sqrt{(x_{\text{RBh}} - x_o)^2 + (y_{\text{RBh}} - y_o)^2 + (z_e - z_o)^2}}\right|$$

$$f_{y_{\mathrm{RBh}}} = \left| \frac{(y_{\mathrm{RBh}} - y_{\mathrm{o}})}{\lambda \sqrt{(x_{\mathrm{RBh}} - x_{\mathrm{o}})^2 + (y_{\mathrm{RBh}} - y_{\mathrm{o}})^2 + (z_{\mathrm{e}} - z_{\mathrm{o}})^2}} \right| \qquad (4-43)$$

光波在全息图平面分布区域是长条形的,其长和宽与狭缝尺寸有关。可以近似地认为记录平面上光分布区域是通过狭缝的投影形成的。如图 4-13 所示的狭缝在记录平面投影的边缘坐标为

$$x_{\mathrm{RB1}} = \frac{z_{\mathrm{e}}}{z_{\mathrm{o}}}(x_{\mathrm{o}} - x_{\mathrm{s}-}) + x_{\mathrm{s}-}$$

$$x_{\mathrm{RB2}} = \frac{z_{\mathrm{e}}}{z_{\mathrm{o}}}(x_{\mathrm{o}} + x_{\mathrm{s}+}) - x_{\mathrm{s}+} \qquad (4-44)$$

式中,$x_{\mathrm{s}-} = -w_{\mathrm{H1}}/2, x_{\mathrm{s}+} = w_{\mathrm{H1}}/2$ 是狭缝在 x 方向的边缘坐标。

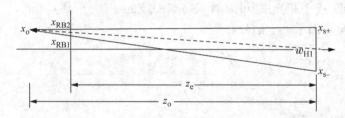

图 4-13 全息面物光波分布区域与狭缝关系示意图

同理,在 y 方向狭缝投影的边缘坐标可以证明为

$$y_{\mathrm{RB1}} = \frac{z_{\mathrm{e}}}{z_{\mathrm{o}}}(y_{\mathrm{o}} - y_{\mathrm{s}-}) + y_{\mathrm{s}-}$$

$$y_{\mathrm{RB2}} = \frac{z_{\mathrm{e}}}{z_{\mathrm{o}}}(y_{\mathrm{o}} + y_{\mathrm{s}+}) - y_{\mathrm{s}+} \qquad (4-45)$$

式中,$y_{\mathrm{s}-} = -l_{\mathrm{H1}}/2$ 和 $y_{\mathrm{s}+} = l_{\mathrm{H1}}/2$ 是狭缝在 y 方向的边缘坐标。

最高频率应该处于狭缝投影的边缘处,为了保证全息图 x 和 y 方向比例不变,两个方向的抽样频率应该一致,并取其中较大者。由式(4-43)～式(4-45)可以得到最大空间频率为

$$f_{\mathrm{omax}} = \left| \frac{(y_{\mathrm{o}} + l_{\mathrm{H1}}/2)}{\lambda \sqrt{(x_{\mathrm{o}} - w_{\mathrm{H1}}/2)^2 + (y_{\mathrm{o}} + l_{\mathrm{H1}}/2)^2 + z_{\mathrm{o}}^2}} \right| \qquad (4-46)$$

在两步法计算彩虹全息中,利用式(4-30)计算彩虹全息图时,还必须对狭缝处光波采样,从式(4-31)可以得到狭缝处物光波空间频率分布为

$$f_{x_{\mathrm{H1}}} = \left| \frac{x_{\mathrm{H1}} - x_{\mathrm{o}}}{\lambda z_{\mathrm{o}}} \right| \qquad f_{y_{\mathrm{H1}}} = \left| \frac{y_{\mathrm{H1}} - y_{\mathrm{o}}}{\lambda z_{\mathrm{o}}} \right|$$

与之对应的最大空间频率为

$$f_{x_{H1}\max} = \left| \frac{w_{H1}/2 + x_o}{\lambda z_o} \right| \qquad f_{y_{H1}\max} = \left| \frac{l_{H1}/2 + y_o}{\lambda z_o} \right| \qquad (4-47)$$

显然上式中 $f_{y_{H1}\max} > f_{x_{H1}\max}$，在狭缝平面上的抽样并不涉及再现像和孪生像分离的问题，因此对应的抽样频率满足抽样定理即可。即抽样间隔为

$$\Delta_{H1} \leqslant \frac{1}{2 f_{y_{H1}\max}} \qquad (4-48)$$

式(4-46)和式(4-47)所示的最大频率不是常量，它们都与物点坐标有关。假设物体空间范围是 $x_{omin} \sim x_{omax}$，$y_{omin} \sim y_{omax}$，$z_{omin} \sim z_{omax}$，最后可以得到全息图平面最大空间频率为

$$f_{omax} = \left| \frac{(y_{omax} + l_{H1}/2)}{\lambda \sqrt{(x_{omax} - w_{H1}/2)^2 + (y_{omax} + l_{H1}/2)^2 + z_{omin}^2}} \right| \qquad (4-49)$$

狭缝平面最大抽样频率为

$$f_{x_{H1}\max} = \left| \frac{w_{H1}/2 + x_{omax}}{\lambda z_{omin}} \right| \qquad f_{y_{H1}\max} = \left| \frac{l_{H1}/2 + y_{omax}}{\lambda z_{omin}} \right| \qquad (4-50)$$

设 $z_e = 300\ \text{mm}$，$z_{omin} = 250\ \text{mm}$，$x_{omin} = 50\ \text{mm}$，$y_{omin} = 50\ \text{mm}$，$w_{H1} = 3\ \text{mm}$，$l_{H1} = 100\ \text{mm}$，$\lambda = 500\ \text{nm}$，代入式(4-49)和式(4-50)，分别可得：$f_{omax} = 7.4 \times 10^2\ \text{mm}^{-1}$，$f_{y_{H1}\max} = 8 \times 10^2\ \text{mm}^{-1}$，对应抽样间隔分别约为，$\Delta_{RBh} = 0.33\ \mu\text{m}$，$\Delta_{H1} = 0.62\ \mu\text{m}$。若设 $z_{omin} = 280\ \text{mm}$，$x_{omin} = 20\ \text{mm}$，$y_{omin} = 20\ \text{mm}$，则 $f_{omax} = 4.8 \times 10^2\ \text{mm}^{-1}$，$f_{y_{H1}\max} = 5 \times 10^2\ \text{mm}^{-1}$，抽样间隔约为 $\Delta_{RBh} = 0.52\ \mu\text{m}$ 和 $\Delta_{H1} = 1\ \mu\text{m}$。

从上述两个例子中可以看出，尽管对全息图和狭缝平面抽样间隔不一样，但其最大空间频率很接近。事实上，当物体及狭缝尺寸和 z_{omin} 相比比较小或 $\dfrac{(x_{omax} - w_{H1}/2)^2}{z_{omin}^2} \ll 1$，$\dfrac{(y_{omax} + l_{H1}/2)^2}{z_{omin}^2} \ll 1$ 的时候，

$$f_{omax} \approx \left| \frac{(y_{omax} + l_{H1}/2)}{\lambda z_{omin}} \right| = f_{y_{H1}\max} \qquad (4-51)$$

4.2.3　计算彩虹基元全息图大小与位置

在一步法计算彩虹全息术中，式(4-37)是逐个物点计算全息图平面上物光波

分布的。由于是线全息图，所以每个物点的物光波分布被限制在相对应的长条形区域，并不遍及全息图整个平面。确定物点物光波对应的计算区域不仅是彩虹全息图原理的要求，而且可以大大减少计算量。

式（4-44）、式（4-45）已经给出了物点发出的片状光束在全息图平面上的投影边缘坐标。可以算出条形物光分布区域的长和宽分别为

$$\Delta y_{RBh} = |\ y_{RB2} - y_{RB1}\ | = \left| \frac{z_e - z_o}{z_o} \right| l_{H1}$$

$$\Delta x_{RBh} = |\ x_{RB2} - x_{RB1}\ | = \left| \frac{z_e - z_o}{z_o} \right| w_{H1} \qquad (4-52)$$

线全息图的中心坐标为

$$x_{RB0} = \frac{z_e}{z_o} x_o, \ y_{RB0} = \frac{z_e}{z_o} y_o \qquad (4-53)$$

从式（4-52）可以看出，如果物点处于全息图平面上，即 $z_o = z_e$，则 $\Delta y_{BR} = 0$，$\Delta x_{BR} = 0$，显然是不合理的。我们从两步法彩虹全息知道，全息面上物点光波的分布是狭缝全息图衍射形成的，即式（4-30）表达的分布为

$$U(x_{RBh},\ y_{RBh}) = \exp\left(-ik\frac{x_{RBh}^2 + y_{RBh}^2}{2z_e}\right) \iint \mathrm{conj}[u(x_{H1},\ y_{H1})\ |_{slit}] \cdot$$

$$\exp\left(-ik\frac{x_{H1}^2 + y_{H1}^2}{2z_e}\right)\exp\left(ik\frac{x_{H1}x_{RBh} + y_{H1}y_{RBh}}{z_e}\right)dx_{H1}\,dy_{H1} \qquad (4-54)$$

式中，conj[　]表示共轭，参照式（4-28），并只考虑一个物点情况：

$$\mathrm{conj}[u(x_{H1},\ y_{H1})\ |_{slit}] = a(x_o,\ y_o,\ z_o)\exp\left(ik\frac{x_o^2 + y_o^2}{2z_o}\right)\exp\left(ik\frac{x_{H1}^2 + y_{H1}^2}{2z_o}\right) \cdot$$

$$\exp\left(-ik\frac{x_o x_{H1} + y_o y_{H1}}{z_o}\right) \qquad (4-55)$$

将上式代入式（4-54），并化简得

$$U(x_{RBh},\ y_{RBh}) = a(x_o,\ y_o,\ z_o)\exp\left(-ik\frac{x_{RBh}^2 + y_{RBh}^2}{2z_e}\right)\exp\left(ik\frac{x_o^2 + y_o^2}{2z_o}\right) \cdot$$

$$\int_{-w_{H1}/2}^{w_{H1}/2}\int_{-l_{H1}/2}^{l_{H1}/2}\exp\left[ik\left(\frac{1}{2z_o} - \frac{1}{2z_e}\right)(x_{H1}^2 + y_{H1}^2)\right] \cdot$$

$$\exp\left[ik\left(\frac{x_{RBh}}{z_e} - \frac{x_o}{z_o}\right)x_{H1} + \left(\frac{y_{RBh}}{z_e} - \frac{y_o}{z_o}\right)y_{H1}\right]dx_{H1}\,dy_{H1}$$

$$(4-56)$$

上式是一个物点彩虹全息图的物光菲涅耳近似分布。可以看出，当 $z_o = z_e$ 时，它将演变为狭缝的夫琅和费衍射：

$$U(x_{\text{RBh}},\, y_{\text{RBh}}) = a(x_o,\, y_o,\, z_o) \exp\left(-\mathrm{i}k\,\frac{x_{\text{RBh}}^2 + y_{\text{RBh}}^2}{2z_e}\right) \exp\left(\mathrm{i}k\,\frac{x_o^2 + y_o^2}{2z_o}\right) \cdot$$

$$\int_{-w_{\text{H1}}/2}^{w_{\text{H1}}/2} \int_{-l_{\text{H1}}/2}^{l_{\text{H1}}/2} \exp\left[\mathrm{i}k\left(\frac{x_{\text{RBh}}}{z_e} - \frac{x_o}{z_o}\right)x_{\text{H1}} + \left(\frac{y_{\text{RBh}}}{z_e} - \frac{y_o}{z_o}\right)y_{\text{H1}}\right] \mathrm{d}x_{\text{H1}}\,\mathrm{d}y_{\text{H1}}$$

$$= a(x_o,\, y_o,\, z_o) \exp\left(-\mathrm{i}k\,\frac{x_{\text{RBh}}^2 + y_{\text{RBh}}^2}{2z_e}\right) \exp\left(\mathrm{i}k\,\frac{x_o^2 + y_o^2}{2z_o}\right) \cdot$$

$$\frac{\sin\left[\dfrac{\pi w_{\text{H1}}}{2\lambda}\left(\dfrac{x_{\text{RBh}}}{z_e} - \dfrac{x_o}{z_o}\right)\right]}{\dfrac{\pi w_{\text{H1}}}{2\lambda}\left(\dfrac{x_{\text{RBh}}}{z_e} - \dfrac{x_o}{z_o}\right)} \frac{\sin\left[\dfrac{\pi l_{\text{H1}}}{2\lambda}\left(\dfrac{y_{\text{RBh}}}{z_e} - \dfrac{y_o}{z_o}\right)\right]}{\dfrac{\pi l_{\text{H1}}}{2\lambda}\left(\dfrac{y_{\text{RBh}}}{z_e} - \dfrac{y_o}{z_o}\right)} \qquad (4-57)$$

狭缝的衍射分布主要光能都集中在前几级上，假设我们仅取前 N 级，根据上式，狭缝在 x 和 y 方向衍射第 $\pm N$ 级零点坐标分别为

$$x_{\text{RBr1}} = \frac{z_e x_o}{z_o} + \frac{2N\lambda z_e}{w_{\text{H1}}}, \; x_{\text{RBr2}} = \frac{z_e y_o}{z_o} - \frac{2N\lambda z_e}{w_{\text{H1}}} \qquad (4-58)$$

$$y_{\text{RBr1}} = \frac{z_e y_o}{z_o} + \frac{2N\lambda z_e}{l_{\text{H1}}}, \; y_{\text{RBr2}} = \frac{z_e y_o}{z_o} - \frac{2N\lambda z_e}{l_{\text{H1}}} \qquad (4-59)$$

因而，狭缝衍射光波在 x 和 y 方向 $\pm N$ 级内总的展宽为

$$\Delta x_{\text{RBr}} = |\,x_{\text{RBr2}} - x_{\text{RBr1}}\,| = \frac{4N}{l_{\text{H1}}}\lambda z_e,$$

$$\Delta y_{\text{RBr}} = |\,y_{\text{RBr2}} - y_{\text{RBr1}}\,| = \frac{4N}{w_{\text{H1}}}\lambda z_e \qquad (4-60)$$

式(4-60)给出了在 $z_o = z_e$ 情况下条形光波分布的边界坐标。从式(4-59)可以分析出，衍射分布的中心坐标与式(4-53)一致。

在讨论一步法彩虹全息时指出，当 $z_o = z_e$ 时，如果仍然利用式(4-37)计算，将出现 $U_o(y_{\text{RBh}})_{(y_o,\, z_o)} \to \infty$。根据上述分析，此时全息面上的物光分布应该由式(4-57)确定，对应的计算区域由式(4-58)~式(4-60)确定。

4.3　彩色彩虹计算全息原理

光学彩色全息记录的基本原理是利用三原色激光照射彩色物体，将三原色激光各自形成的干涉图记录到同一感光材料上。对于计算全息而言，完全可以仿真

光学过程实现彩色全息。即计算三幅三原色物体的全息图,然后将它们叠加合成为一幅全息图。但研究表明,彩色全息图中三原色全息图不同之处的本质在于其光栅结构的不同,即一个彩色物点的三个不同原色光产生不同的全息图光栅结构。在满足一定条件的情况下,物距相同、不同色的光所产生的全息图与物距不同、同色的光产生的全息图是等价的。根据这一原理,彩色计算机制全息图的过程就简化为将彩色物体分成三个原色物体,即每个原色物体的反射率(或透射率)按照三原色分色原理获得;根据给出的条件,对三个原色物体的物点进行坐标变换,然后用单一波长计算记录平面上的"三个物体"总的物光分布,再与参考光相加即可得到彩色全息图。再现时,等价的全息图结构将使得红绿蓝三原色像自动重合。下面我们首先证明:在满足一定条件时,三个不同波长的光所产生的全息图和与记录平面不同距离的三个同色物点的光产生的全息图是等价的。

4.3.1　单波长彩色全息图物点的坐标变换

设有一个彩色物点其坐标为(x_o, y_o, z_o),彩虹全息图位于z轴的原点。首先将彩色物点分解成三个原色物点,在计算其全息图时,三原色物点的坐标分别变换为(x_{or}, y_{or}, z_{or}),(x_{og}, y_{og}, z_{og}),(x_{ob}, y_{ob}, z_{ob}),并用单一波长为λ_o的光作为记录光。按照全息图的物象关系式(4-1)~式(4-3),全息图再现时,像点坐标除了与原物点位置有关以外,还与再现波长有关。当用红绿蓝三原色光λ_r,λ_g,λ_b再现时,每一个波长的光都能再现三个全息图,因而可以再现出九个像点——这就是彩色菲涅耳全息再现时出现的多色像串扰。在九个像点中有三个像点是:红光照射红原色全息图再现的像点,绿光照射绿原色全息图再现的像点,蓝光照射蓝原色全息图再现的像点,这三个像点对我们的研究有意义,其他六个像点属于串色像,可以采用彩虹全息技术消除。

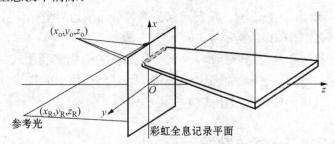

图 4-14　彩色彩虹全息图计算时的坐标关系

根据图 4-14 的坐标关系,并设再现点光源坐标为(x_c, y_c, z_c),三个原色像点的坐标分别为

$$
\begin{cases}
z_r = \dfrac{z_C z_{or} z_R}{z_{or} z_R + \mu_r z_C (z_R - z_{or})} \\[3mm]
x_r = \dfrac{x_C z_{or} z_R + z_C (x_{or} z_R - x_R z_{or})}{z_{or} z_R + \mu_r z_C (z_R - z_{or})} \\[3mm]
y_r = \dfrac{y_C z_{or} z_R + z_C (y_{or} z_R - y_R z_{or})}{z_{or} z_R + \mu_r z_C (z_R - z_{or})}
\end{cases}
\tag{4-61}
$$

$$
\begin{cases}
z_g = \dfrac{z_C z_{og} z_R}{z_{og} z_R + \mu_g z_C (z_R - z_{og})} \\[3mm]
x_g = \dfrac{x_C z_{og} z_R + \mu_g z_C (x_{og} z_R - x_R z_{og})}{z_{og} z_R + \mu_g z_C (z_R - z_{og})} \\[3mm]
y_g = \dfrac{y_C z_{og} z_R + \mu_g z_C (y_{og} z_R - y_R z_{og})}{z_{og} z_R + \mu_g z_C (z_R - z_{og})}
\end{cases}
\tag{4-62}
$$

$$
\begin{cases}
z_b = \dfrac{z_C z_{ob} z_R}{z_{ob} z_R + \mu_b z_C (z_R - z_{ob})} \\[3mm]
x_b = \dfrac{x_C z_{ob} z_R + \mu_b z_C (x_{ob} z_R - x_R z_{ob})}{z_{ob} z_R + \mu_b z_C (z_R - z_{ob})} \\[3mm]
y_b = \dfrac{y_C z_{ob} z_R + \mu_b z_C (y_{ob} z_R - y_R z_{ob})}{z_{ob} z_R + \mu_b z_C (z_R - z_{ob})}
\end{cases}
\tag{4-63}
$$

式中，(x_R, y_R, z_R) 和 (x_C, y_C, z_C) 分别为参考光和再现光坐标；$\mu_r = \dfrac{\lambda_r}{\lambda_0}$，$\mu_g = \dfrac{\lambda_g}{\lambda_0}$，$\mu_b = \dfrac{\lambda_b}{\lambda_0}$。我们期望这三个原色像点能够重合，这样就完成了一个彩色物点到一个彩色像点的传递。下面就来讨论三个原色像点重合的条件。

设参考光和再现光为同一束平行光，即 $z_R = z_C = \infty$，且

$$
\frac{x_R}{z_R} = \sin \theta_{xR}, \quad \frac{y_R}{z_R} = \sin \theta_{yR} = 0
\tag{4-64}
$$

式中，$\theta_{yR} = 0$ 表示参考光垂直于 y 轴。式(4-61)~式(4-64)可以简化为

$$
z_r = \frac{z_{or}}{\mu_r}, \quad x_r = \sin \theta_{xR} z_{or} \left(\frac{1}{\mu_r} - 1 \right) + x_{or}, \quad y_r = y_{or}
\tag{4-65}
$$

$$
z_g = \frac{z_{og}}{\mu_g}, \quad x_g = \sin \theta_{xR} z_{og} \left(\frac{1}{\mu_g} - 1 \right) + x_{og}, \quad y_g = y_{og}
\tag{4-66}
$$

$$
z_b = \frac{z_{ob}}{\mu_b}, \quad x_b = \sin \theta_{xR} z_{ob} \left(\frac{1}{\mu_b} - 1 \right) + x_{ob}, \quad y_b = y_{ob}
\tag{4-67}
$$

分析式(4-65)~式(4-67),很明显,为了使再现的三原色像点坐标和原物点坐标重合,可以令

$$z_{or} = \mu_r z_o, \ z_{og} = \mu_g z_o, \ z_{ob} = \mu_b z_o \qquad (4-68)$$

并且,
$$x_{or} = x_o + z_o \sin\theta_{xR}(\mu_r - 1), \ y_{or} = y_o \qquad (4-69)$$

$$x_{og} = x_o + z_o \sin\theta_{xR}(\mu_g - 1), \ y_{og} = y_o \qquad (4-70)$$

$$x_{ob} = x_o + z_o \sin\theta_{xR}(\mu_b - 1), \ y_{ob} = y_o \qquad (4-71)$$

将式(4-68)~式(4-71)分别代入式(4-65)~式(4-67),得

$$z_r = z_o, \ x_r = x_o, \ y_r = y_o$$
$$z_g = z_o, \ x_g = x_o, \ y_g = y_o \qquad (4-72)$$
$$z_b = z_o, \ x_b = x_o, \ y_b = y_o$$

这说明三原色再现像点完全重合于原物点位置,实现了彩色像点的重构。以上分析表明,利用单色光计算彩色全息图时,首先将彩色物点分解成三原色物点;然后对三原色物点分别按照式(4-68)~式(4-71)进行坐标变换,所计算出的全息图用三原色光照明时,可再现出重合的彩色像点。

一般情况下,在计算时可以选取某一原色的波长作为计算波长,比如红原色波长 λ_r,则 $\lambda_o = \lambda_r$,这样式(4-68)~式(4-71)的坐标变换可以写成

$$x_{or} = x_o, \ y_{or} = y_o, \ z_{or} = z_o$$
$$x_{og} = x_o + z_o \sin\theta_{xR}(\mu_g - 1), \ y_{og} = y_o, \ z_{og} = \mu_g z_o \qquad (4-73)$$
$$x_{ob} = x_o + z_o \sin\theta_{xR}(\mu_b - 1), \ y_{ob} = y_o, \ z_{ob} = \mu_b z_o$$

在计算时,首先将物体三原色数据按照式(4-73)的坐标变换,将一个物点变为三个物点,然后按照单色全息图的计算方法计算物光波分布。

4.3.2 单波长计算彩色全息图再现和色串扰的消除

4.1.1 节对菲涅耳全息图在扩展光源照明下的色模糊作了详细分析。如果按照菲涅耳全息计算方法计算,计算出来的全息图因为色散而无法用白光再现出彩色像。此时,由于一个物点被分解成三个原色物点计算,白光再现时,白光中的每一个波长都再现三个像点,这样所有波长将重构出三组彩虹像,分别是红原色物点彩虹像、绿原色物点彩虹像和蓝原色物点彩虹像,如图 4-15 所示。

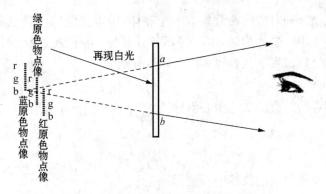

图 4-15 彩色全息图再现的色串扰

如果计算时三原色物点坐标是按照式(4-68)~式(4-71)或式(4-73)进行变换的,则在这三组彩虹像中,红原色物点彩虹像中的 λ_r 像点、绿原色物点彩虹像中的 λ_g 像点、蓝原色物点彩虹像中的 λ_b 像点是重合的。当全息图的宽度比较大时,三组彩虹像点发出的光都有可能进入人眼,产生像模糊和色模糊。但如果全息图的宽度 ab 足够小,人眼就只能看到三组彩虹像上各一个很小的区域。当 ab 小到一定程度以后,人眼在适当位置只能看到三个原色像点重合的区域。看到的区域可以认为就是一个像点,三个重合的原色像点经人眼颜色匹配以后即可合成原彩色像。这就是彩虹全息白光再现原理。

根据彩虹全息原理,利用单波长彩色计算彩虹全息可以这样表述:一个彩色物体首先按照三原色原理进行分解,并根据式(4-73)进行坐标变换形成三个原色物体。因为每个原色物体对应一个狭缝,所以原色物体和对应的狭缝共同构成一个整体。物体和狭缝分别位于全息图的两侧,物体上任一点发出的光束为片状光束。图 4-16 给出了彩虹全息中物点、狭缝、线全息图及其对应的光束之间的关系。图中显示出三个线全息图中心是重合的,将在下节给予证明。

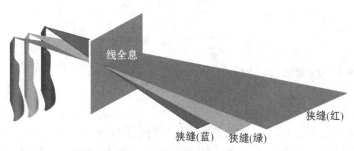

图 4-16 彩虹全息中物点、狭缝、线全息图及其对应的片状光束之间的关系

因为原色物体和对应的狭缝构成一个整体，所以狭缝的位置也必须进行坐标变换。假设狭缝中心坐标为 $(0, 0, z_e)$，和三原色点坐标变换类似，与三原色点对应的三个狭缝坐标位置变换参照式(4-73)，分别为

红原色物点所对应的狭缝中心坐标：$\begin{cases} x_{Sr} = 0 \\ y_{Sr} = 0 \\ z_{Sr} = z_e \end{cases}$ （4-74）

绿原色物点所对应的狭缝中心坐标：$\begin{cases} x_{Sg} = z_e \sin\theta_{xR}(\mu_g - 1) \\ y_{Sg} = 0 \\ z_{Sg} = \mu_g z_e \end{cases}$ （4-75）

蓝原色物点所对应的狭缝中心坐标：$\begin{cases} x_{Sb} = z_e \sin\theta_{xR}(\mu_b - 1) \\ y_{Sb} = 0 \\ z_{Sb} = \mu_b z_e \end{cases}$ （4-76）

假设我们已经按照上述原理计算出了彩色物体的线全息图，将式(4-74)～式(4-76)分别代入式(4-65)～式(4-67)可以得到，用白光再现时，狭缝再现像坐标为

红光 (λ_r) 再现红狭缝位置：$\begin{cases} x_{SIr} = x_{Sr} = 0 \\ y_{SIr} = y_{Sr} = 0 \\ z_{SIr} = z_{Sr} = z_e \end{cases}$ （4-77）

绿光 (λ_g) 再现绿狭缝位置：$\begin{cases} x_{SIg} = \sin\theta_{xR} z_{Sg}\left(\dfrac{1}{\mu_g} - 1\right) + x_{Sg} = 0 \\ y_{SIg} = y_{Sg} = 0 \\ z_{SIg} = \dfrac{z_{Sg}}{\mu_g} = z_e \end{cases}$ （4-78）

蓝光 (λ_b) 再现蓝狭缝位置：$\begin{cases} x_{SIb} = \sin\theta_{xR} z_{Sb}\left(\dfrac{1}{\mu_b} - 1\right) + x_{Sb} = 0 \\ y_{SIb} = y_{Sb} = 0 \\ z_{SIb} = \dfrac{z_{Sb}}{\mu_b} = z_e \end{cases}$ （4-79）

结合式(4-72)，在物点坐标和狭缝坐标进行同样变换的情况下，三原色像点和与之对应的狭缝像全部都重合。当人眼在重合的狭缝像处观察时可以看到合成的彩色像点，如图4-17所示。

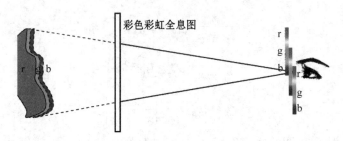

图 4-17 彩色计算彩虹全息图再现原理

4.3.3 单波长彩色计算彩虹基元全息图大小与位置

当物点和狭缝分解成为三个原色物点和狭缝,并进行坐标变换以后,同样必须确定三个线全息图的大小和位置。首先考虑线全息图(y 方向)的长度,式(4-45)给出了线全息图边缘的坐标,按照新的坐标系(z 轴原点在记录平面内),式(4-45)应写成

$$y_{RB1} = \frac{z_e}{z_e - z_o}(y_o - y_{s-}) + y_{s-}$$

$$y_{RB2} = \frac{z_e}{z_e - z_o}(y_o + y_{s+}) - y_{s+}$$

$(4-80)$

为了将上式用于三原色物点,首先列出三原色物点和对应的狭缝边缘坐标。红原色物点对应的狭缝坐标为

$$y_{or} = y_o, \quad z_{or} = z_o$$

$$y_{Sr-} = -l_{H1}/2, \quad y_{Sr+} = l_{H1}/2, \quad z_{Sr} = z_e$$

$(4-81)$

绿原色物点对应的狭缝坐标为

$$y_{og} = y_o, \quad z_{og} = \mu_g z_o$$

$$y_{Sg-} = -l_{H1}/2, \quad y_{Sg+} = l_{H1}/2, \quad z_{Sg} = \mu_g z_e$$

$(4-82)$

蓝原色物点对应的狭缝坐标为

$$y_{ob} = y_o, \quad z_{ob} = \mu_b z_o$$

$$y_{Sb-} = -l_{H1}/2, \quad y_{Sb+} = l_{H1}/2, \quad z_{Sb} = \mu_b z_e$$

$(4-83)$

将上述坐标分别代入式(4-80),很明显三个原色线全息图的边缘坐标都为

$$y_{RB1} = \frac{z_e}{z_e - z_o}(y_o + l_{H1}/2) - l_{H1}/2$$

$$(4-84)$$

$$y_{RB2} = \frac{z_e}{z_e - z_o}(y_o - l_{H1}/2) + l_{H1}/2$$

线全息图长度为
$$y_{RB1} - y_{RB2} = \left| \frac{l_{H1} z_o}{z_e - z_o} \right| \qquad (4-85)$$

在 x 方向上,线全息图的边缘坐标由式(4-77)确定:

$$x_{RB1} = \frac{z_e}{z_e - z_o}(x_o - x_{s-}) + x_{s-}$$

$$(4-86)$$

$$x_{RB2} = \frac{z_e}{z_e - z_o}(x_o + x_{s+}) - x_{s+}$$

红原色物点和对应的狭缝坐标为

$$x_{or} = x_o, \ z_{or} = z_o$$
$$x_{Sr-} = -w_{h1}/2, \ x_{Sr+} = w_{h1}/2, \ z_{Sr} = z_e$$

$$(4-87)$$

绿原色物点和对应的狭缝坐标为

$$x_{og} = x_o + z_o \sin\theta_{xR}(\mu_g - 1), \ z_{og} = \mu_g z_o$$
$$x_{Sg-} = z_e \sin\theta_{xR}(\mu_g - 1) - w_{h1}/2,$$
$$x_{Sg+} = z_e \sin\theta_{xR}(\mu_g - 1) + w_{h1}/2, \ z_{Sg} = \mu_g z_e$$

$$(4-88)$$

蓝原色物点和对应的狭缝坐标为

$$x_{ob} = x_o + z_o \sin\theta_{xR}(\mu_b - 1), \ z_{ob} = \mu_b z_o$$
$$x_{Sb-} = z_e \sin\theta_{xR}(\mu_b - 1) - w_{h1}/2,$$
$$x_{Sb+} = z_e \sin\theta_{xR}(\mu_b - 1) + w_{h1}/2, \ z_{Sb} = \mu_b z_e$$

$$(4-89)$$

将上述坐标分别代入式(4-80),可以证明三个原色线全息图的边缘坐标都为

$$x_{RB1} = \frac{z_e}{z_e - z_o}(x_o + w_{H1}/2) - w_{H1}/2$$

$$(4-90)$$

$$x_{RB2} = \frac{z_e}{z_e - z_o}(x_o - w_{H1}/2) + w_{H1}/2$$

线全息图宽度为
$$x_{RB1} - x_{RB2} = \left| \frac{w_{H1} z_o}{z_e - z_o} \right| \qquad (4-91)$$

通过上述分析,可知三个分色线全息图不论在 x 方向还是在 y 方向都是重合的,图4-18是三原色物点和对应的狭缝坐标之间的关系。

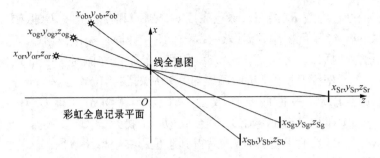

图 4-18　三原色物点、对应的狭缝坐标及其线全息图位置之间的关系

4.3.4　单波长彩色计算流程

图 4-19 是彩色计算彩虹全息的流程图,原彩色物体包含六个数据:物点的三

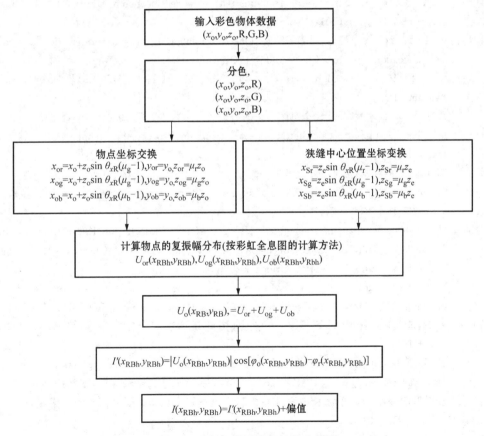

图 4-19　彩色彩虹全息计算流程图

个空间坐标、红色亮度 R（振幅）、绿色亮度 G（振幅）和蓝色亮度 B（振幅）。分色后得到三组数据：红原色物体数据$(x_o,\ y_o,\ z_o,\ R)$，绿原色物体数据$(x_o,\ y_o,\ z_o,\ G)$ 和蓝原色物体数据$(x_o,\ y_o,\ z_o,\ B)$。因为每一个原色物体对应一个狭缝，所以在对原色物点进行坐标变换的同时，还要对其对应的狭缝位置也进行同样的坐标变换。坐标变换以后，根据两步法或者一步法计算物光分布 $U_{or}(x_{RBh},\ y_{RBh})$，$U_{og}(x_{RBh},\ y_{RBh})$ 和 $U_{ob}(x_{RBh},\ y_{RBh})$，并合成为一个物光 $U_o(x_{RB},\ y_{RB})$。全息图的计算采用式(4-39)，然后进行偏置，最后得到彩色彩虹全息图数据。

在计算中，每一个分色物点对应一个经过坐标变换的狭缝。物点与狭缝之间的片状光束决定了物点线全息图在整个全息图上的位置和大小，线全息图的位置和大小利用式(4-89)、式(4-90)和式(4-91)、式(4-92)计算。

参考文献

[1] S. A. Benton. Hologram reconstructions with extended incoherent sources[J]. J. Opt. Soc. Am. , 1969, 59(10): 1545 - 1546.

[2] F. T. S. Yu, A. M. Tai, H. Hen. One-step rainbow holography: recent development and application[J]. Opt. Eng. , 1980, 19(5): 666 - 678.

[3] R. J. Collier, C. B. Burckhardt, L. H. Lin. Optical Holography[M]. New York: Academic Press, 1971.

[4] 范诚,江朝川,郭履容. 从线全息图分析彩虹全息[J]. 光学学报,1990,10(9): 845 - 849.

[5] H. Chen. Astigmatic One-Step Rainbow Hologram Process[J]. Appl. Opt. , 1979, 18(22): 3728.

[6] 荆其诚,焦书兰,喻柏林,等. 色度学[M]. 北京: 科学出版社,1979.

[7] D. Leseberg, O. Bryngdahl. Computer-generated rainbow holograms[J]. Appl. Opt. , 1984, 23(14): 2441 - 2447.

[8] H. Yoshikawa. Computer-generated Holograms for White Light Reconstruction. in Digital Holography and Three-dimensional Display-Principles and Applications[M]. Ting-Chung Poon, Ed. New York: Springer, 2006: 235 - 256.

[9] N. S. Merzlyakov, M. G. Mozerov. Computer-generated True-color Rainbow Holograms[J]. Optics and lasers in Engineering, 1998, 29(4 - 5): 369 - 376.

[10] 王辉,李勇,金洪震. 计算机制彩虹全息图的新算法[J]. 光子学报,2005,34(10): 1537 - 1541.

[11] W. J. Dallas. Computer-Generated Holograms[J]. in The Computer in Optical Research: Topics in Applied Physics, B. R. Frieden, Ed. New York: Springer, 1980: 291 - 366.

[12] 蔡晓鸥,王辉,李勇. 单波长编码计算机制彩色彩虹全息图的研究[J],光子学报,2006, 35(7): 1013 - 1017.

第 5 章　彩色计算全息的颜色匹配

彩色全息显示实际上是一种三维彩色图像传递技术。如同彩色印刷、彩色电视一样,分析原彩色物体到再现像的颜色传递过程十分必要,只有这样才能对彩色再现像的质量进行评价,并为提高彩色全息的色彩重构质量寻求理论与技术依据。我们知道彩色计算全息所用的颜色信息是彩色数字图像信息,它既可以是计算机建模的彩色虚拟物体(图像),也可以是通过照相或扫描设备采集的实际场景彩色数字图像。不论是哪一种情况,数字彩色图像的颜色传递过程一般由计算机显示器三原色 RGB 系统(例如 PAL 彩色制式或 NTSC 彩色制式)确定[1]。在要求不严格的情况下,彩色计算全息的颜色传递可以按照彩色数字图像的颜色进行匹配[2]。例如,对于一个白色物体,数字图像三原色的颜色比例为 1∶1∶1。当计算白色物体全息图时,也认为三原色对应的物光振幅也为 1∶1∶1。虽然由于人眼颜色视觉的恒常性[3],仍能感觉到比较满意的再现质量,但很明显这不是严格的颜色复现。

彩色全息图记录是用单色光记录,再现是通过衍射成像。衍射像的颜色由计算全息图编码时原色物光波的振幅、全息图的类型和再现光的光谱分布决定。显然彩色全息的颜色传递过程和计算机显示的数字图像是不一样的。所谓"彩色的精确重现"指的是全息再现像的颜色和计算机显示器显示的颜色两者在视觉上完全相同。从数字图像的颜色到全息光学再现的颜色传递是一个复杂的过程,最后再现像的颜色与原来数字图像的颜色一致性是成像问题中必须研究的问题。

本章基于颜色匹配及传递原理,研究计算机显示三原色系统和彩色计算全息再现像颜色之间的关系。在分析彩色彩虹全息颜色合成原理的基础上,对再现像的颜色进行评价。

5.1　色度学基本原理

5.1.1　颜色的特性与描述

颜色是人眼的一种视觉现象。1854 年格拉斯曼(H. Grassmann)将颜色现象总结成如下一些规律,称作格拉斯曼颜色定律。

（1）人的颜色视觉只能分辨颜色的三种变化：明度、色调、饱和度。

明度是光作用于人眼时引起的明亮程度的感觉。一般来说，颜色光能量大则显得亮，反之则暗。色调反映颜色的类别，如红色、绿色、蓝色等。彩色物体的色调决定于在光照明下所反射光的光谱成分。饱和度是指彩色光所呈现颜色的深浅或纯洁程度。对于同一色调的彩色光，其饱和度越高，颜色就越纯；反之饱和度越小，纯度越低。因而饱和度是色光纯度的反映，单色光的颜色饱和度最高。

（2）两个颜色混合时，如果一个颜色成分连续变化，混合色的外貌也连续变化。

（3）颜色外貌相同的光，不管它的光谱成分是否一样，在颜色混合中具有相同的效果。例如对于黄色的光，它可能是单一波长的黄光，也可能含有红色单色光和绿色单色光。但在颜色混合中，它们的作用是一样的。

（4）混合色的总亮度等于组成混合色各颜色的亮度之和。这实际上是能量守恒的一种表述。

根据上述定律，可以进一步推导出如下几个定律：

（1）补色律。每一个颜色都有一个相应的补色。某一颜色与其补色以适当比例混合便产生白色或灰色。

（2）中间色律。任何两个非互补色混合便产生中间色，其色调决定于两颜色的相对数量，其饱和度决定于两者在色调顺序上的远近。

（3）代替律。如果颜色 A 等于颜色 B，颜色 C 等于颜色 D，则，

$$颜色 A ＋ 颜色 C ＝ 颜色 B ＋ 颜色 D$$

（4）亮度相加律。由几个颜色光组成的混合色光的亮度是各颜色光亮度之和。

虽然不同波长的色光会引起不同的彩色感觉，但相同的彩色感觉却可来自不同的光谱成分组合。人们在实践中发现，利用红光、绿光和蓝光经过适当比例混合后，可产生自然界大部分的颜色，因此把红光、绿光和蓝光称作三原色。

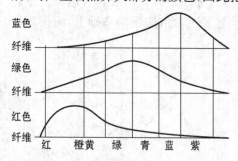

图 5-1　杨-赫姆霍尔兹三色学说的
　　　　神经纤维兴奋曲线

1807 年，杨和赫姆霍尔兹根据红、绿、蓝三原色可以产生各种色调及灰色的颜色混合规律，假设在视网膜上有三种神经纤维。每种神经纤维的兴奋都引起一种颜色感觉，光谱的不同部分引起三种纤维不同比例的兴奋。混合色是三种纤维按特定比例同时兴奋的结果。这个学说称为杨-赫姆霍尔兹三色学说，如图 5-1 所示。

现代神经生理学发现，在人眼的视网

膜中确实存在三种不同颜色的感受器。他们是三种感色的锥体细胞,每种细胞具有不同的光谱吸收特性,如图 5-2 所示。

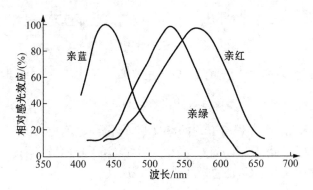

图 5-2　视网膜不同锥体细胞的光谱吸收曲线

5.1.2　颜色匹配和颜色方程

根据人眼的颜色视觉特征,选取红、绿、蓝作为三原色,将它们按不同的比例组合而引起各种不同的彩色视觉。这就是三原色原理的主要内容。

原则上可采用各种不同的三原色组,三原色组也称作三原色系统(或简称色系)。为标准化起见,1931 年国际照明委员会(CIE)作了统一规定。选 700 nm 的红光为红原色光;水银光谱中波长为 546.1 nm 的绿光为绿原色光;波长为 435.8 nm 的蓝光为蓝原色光。根据格拉斯曼定律可以应用代数法则进行颜色混合运算得到各种颜色。

上述三原色光通过一定的比例可以混合成白光,实验表明,混合成白光时它们的光通量比例为

$$\Phi_R : \Phi_G : \Phi_B = 1 : 4.590\,7 : 0.060\,1 \tag{5-1}$$

通常,取光通量为 1 光瓦的红原色光为基准,于是要配出白光,就需要 4.590 7 光瓦的绿光和 0.060 1 光瓦的蓝光,而白光的光通量则为

$$\Phi_w = 1 + 4.590\,7 + 0.060\,1 = 5.650\,8 \text{ 光瓦} \tag{5-2}$$

为简化计算,使用了三原色单位制,记作 $[R]$,$[G]$,$[B]$,它规定一份白光 W 是由各为 1 个单位的三原色光组成,即

$$1[W] = 1[R] + 1[G] + 1[B]$$

$$1 \text{ 个单位}[R] = 1 \text{ 光瓦(红原色光)}$$

$$1 \text{ 个单位}[G] = 4.590\ 7 \text{ 光瓦(绿原色光)}$$

$$1 \text{ 个单位}[B] = 0.060\ 1 \text{ 光瓦(蓝原色光)}$$

$$1 \text{ 份白光}[W] = 5.650\ 8 \text{ 光瓦}$$

选定上述单位以后,对于任意给出的彩色光[C],都可以写出由三原色混合的方程:

$$C[C] = R[R] + G[G] + B[B] \tag{5-3}$$

上述方程称作颜色匹配方程。方程的意义是,R 份红原色光,G 份绿原色光和 B 份蓝原色光混合以后,可以匹配成[C]颜色光。R,G,B 分别是三原色的数量,称作三刺激值。匹配成的颜色[C]光通量或光功率为

$$\begin{aligned}
\Phi_c &= (R + 4.590\ 7G + 0.060\ 1B) \text{ 光瓦} \\
&= 680(R + 4.590\ 7G + 0.060\ 1B) \text{ lm} \\
&= (72.096\ 2R + 1.379\ 1G + B) \text{ W}
\end{aligned}$$

按照上述规定的三原色系统称之为 1931 CIE-RGB 系统。如果利用三原色光匹配成等能单色光的颜色(光谱色),颜色匹配方程为

$$C_\lambda = R_\lambda[R] + G_\lambda[G] + B_\lambda[B] = \bar{r}(\lambda)[R] + \bar{g}(\lambda)[G] + \bar{b}(\lambda)[B] \tag{5-4}$$

上式表明,用 $\bar{r}(\lambda)$ 单位的红原色光、$\bar{g}(\lambda)$ 单位的绿原色光和 $\bar{b}(\lambda)$ 单位的蓝原色光匹配成波长为 λ 的光谱色[C_λ], $\bar{r}(\lambda)$, $\bar{g}(\lambda)$ 和 $\bar{b}(\lambda)$ 被称为光谱三刺激值。对于一定的颜色系统,其光谱三刺激值是确定的。图 5-3 是用波长为 700 nm, 546.1 nm,

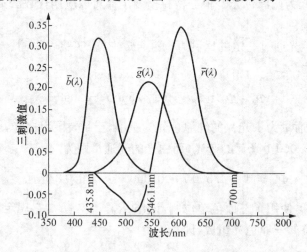

图 5-3　1931 CIE-RGB 系统标准观察者光谱三刺激值曲线

435.8 nm 的单色光作为三原色光时,匹配成其他单色光所需要的三原色相对数量。

5.1.3　色度坐标和色度图

在色度学中,引入色度坐标概念。它所反映的是某一颜色中三原色的相对比例。设某一颜色$[C]$的匹配方程为

$$C[C] = R[R] + G[G] + B[B]$$

令 $m = R+G+B$,$r = R/m$,$g = G/m$,$b = B/m$,则颜色$[C]$匹配方程可以写成

$$[C] = m\{r[R] + g[G] + b[B]\} = m[C'] \tag{5-5}$$

$$[C'] = r[R] + g[G] + b[B] \tag{5-6}$$

显然颜色$[C]$和颜色$[C']$是同一个颜色,m 称为色模,它代表颜色$[C]$所含三原色单位的总量。r,g,b 称为 RGB 颜色系统的色度坐标,它们分别表示:当规定所用三原色单位总量为 1 时,为配出某种给定色度的色光所需的$[R]$,$[G]$,$[B]$数值。很明显 $r + g + b = 1$。

除了数学表达式以外,描述色彩的还有色度图。色度图能把选定的三原色与它们混合后得到的各种彩色之间的关系简单而方便地描述出来。图 5-4 是麦克斯韦(J. C. Maxwell)提出的表示颜色的三角形色度图。它是直角三角形平面坐标图,色度坐标 r 和 g 分别代表 R 和 G 在 $R+G+B$ 总量中的相对比例。在三角形色度图上没有 b 坐标,因为 $r+g+b = 1$,所以 $b = 1-(r+g)$。由三原色光等量相加产生的标准白光的色度坐标为 $r = 1/3$,$g = 1/3$。

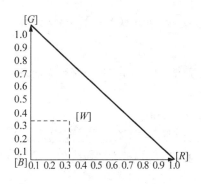

图 5-4　麦克斯韦颜色三角形
及色度坐标

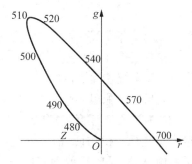

图 5-5　1931 CIE-RGB 系统
光谱色度坐标轨迹

图 5-5 是 1931 CIE-RGB 系统光谱色的色度坐标图,其坐标是下述方程的

轨迹：

$$r(\lambda) = \bar{r}(\lambda)/[\bar{r}(\lambda) + \bar{g}(\lambda) + \bar{b}(\lambda)]$$

$$g(\lambda) = \bar{g}(\lambda)/[\bar{r}(\lambda) + \bar{g}(\lambda) + \bar{b}(\lambda)]$$

$$b(\lambda) = \bar{b}(\lambda)/[\bar{r}(\lambda) + \bar{g}(\lambda) + \bar{b}(\lambda)] \tag{5-7}$$

5.1.4　1931 CIE‑XYZ 系统

虽然 RGB 色度图的物理概念清晰，但还有不足之处。譬如在色度图上不能表示亮度，且色度坐标出现负值等。1931 年，国际照明委员会（CIE）在 1931 CIE‑RGB系统的基础上，设想了一种新的三原色单位[X]，[Y]，[Z]，将匹配成等能光谱各种颜色的三刺激值数值标准化，定名为 1931 CIE‑XYZ 标准色度学系统。

在 1931 CIE‑XYZ 系统中，任何一种颜色均可由[X]，[Y]，[Z]三原色单位表示，即：

$$C[C] = X[X] + Y[Y] + Z[Z] \tag{5-8}$$

式中，X,Y,Z 为 1931 CIE‑XYZ 系统的三刺激值，当由[X]，[Y]，[Z]三原色匹配成光谱色时，匹配方程为

$$C_\lambda = \bar{x}(\lambda)[X] + \bar{y}(\lambda)[Y] + \bar{z}(\lambda)[Z] \tag{5-9}$$

$\bar{x}(\lambda)$，$\bar{y}(\lambda)$，$\bar{z}(\lambda)$称作 1931 CIE‑XYZ 系统的光谱三刺激值。同样

$$x = X/(X+Y+Z), \ y = Y/(X+Y+Z), \ z = X/(X+Y+Z) \tag{5-10}$$

称作 1931 CIE‑XYZ 系统的色度坐标。

在选择三原色单位[X]，[Y]，[Z]时，必须满足下列三个条件以克服 1931 CIE‑RGB 系统色度图的缺点。

（1）当它们配出实际色彩时，三个色系数均应为正值；

（2）为了方便计算，使合成彩色光的亮度仅由 Y 一项确定，并且规定 1[Y]光通量为 1 光瓦。换句话说，另外两个基色光不构成混合色光的亮度，但合成光的色度仍然由 X,Y,Z 的比值确定；

（3）$X=Y=Z$ 时，混合得到是白光。

根据上述三个条件可以求得 1931 CIE‑XYZ 色度坐标 x,y,z 与 1931 CIE‑RGB 色度坐标 r,g,b 的转换关系：

$$x = \frac{0.490\,00r + 0.310\,00g + 0.200\,00b}{0.666\,79r + 1.132\,40g + 1.200\,63b}$$

$$y = \frac{0.176\,97r + 0.812\,40g + 0.010\,63b}{0.666\,79r + 1.132\,40g + 1.200\,63b} \qquad (5\text{-}11)$$

$$z = \frac{0.000\,00r + 0.010\,00g + 0.990\,00b}{0.666\,79r + 1.132\,40g + 1.200\,63b}$$

图 5-6 是 1931 CIE-XYZ 色度图。由图可见,所有的色谱(可见光谱中包含的一系列单色)都位于马蹄形曲线上。曲线上加注了纳米单位标记,以便能根据它们的波长而辨别其单色。在马蹄形内部包含了用物理方法能实现的所有彩色。马蹄形的底部没有给予标记,因为那里是非光谱色(各种紫红色,这些彩色不能作为单色出现在光谱上)。对于这些非光谱色,波长当然是没有意义的。

根据已知条件,同样可以得到 1931 CIE-XYZ 系统光谱刺激值与 1931 CIE-RGB 系统光谱刺激值的转换关系:

$$\bar{x}(\lambda) = 2.768\,9\,\bar{r}(\lambda) + 1.751\,7\,\bar{g}(\lambda) + 1.130\,2\,\bar{b}(\lambda)$$

$$\bar{y}(\lambda) = 1.000\,0\,\bar{r}(\lambda) + 4.590\,7\,\bar{g}(\lambda) + 0.060\,1\,\bar{b}(\lambda)$$

$$\bar{z}(\lambda) = 0.000\,0\,\bar{r}(\lambda) + 0.056\,5\,\bar{g}(\lambda) + 5.594\,3\,\bar{b}(\lambda) \qquad (5\text{-}12)$$

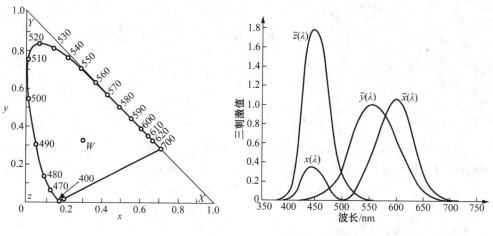

图 5-6 1931 CIE-XYZ 色度图

图 5-7 1931 CIE-XYZ 系统标准观察者光谱三刺激值曲线

图 5-7 是 1931 CIE-XYZ 系统光谱刺激值曲线。注意与图 5-3 相比,所有光谱刺激均为正值。

式(5-11)和式(5-12)的详细推导见文献[2]。"1931 CIE-XYZ 系统光谱刺激值"见本书数字文件（下载网址：www. jiaodapress. com. cn/uploadfile/download/《数字化全息三维显示与检测》数字文件. rar)提供的色度学数据文件夹下的 1931xyz. txt 文件。必须指出，$[X]$，$[Y]$，$[Z]$ 只是计算量，是一种假想的三原色，不能用物理方法直接得到。

5.1.5　颜色相加原理

根据格拉斯曼颜色混合定律，可以求出任意两个颜色混合以后的三刺激值。如果有两个颜色 $[C_1]$ 和 $[C_2]$，已知它们各自的三刺激值分别为：R_1,G_1,B_1 和 R_2，G_2,B_2，它们的匹配方程分别是

$$C_1[C_1] = R_1[R] + G_1[G] + B_1[B]$$

$$C_2[C_2] = R_2[R] + G_2[G] + B_2[B]$$

两个颜色混合色后，混合色 $[C]$ 三刺激值为

$$R = R_1 + R_2, G = G_1 + G_2, B = B_1 + B_2$$

混合色的色度坐标为

$$r = \frac{R}{R+G+B} = \frac{R_1+R_2}{R_1+R_2+G_1+G_2+B_1+B_2}$$

$$g = \frac{G}{R+G+B} = \frac{G_1+G_2}{R_1+R_2+G_1+G_2+B_1+B_2}$$

$$b = \frac{B}{R+G+B} = \frac{B_1+B_2}{R_1+R_2+G_1+G_2+B_1+B_2}$$

可以认为自然界的颜色都是不同组合的单色光混合而成的，因此讨论由单色光混合成其他颜色尤为重要。设一个颜色 $[C]$ 由一系列单色光 $[C_{\lambda 1}]$，$[C_{\lambda 2}]$，$[C_{\lambda 3}]$，…，$[C_{\lambda n}]$ 混合而成，并且已知各单色光相对能量分布分别为 $S(\lambda 1),S(\lambda 2),S(\lambda 3),…,S(\lambda n)$。那么混合色 $[C]$ 和这些单色光之间有什么关系呢？ 根据式（5 - 4），对于每一个单色光颜色匹配方程可以写成

$$C_{\lambda i} = S(\lambda_i)\ \bar{r}(\lambda_i)[R] + S(\lambda_i)\ \bar{g}(\lambda_i)[G] + S(\lambda_i)\ \bar{b}(\lambda_i)[B]$$

注意与式（5 - 4）相比，多出了权重 $S(\lambda_i)$。因为当各个单色光混合的时候，每个单色光的能量多少会对混合色产生影响。所有单色光混合后颜色 $[C]$ 的三刺激值应为

$$R = \sum_i^n S(\lambda_i)\, \bar{r}(\lambda_i),\ G = \sum_i^n S(\lambda_i)\, \bar{g}(\lambda_i),\ B = \sum_i^n S(\lambda_i)\, \bar{b}(\lambda_i) \quad (5-13)$$

最后，混合色匹配方程可以写成

$$C[C] = R[R] + G[G] + B[B]$$

$$= \sum_i^n S(\lambda_i)\, \bar{r}(\lambda_i)[R] + \sum_i^n S(\lambda_i)\, \bar{g}(\lambda_i)[G] + \sum_i^n S(\lambda_i)\, \bar{b}(\lambda_i)[B]$$

$$(5-14)$$

同样，在 1931 CIE-XYZ 系统中，混合色[C]的三刺激值分别为

$$X = \sum_i^n S(\lambda_i)\, \bar{x}(\lambda_i),\ Y = \sum_i^n S(\lambda_i)\, \bar{y}(\lambda_i),\ Z = \sum_i^n S(\lambda_i)\, \bar{z}(\lambda_i)$$

$$(5-15)$$

5.2　计算机制彩色全息术的三原色系统

5.2.1　彩色计算全息颜色传递

图 5-8 是计算机制彩色全息图颜色的传递过程。首先计算制作彩色物体的全息图，然后利用具有一定光谱分布的光源照射全息图，从而重构出与设计目标颜色尽量一致的彩色再现像。彩色计算全息的原理决定了它必须利用三个单色光的颜色（光谱色）作为三原色进行计算，但再现时三原色光不一定是单色光。计算全息所使用的彩色物体数据来自计算机显示的三原色 RGB 系统，它既和 1931 CIE-RGB标准颜色系统不一样，也和彩色全息三原色系统不一样，它们具有不同的显色特性。下面首先简要讨论计算机显示的三原色 RGB 系统和彩色全息三原色系统之间颜色信息的传递关系。

设计算机显示三原色系统是 $[R_eG_eB_e]$，彩色计算全息颜色系统是 $[R_hG_hB_h]$，全息三原色是波长为 λ_r，λ_g，λ_b 的光谱色。文献[5]给出了 $[R_eG_eB_e]$ 色系（PAL-RGB 色系）下颜色三刺激值

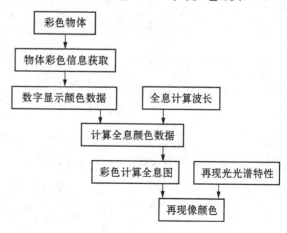

图 5-8　计算彩色全息颜色传递过程

$[R_e G_e B_e]$与 1931 CIE - XYZ 色系下三刺激值 X,Y,Z 之间的关系：

$$X = 0.516\ 4R_e + 0.278\ 9G_e + 0.179\ 2B_e$$
$$Y = 0.296\ 3R_e + 0.618\ 2G_e + 0.084\ 5B_e \tag{5-16}$$
$$Z = 0.033\ 9R_e + 0.142\ 6G_e + 1.016\ 6B_e$$

$$R_e = 2.580X - 1.079\ 8Y - 0.365\ 0Z$$
$$G_e = -1.249X + 2.171\ 8Y + 0.039\ 6Z \tag{5-17}$$
$$B_e = 0.089\ 1X - 0.268\ 6Y + 0.990\ 3Z$$

对应的光谱三刺激值为

$$\bar{r}_e(\lambda) = 2.580\ \bar{x}(\lambda) - 1.079\ 8\ \bar{y}(\lambda) - 0.365\ 0\ \bar{z}(\lambda)$$
$$\bar{g}_e(\lambda) = -1.249\ \bar{x}(\lambda) + 2.171\ 8\ \bar{y}(\lambda) + 0.039\ 6\ \bar{z}(\lambda)$$
$$\bar{b}_e(\lambda) = 0.089\ 1\ \bar{x}(\lambda) - 0.268\ 6\ \bar{y}(\lambda) + 0.990\ 3\ \bar{z}(\lambda) \tag{5-18}$$

$\bar{x}(\lambda), \bar{y}(\lambda), \bar{z}(\lambda)$ 是 1931 CIE - XYZ 色系光谱刺激值，它们是标准化已知的，因而通过式(5-18)可以求出 $\bar{r}_e(\lambda), \bar{g}_e(\lambda), \bar{b}_e(\lambda)$。图 5-9 是与光谱三刺激值 $\bar{r}_e(\lambda), \bar{g}_e(\lambda), \bar{b}_e(\lambda)$ 对应的色度坐标轨迹。图中，$[R_e]$，$[G_e]$，$[B_e]$ 是 $R_e G_e B_e$ 色系三原色单位。为了能够匹配 $[R_e]$，$[G_e]$，$[B_e]$ 形成的三角形内的所有颜色，计算全息的三原色 $R_h G_h B_h$ 坐标形成的三角形必须能包含 $[R_e]$，$[G_e]$，$[B_e]$ 三角形。

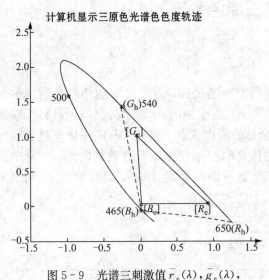

图 5-9　光谱三刺激值 $\bar{r}_e(\lambda), \bar{g}_e(\lambda),$ $\bar{b}_e(\lambda)$ 对应的色度坐标轨迹

进一步要讨论的问题是将计算机显示的颜色数量 R_e、G_e 和 B_e（三刺激值）转换成计算全息颜色系统的三刺激值 R_h, G_h, B_h。根据色度学原理，两个色系之间的转换方程可以写成

$$R_e = \alpha_1 R_h + \alpha_2 G_h + \alpha_3 B_h$$
$$G_e = \beta_1 R_h + \beta_2 G_h + \beta_3 B_h$$
$$B_e = \gamma_1 R_h + \gamma_2 G_h + \gamma_3 B_h \tag{5-19}$$

$$R_{h} = a_{1}R_{e} + a_{2}G_{e} + a_{3}B_{e}$$
$$G_{h} = b_{1}R_{e} + b_{2}G_{e} + b_{3}B_{e}$$
$$B_{h} = c_{1}R_{e} + c_{2}G_{e} + c_{3}B_{e} \tag{5-20}$$

式中，α_{1}，α_{2}，α_{3}；β_{1}，β_{2}，β_{3}；γ_{1}，γ_{2}，γ_{3}；a_{1}，a_{2}，a_{3}；b_{1}，b_{2}，b_{3}；c_{1}，c_{2}，c_{3} 是转换系数。设在 $[R_{e}G_{e}B_{e}]$ 色系中，匹配成 1 个单位的 $[R_{h}]$ 原色所需要的 $[R_{e}G_{e}B_{e}]$ 三刺激值为 R_{er}，G_{er}，B_{er}，匹配成一个单位 $[G_{h}]$ 所需要的三刺激值为 R_{eg}，G_{eg}，B_{eg}，匹配成一个单位 $[B_{h}]$ 所需要的三刺激值为 R_{eb}，G_{eb}，B_{eb}，则匹配方程为

$$1[R_{h}] = R_{er}[R_{e}] + G_{er}[G_{e}] + B_{er}[B_{e}]$$
$$1[G_{h}] = R_{eg}[R_{e}] + G_{eg}[G_{e}] + B_{eg}[B_{e}]$$
$$1[B_{h}] = R_{eb}[R_{e}] + G_{eb}[G_{e}] + B_{eb}[B_{e}] \tag{5-21}$$

设任意颜色 C 在 $[R_{h}G_{h}B_{h}]$ 色系中原色数量为 R_{h}，G_{h}，B_{h}，则每一个原色在 $[R_{e}G_{e}B_{e}]$ 色系中的匹配方程为

$$R_{h}[R_{h}] = R_{h}R_{er}[R_{e}] + R_{h}G_{er}[G_{e}] + R_{h}B_{er}[B_{e}]$$
$$G_{h}[G_{h}] = G_{h}R_{eg}[R_{e}] + G_{h}G_{eg}[G_{e}] + G_{h}B_{eg}[B_{e}]$$
$$B_{h}[B_{h}] = B_{h}R_{eb}[R_{e}] + B_{h}G_{eb}[G_{e}] + B_{h}B_{eb}[B_{e}] \tag{5-22}$$

从上式可以得到颜色 C 在 $[R_{e}G_{e}B_{e}]$ 中三原色数量为

$$R_{e} = R_{er}R_{h} + R_{eg}G_{h} + R_{eb}B_{h}$$
$$G_{e} = G_{er}R_{h} + G_{eg}G_{h} + G_{eb}B_{h}$$
$$B_{e} = B_{er}R_{h} + B_{eg}G_{h} + B_{eb}B_{h} \tag{5-23}$$

上式实际上就是 $[R_{h}G_{h}B_{h}]$ 色系向 $[R_{e}G_{e}B_{e}]$ 色系转换的方程，R_{er}，G_{er}，B_{er}；R_{eg}，G_{eg}，B_{eg}；R_{eb}，G_{eb}，B_{eb} 分别对应式（5-19）中的系数 α_{1}，β_{1}，γ_{1}；α_{2}，β_{2}，γ_{2}；α_{3}，β_{3}，γ_{3}。系数的具体数值可以通过匹配成基准白光的特殊情况来确定。在色度学中，一般规定当 $R_{e} = 1$，$G_{e} = 1$，$B_{e} = 1$；$R_{h} = 1$，$G_{h} = 1$，$B_{h} = 1$ 时匹配成基准白光，所以当匹配成白光时，有

$$1 = R_{er} + R_{eg} + R_{eb}$$
$$1 = G_{er} + G_{eg} + G_{eb}$$
$$1 = B_{er} + B_{eg} + B_{eb} \tag{5-24}$$

上式可以写成

$$1 = C_{er}r_{er} + C_{eg}r_{eg} + C_{eb}r_{eb}$$
$$1 = C_{er}g_{er} + C_{eg}g_{eg} + C_{eb}g_{eb}$$
$$1 = C_{er}b_{er} + C_{eg}b_{eg} + C_{eb}b_{eb} \tag{5-25}$$

式中

$$C_{er} = R_{er} + G_{er} + B_{er}, \quad C_{eg} = R_{eg} + G_{eg} + B_{eg}, \quad C_{eb} = R_{eb} + G_{eb} + B_{eb}$$

$$(5-26)$$

$$r_{er} = R_{er}/(R_{er} + G_{er} + B_{er})$$
$$g_{er} = G_{er}/(R_{er} + G_{er} + B_{er})$$
$$b_{er} = B_{er}/(R_{er} + G_{er} + B_{er})$$

$$r_{eg} = R_{eg}/(R_{eg} + G_{eg} + B_{eg})$$
$$g_{eg} = G_{eg}/(R_{eg} + G_{eg} + B_{eg})$$
$$b_{eg} = B_{eg}/(R_{eg} + G_{eg} + B_{eg})$$

$$r_{eb} = R_{eb}/(R_{eb} + G_{eb} + B_{eb})$$
$$g_{eb} = G_{eb}/(R_{eb} + G_{eb} + B_{eb})$$
$$b_{eb} = B_{eb}/(R_{eb} + G_{eb} + B_{eb}) \qquad (5-27)$$

式中，$r_{er}, g_{er}, b_{er}; r_{eg}, g_{eg}, b_{eg}; r_{eb}, g_{eb}, b_{eb}$ 分别是三原色 $[R_h]$、$[G_h]$ 和 $[B_h]$ 在 $[R_e G_e B_e]$ 色系中的色度坐标。因为 $[R_h]$，$[G_h]$ 和 $[B_h]$ 是光谱色，所以它们和已知的光谱刺激 $\bar{r}_e(\lambda)$，$\bar{g}_e(\lambda)$，$\bar{b}_e(\lambda)$ 之间的关系为

$$r_{er} = \bar{r}_e(\lambda_r)/[\bar{r}_e(\lambda_r) + \bar{g}_e(\lambda_r) + \bar{b}_e(\lambda_r)]$$
$$g_{er} = \bar{g}_e(\lambda_r)/[\bar{r}_e(\lambda_r) + \bar{g}_e(\lambda_r) + \bar{b}_e(\lambda_r)]$$
$$b_{er} = \bar{b}_e(\lambda_r)/[\bar{r}_e(\lambda_r) + \bar{g}_e(\lambda_r) + \bar{b}_e(\lambda_r)] \qquad (5-28a)$$

$$r_{eg} = \bar{r}_e(\lambda_g)/[\bar{r}_e(\lambda_g) + \bar{g}_e(\lambda_g) + \bar{b}_e(\lambda_g)]$$
$$g_{eg} = \bar{g}_e(\lambda_g)/[\bar{r}_e(\lambda_g) + \bar{g}_e(\lambda_g) + \bar{b}_e(\lambda_g)]$$
$$b_{eg} = \bar{b}_e(\lambda_g)/[\bar{r}_e(\lambda_g) + \bar{g}_e(\lambda_g) + \bar{b}_e(\lambda_g)] \qquad (5-28b)$$

$$r_{eb} = \bar{r}_e(\lambda_b)/[\bar{r}_e(\lambda_b) + \bar{g}_e(\lambda_b) + \bar{b}_e(\lambda_b)]$$
$$g_{eb} = \bar{g}_e(\lambda_b)/[\bar{r}_e(\lambda_b) + \bar{g}_e(\lambda_b) + \bar{b}_e(\lambda_b)]$$
$$b_{eb} = \bar{b}_e(\lambda_b)/[\bar{r}_e(\lambda_b) + \bar{g}_e(\lambda_b) + \bar{b}_e(\lambda_b)] \qquad (5-28c)$$

式 $(5-25)$ 的解为

$$C_{er} = \frac{\Delta_{sr}}{\Delta} \quad C_{eg} = \frac{\Delta_{sg}}{\Delta} \quad C_{eb} = \frac{\Delta_{sb}}{\Delta}$$

$$\Delta_{sr} = \begin{vmatrix} 1 & r_{eg} & r_{eb} \\ 1 & g_{eg} & g_{eb} \\ 1 & b_{eg} & b_{eb} \end{vmatrix}, \quad \Delta_{sg} = \begin{vmatrix} r_{er} & 1 & r_{eb} \\ g_{er} & 1 & g_{eb} \\ b_{er} & 1 & b_{eb} \end{vmatrix},$$

$$\Delta_{sb} = \begin{vmatrix} r_{er} & r_{eg} & 1 \\ g_{er} & g_{eg} & 1 \\ b_{er} & b_{eg} & 1 \end{vmatrix}, \quad \Delta = \begin{vmatrix} r_{er} & r_{eg} & r_{eb} \\ g_{er} & g_{eg} & g_{eb} \\ b_{er} & b_{eg} & b_{eb} \end{vmatrix} \qquad (5-29)$$

式(5-23)的颜色转换方程可以写成

$$R_e = C_{er}r_{er}R_h + C_{eg}r_{eg}G_h + C_{eb}r_{eb}B_h$$
$$G_e = C_{er}g_{er}R_h + C_{eg}g_{eg}G_h + C_{eb}g_{eb}B_h$$
$$B_e = C_{er}b_{er}R_h + C_{eg}b_{eg}G_h + C_{eb}b_{eb}B_h \qquad (5-30)$$

通过上式也可以得到其逆变换公式(5-20)，根据代数方程解的求法，转换系数 $a_1, a_2, a_3; b_1, b_2, b_3; c_1, c_2, c_3$ 分别为

$$a_1 = \frac{\Delta_{1r}}{\Delta}, \ a_2 = \frac{\Delta_{2r}}{\Delta}, \ a_3 = \frac{\Delta_{3r}}{\Delta};$$

$$b_1 = \frac{\Delta_{1g}}{\Delta}, \ b_2 = \frac{\Delta_{2g}}{\Delta}, \ b_3 = \frac{\Delta_{3g}}{\Delta};$$

$$c_1 = \frac{\Delta_{1b}}{\Delta}, \ c_2 = \frac{\Delta_{2b}}{\Delta}, \ c_3 = \frac{\Delta_{3b}}{\Delta} \qquad (5-31a)$$

$$\Delta_{1r} = \begin{vmatrix} C_{eg}g_{eg} & C_{eb}g_{eb} \\ C_{eg}b_{eg} & C_{eb}b_{eb} \end{vmatrix}, \quad \Delta_{2r} = \begin{vmatrix} C_{eb}r_{eb} & C_{eg}r_{eg} \\ C_{eb}b_{eb} & C_{eg}b_{eg} \end{vmatrix}, \quad \Delta_{3r} = \begin{vmatrix} C_{eg}r_{eg} & C_{eb}r_{eb} \\ C_{eg}g_{eg} & C_{eb}g_{eb} \end{vmatrix}$$
$$\qquad (5-31b)$$

$$\Delta_{1g} = \begin{vmatrix} C_{eb}g_{eb} & C_{er}g_{er} \\ C_{eb}b_{eb} & C_{er}b_{er} \end{vmatrix}, \quad \Delta_{2g} = \begin{vmatrix} C_{er}r_{er} & C_{eb}r_{eb} \\ C_{er}b_{er} & C_{eb}b_{eb} \end{vmatrix}, \quad \Delta_{3g} = \begin{vmatrix} C_{eb}r_{eb} & C_{er}r_{er} \\ C_{eb}g_{eb} & C_{er}g_{er} \end{vmatrix}$$
$$\qquad (5-31c)$$

$$\Delta_{1b} = \begin{vmatrix} C_{er}g_{er} & C_{eg}g_{eg} \\ C_{er}b_{er} & C_{eg}b_{eg} \end{vmatrix}, \quad \Delta_{2b} = \begin{vmatrix} C_{eg}r_{eg} & C_{er}r_{er} \\ C_{eg}b_{eg} & C_{er}b_{er} \end{vmatrix}, \quad \Delta_{3b} = \begin{vmatrix} C_{er}r_{er} & C_{eg}r_{eg} \\ C_{er}g_{er} & C_{eg}g_{eg} \end{vmatrix}$$
$$\qquad (5-31d)$$

$$\Delta = \begin{vmatrix} C_{er}r_{er} & C_{eg}r_{eg} & C_{eb}r_{eb} \\ C_{er}g_{er} & C_{eg}g_{eg} & C_{eb}g_{eb} \\ C_{er}b_{er} & C_{eg}b_{eg} & C_{eb}b_{eb} \end{vmatrix} \qquad (5-31e)$$

现在通过一个例子说明 $[R_eG_eB_e]$ 色系和 $[R_hG_hB_h]$ 色系的转换过程。设计算全息三原色波长分别选取为 $\lambda_r = 650 \ nm$，$\lambda_g = 540 \ nm$，$\lambda_b = 465 \ nm$，查表可得它们的 1931 CIE-XYZ 光谱三刺激值为 $\bar{x}(650) = 0.283\ 5$，$\bar{y}(650) = 0.107\ 0$，

$\bar{z}(650) = 0.000\,0$；$\bar{x}(540) = 0.290\,4$，$\bar{y}(540) = 0.954\,0$，$\bar{z}(465) = 0.251\,1$；$\bar{x}(465) = 0.073\,9$，$\bar{y}(465) = 1.528\,1$，$\bar{z}(540) = 0.020\,3$。根据式(5-18)可以计算出这三个原色在$[R_eG_eB_e]$色系中的光谱三刺激值为

$$\bar{r}_{er}(650) = 0.615\,9 \qquad \bar{g}_{er}(650) = -0.121\,7 \qquad \bar{b}_{er}(650) = -0.003\,5$$

$$\bar{r}_{eg}(540) = -0.288\,3 \qquad \bar{g}_{eg}(540) = 1.710\,0 \qquad \bar{b}_{eg}(540) = -0.210\,3$$

$$\bar{r}_{eb}(465) = 0.010\,3 \qquad \bar{g}_{eb}(465) = -0.092\,6 \qquad \bar{b}_{eb}(465) = 1.515\,8$$

然后依据光谱三刺激值和色度坐标的关系可以得到计算全息三原色在$R_{e0}G_{e0}B_{e0}$系统色度图中的坐标分别为

$$r_{er} = 1.255\,0 \qquad g_{er} = -0.247\,9 \qquad b_{er} = -0.007\,1$$

$$r_{eg} = -0.238\,0 \qquad g_{eg} = 1.411\,5 \qquad b_{eg} = -0.173\,6$$

$$r_{eb} = 0.007\,2 \qquad g_{eb} = -0.064\,6 \qquad b_{eb} = 1.057\,4$$

将上述系数代入式(5-29)可以得到

$$C_{er} = 0.966\,6, \; C_{eg} = 0.928\,7, \; C_{eb} = 1.104\,6$$

将结果代入式(5-31a)，再结合式(5-20)，可以得到计算机显示器彩色系统下颜色三刺激值$R_eG_eB_e$和彩色计算全息系统下三刺激值$R_hG_hB_h$之间的关系为

$$R_h = 0.852\,8R_e + 0.144\,2G_e + 0.003B_e$$

$$G_h = 0.157\,3R_e + 0.795\,2G_e + 0.047\,5B_e$$

$$B_h = 0.026\,7R_e + 0.110\,6G_e + 0.862\,7B_e \tag{5-32}$$

5.2.2　彩色计算全息光振幅传递

上面仅讨论了彩色全息三刺激值与数字彩色图像三刺激值之间的转换关系。但计算全息图形成过程是一个物理过程，在计算全息图时所涉及的与光有关的物理量是振幅或复振幅。而且最后像的颜色既与计算时的光振幅有关，也与再现光源功率谱分布有关。

设对于某一颜色C，计算时三原色光的振幅分别为A_{oCr}，A_{oCg}，A_{oCb}，再现光的复振幅分别为A_{iCr}，A_{iCg}，A_{iCb}，再现光源功率谱为$P_i(\lambda)$。假设再现时，只有三原色的三个波长λ_r，λ_g，λ_b的光参与再现。根据全息衍射再现原理，三个再现光强满足如下关系：

$$I_{iCr} = A_{iCr}^2 = k\eta^2 A_{oCr}^2 P_i(\lambda_r)$$
$$I_{iCg} = A_{iCg}^2 = k\eta^2 A_{oCg}^2 P_i(\lambda_g)$$
$$I_{iCb} = A_{iCb}^2 = k\eta^2 A_{oCb}^2 P_i(\lambda_b) \tag{5-33}$$

式中, k 是常数, η 是全息图的衍射效率。这三个原色光在 $[R_e G_e B_e]$ 色系中的匹配方程为

$$
\begin{aligned}
R_{iCr}[R_{iCr}] &= I_{iCr}\ \bar{r}_e(\lambda_r)[R_e] + I_{iCr}\ \bar{g}_e(\lambda_r)[G_e] + I_{iCr}\ \bar{b}_e(\lambda_r)[B_e] \\
&= \eta^2 A_{oCr}^2 P_i(\lambda_r)\ \bar{r}_e(\lambda_r)[R_e] + \eta^2 A_{oCr}^2 P_i(\lambda_r)\ \bar{g}_e(\lambda_r)[G_e] + \\
&\quad \eta^2 A_{oCr}^2 P_i(\lambda_r)\ \bar{b}_e(\lambda_r)[B_e]
\end{aligned}
$$

$$
\begin{aligned}
G_{iCg}[G_{iCg}] &= I_{iCg}\ \bar{r}_e(\lambda_g)[R_e] + I_{iCg}\ \bar{g}_e(\lambda_g)[G_e] + I_{iCg}\ \bar{b}_e(\lambda_g)[B_e] \\
&= \eta^2 A_{oCg}^2 P_i(\lambda_g)\ \bar{r}_e(\lambda_g)[R_e] + \eta^2 A_{oCg}^2 P_i(\lambda_g)\ \bar{g}_e(\lambda_g)[G_e] + \\
&\quad \eta^2 A_{oCg}^2 P_i(\lambda_g)\ \bar{b}_e(\lambda_g)[B_e]
\end{aligned}
$$

$$
\begin{aligned}
B_{iCb}[B_{iCb}] &= I_{iCb}\ \bar{r}_e(\lambda_b)[R_e] + I_{iCb}\ \bar{g}_e(\lambda_b)[G_e] + I_{iCb}\ \bar{b}_e(\lambda_b)[B_e] \\
&= \eta^2 A_{oCb}^2 P_i(\lambda_b)\ \bar{r}_e(\lambda_b)[R_e] + \eta^2 A_{oCb}^2 P_i(\lambda_b)\ \bar{g}_e(\lambda_b)[G_e] + \\
&\quad \eta^2 A_{oCb}^2 P_i(\lambda_b)\ \bar{b}_e(\lambda_b)[B_e]
\end{aligned}
\tag{5-34}
$$

合成后的颜色在 $[R_e G_e B_e]$ 色系中的三刺激值为

$$
\begin{aligned}
R_{ei} &= \eta^2 A_{oCr}^2 P_i(\lambda_r)\ \bar{r}_e(\lambda_r) + \eta^2 A_{oCg}^2 P_i(\lambda_g)\ \bar{r}_e(\lambda_g) + \eta^2 A_{oCb}^2 P_i(\lambda_b)\ \bar{r}_e(\lambda_b) \\
G_{ei} &= \eta^2 A_{oCr}^2 P_i(\lambda_r)\ \bar{g}_e(\lambda_r) + \eta^2 A_{oCg}^2 P_i(\lambda_g)\ \bar{g}_e(\lambda_g) + \eta^2 A_{oCb}^2 P_i(\lambda_b)\ \bar{g}_e(\lambda_b) \\
B_{ei} &= \eta^2 A_{oCr}^2 P_i(\lambda_r)\ \bar{b}_e(\lambda_r) + \eta^2 A_{oCg}^2 P_i(\lambda_g)\ \bar{b}_e(\lambda_g) + \eta^2 A_{oCb}^2 P_i(\lambda_b)\ \bar{b}_e(\lambda_b)
\end{aligned}
\tag{5-35}
$$

令

$$
\begin{aligned}
c_{er}(\lambda_r) &= \bar{r}_e(\lambda_r) + \bar{g}_e(\lambda_r) + \bar{b}_e(\lambda_r) \\
c_{eg}(\lambda_g) &= \bar{r}_e(\lambda_g) + \bar{g}_e(\lambda_g) + \bar{b}_e(\lambda_g) \\
c_{eb}(\lambda_b) &= \bar{r}_e(\lambda_b) + \bar{g}_e(\lambda_b) + \bar{b}_e(\lambda_b)
\end{aligned}
\tag{5-36}
$$

则,

$$
\begin{aligned}
R_{ei} &= \eta^2 A_{oCr}^2 P_i(\lambda_r) c_{er}(\lambda_r) r_{er} + \eta^2 A_{oCg}^2 P_i(\lambda_g) c_{eg}(\lambda_g) r_{eg} + \eta^2 A_{oCb}^2 P_i(\lambda_b) c_{eb}(\lambda_b) r_{eb} \\
G_{ei} &= \eta^2 A_{oCr}^2 P_i(\lambda_r) c_{er}(\lambda_r) g_{er} + \eta^2 A_{oCg}^2 P_i(\lambda_g) c_{eg}(\lambda_g) g_{eg} + \eta^2 A_{oCb}^2 P_i(\lambda_b) c_{eb}(\lambda_b) g_{eb} \\
B_{ei} &= \eta^2 A_{oCr}^2 P_i(\lambda_r) c_{er}(\lambda_r) b_{er} + \eta^2 A_{oCg}^2 P_i(\lambda_g) c_{eg}(\lambda_g) b_{eg} + \eta^2 A_{oCb}^2 P_i(\lambda_b) c_{eb}(\lambda_b) b_{eb}
\end{aligned}
\tag{5-37}
$$

式中, $r_{er}, g_{er}, b_{er}; r_{eg}, g_{eg}, b_{eg}; r_{eb}, g_{eb}, b_{eb}$ 和式(5-28)一致。为了使再现象的三刺激值与原来三刺激值相等,和式(5-30)比较,可以得到

$$A_{oCr}^2 = \frac{C_{er}}{\eta^2 P_i(\lambda_r) c_{er}(\lambda_r)} R_h, \quad A_{oCg}^2 = \frac{C_{eg}}{\eta^2 P_i(\lambda_g) c_{eg}(\lambda_g)} G_h,$$

$$A_{oCb}^2 = \frac{C_{eb}}{\eta^2 P_i(\lambda_b) c_{eb}(\lambda_b)} B_h \tag{5-38}$$

式(5-38)就是在功率谱分布为 $P_i(\lambda)$ 的光源照明全息图时,以 $\lambda_r, \lambda_g, \lambda_b$ 光谱色为三原色的色度系统中,三原色光的振幅与其三刺激值的关系。它们实际上是比例关系,即

$$A_{oCr} : A_{oCg} : A_{oCb} = \sqrt{\frac{C_{er}}{P_i(\lambda_r) c_{er}(\lambda_r)} R_h} : \sqrt{\frac{C_{eg}}{P_i(\lambda_g) c_{eg}(\lambda_g)} G_h} : \sqrt{\frac{C_{eb}}{P_i(\lambda_b) c_{eb}(\lambda_b)} B_h} \tag{5-39}$$

参照式(5-33),再现像振幅比为

$$A_{iCr} : A_{iCg} : A_{iCb} = \sqrt{\frac{C_{er}}{c_{er}(\lambda_r)} R_h} : \sqrt{\frac{C_{eg}}{c_{eg}(\lambda_g)} G_h} : \sqrt{\frac{C_{eb}}{c_{eb}(\lambda_b)} B_h} \tag{5-40}$$

或者说,如果要求理想再现,再现像的三原色光的比例应该是式(5-40)。将式(5-38)代入式(5-35)或式(5-37),可以得到

$$\begin{aligned} R_{ei} &= \frac{C_{er}}{c_{er}(\lambda_r)} \bar{r}_e(\lambda_r) R_h + \frac{C_{eg}}{c_{eg}(\lambda_g)} \bar{r}_e(\lambda_g) G_h + \frac{C_{eb}}{c_{eb}(\lambda_b)} \bar{r}_e(\lambda_b) B_h \\ &= C_{er} r_{er} R_h + C_{eg} r_{eg} G_h + C_{eb} r_{eb} B_h \end{aligned}$$

$$\begin{aligned} G_{ei} &= \frac{C_{er}}{c_{er}(\lambda_r)} \bar{g}_e(\lambda_r) R_h + \frac{C_{eg}}{c_{eg}(\lambda_g)} \bar{g}_e(\lambda_g) G_h + \frac{C_{eb}}{c_{eb}(\lambda_b)} \bar{g}_e(\lambda_b) B_h \\ &= C_{er} g_{er} R_h + C_{eg} g_{eg} G_h + C_{eb} g_{eb} B_h \end{aligned}$$

$$\begin{aligned} B_{ei} &= \frac{C_{er}}{c_{er}(\lambda_r)} \bar{b}_e(\lambda_r) R_h + \frac{C_{eg}}{c_{eg}(\lambda_g)} \bar{b}_e(\lambda_g) G_h + \frac{C_{eb}}{c_{eb}(\lambda_b)} \bar{b}_e(\lambda_b) B_h \\ &= C_{er} b_{er} R_h + C_{eg} b_{eg} G_h + C_{eb} b_{eb} B_h \end{aligned} \tag{5-41}$$

上式的意义是,理想再现像的三刺激值与计算时三刺激值(式(5-30))一致。

仍用上述例子说明,对于 $\lambda_r = 650$ nm, $\lambda_g = 540$ nm, $\lambda_b = 465$ nm 三原色,由式(5-36)可以得到

$$c_{er}(\lambda_r) = 0.4908, \quad c_{eg}(\lambda_g) = 1.2115, \quad c_{eb}(\lambda_b) = 1.4335$$

设全息图再现光源是标准 A 光源(类似白炽灯),在三原色计算波长处的相对功率为:$P_i(\lambda_r) = 165$, $P_i(\lambda_g) = 86$, $P_i(\lambda_b) = 40.3$,将 $C_{er}, C_{eg}, C_{eb}, c_{er}(\lambda_r), c_{eg}(\lambda_g)$,

$c_{\text{eb}}(\lambda_{\text{b}})$ 代入式(5－39),得到三原色光的振幅比率为

$$A_{\text{oCr}} : A_{\text{oCg}} : A_{\text{oCb}} = 0.109\,3\sqrt{R_{\text{h}}} : 0.094\,4\sqrt{G_{\text{h}}} : 0.138\,3\sqrt{B_{\text{h}}} \quad (5-42)$$

5.2.3　彩色计算全息物体数据

现在结合颜色和振幅传递过程,说明彩色计算全息所需要的彩色数据与计算机显示的彩色物体数据之间的转换问题。我们已经知道,计算全息所用的彩色信息是数字化的,即数字化的彩色二维或三维图像。而来自电子照相、扫描系统的彩色图像显示制式是按照目前电子显示标准制定的,即 PAL 制或 NTSC 制。它们的三原色是根据电子显示器件的性能选取的,例如 5.2.1 节所述的 $R_{\text{e}}C_{\text{e}}B_{\text{e}}$ 三原色系统。对于点云物体,可以得到其物点信息数据为三原色 $R_{\text{e}},G_{\text{e}},B_{\text{e}}$ 和空间坐标 $(x_{\text{o}},y_{\text{o}},z_{\text{o}})$。彩色全息图计算是按照其物理过程模拟的,除了必须知道物点的空间坐标外,还要知道物点光的振幅,即必须把 $R_{\text{e}},G_{\text{e}},B_{\text{e}}$ 转化为计算全息的振幅。具体转换过程是:

(1) 对于已知的数字化彩色物体,读取物体各点的 $R_{\text{e}},G_{\text{e}},B_{\text{e}}$ 和 $x_{\text{o}},y_{\text{o}},z_{\text{o}}$。

(2) 确定计算全息三原色波长 $\lambda_{\text{r}},\lambda_{\text{g}},\lambda_{\text{b}}$,查表求出其在 1931 CIE－XYZ 色系中的光谱三刺激值 $\bar{x}(\lambda),\bar{y}(\lambda),\bar{z}(\lambda)$,通过式(5－18)求出在 $[R_{\text{e}}G_{\text{e}}B_{\text{e}}]$ 色系中的三刺激值 $\bar{r}_{\text{e}}(\lambda_{\text{r}}),\bar{g}_{\text{e}}(\lambda_{\text{r}}),\bar{b}_{\text{e}}(\lambda_{\text{r}}),\bar{r}_{\text{e}}(\lambda_{\text{g}}),\bar{g}_{\text{e}}(\lambda_{\text{g}}),\bar{b}_{\text{e}}(\lambda_{\text{g}})$ 和 $\bar{r}_{\text{e}}(\lambda_{\text{b}}),\bar{g}_{\text{e}}(\lambda_{\text{b}}),\bar{b}_{\text{e}}(\lambda_{\text{b}})$ 并算出其色度坐标 $r_{\text{er}},g_{\text{er}},b_{\text{er}};r_{\text{eg}},g_{\text{eg}},b_{\text{eg}};r_{\text{eb}},g_{\text{eb}},b_{\text{eb}}$。

(3) 将上述已知数据代入式(5－29)求出 $C_{\text{er}},C_{\text{eg}},C_{\text{eb}}$,并进一步代入式(5－31)求出转换系数 $a_1,a_2,a_3;b_1,b_2,b_3;c_1,c_2,c_3$,最后代入式(5－20)得到计算全息的三刺激值 $R_{\text{h}},G_{\text{h}},B_{\text{h}}$。

(4) 将 $\bar{r}_{\text{e}}(\lambda_{\text{r}}),\bar{g}_{\text{e}}(\lambda_{\text{r}}),\bar{b}_{\text{e}}(\lambda_{\text{r}}),\bar{r}_{\text{e}}(\lambda_{\text{g}}),\bar{g}_{\text{e}}(\lambda_{\text{g}})$ 和 $\bar{r}_{\text{e}}(\lambda_{\text{b}}),\bar{g}_{\text{e}}(\lambda_{\text{b}}),\bar{b}_{\text{e}}(\lambda_{\text{b}})$ 代入式(5－36)计算出 $c_{\text{er}}(\lambda_{\text{r}}),c_{\text{eg}}(\lambda_{\text{g}}),c_{\text{eb}}(\lambda_{\text{b}})$,最后利用式(5－38),将计算全息三原色数量转化为计算全息物点光振幅 $A_{\text{oCr}},A_{\text{oCg}},A_{\text{oCb}}$。

在进行最后一步计算时,还必须设定再现光源的功率谱分布 $P_{\text{i}}(\lambda)$,并求出在三个原色波长处的相对光功率 $P_{\text{i}}(\lambda_{\text{r}}),P_{\text{i}}(\lambda_{\text{g}}),P_{\text{i}}(\lambda_{\text{b}})$。

5.3　计算机制彩色彩虹全息再现像颜色

彩色彩虹全息再现原理如图 5－10 所示。在彩色彩虹全息图中,实际上有三个单色彩虹全息图,在白光照明再现的时候,每一个单色全息图将在眼睛观察位置形成水平条状彩虹光谱分布。三个彩虹光分布相对有一位移,把三个彩虹光分布展开如图 5－11 所示,图中虚线框内的部分是重合的。重合的位置就是人眼观察

再现像的位置。虚框内的光就是实际进入人眼的三原色光，人眼最后感觉到的颜色由虚框内的光谱色合成。虚框的宽度应该和人眼的瞳孔直径 D_e 相等。假设在计算全息图时参考光和物光的夹角为 θ，对于三个计算波长 λ_r，λ_g，λ_b，全息图对应的光栅主频率分别为

$$f_r = \frac{\sin\theta}{\lambda_r}, \quad f_g = \frac{\sin\theta}{\lambda_g}, \quad f_b = \frac{\sin\theta}{\lambda_b} \tag{5-43}$$

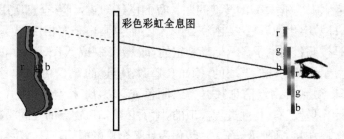

图 5-10　彩色彩虹全息再现原理图

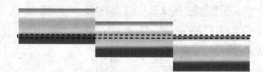

图 5-11　三个彩虹狭缝像光分布展开图

设再现光以原参物夹角 θ 入射照射全息图，三个单色全息图对照射光中各个波长的衍射角正弦值为

$$\sin\theta_{r\lambda} = \lambda f_r = \frac{\lambda\sin\theta}{\lambda_r} - \sin\theta$$

$$\sin\theta_{g\lambda} = \lambda f_g = \frac{\lambda\sin\theta}{\lambda_g} - \sin\theta$$

$$\sin\theta_{b\lambda} = \lambda f_b = \frac{\lambda\sin\theta}{\lambda_b} - \sin\theta \tag{5-44}$$

从上式可以看出，三个全息图的光栅结构对其计算波长 λ_r，λ_g，λ_b 的衍射角为零。图 5-12 虚框上边缘和下边缘所对应的衍射角分别为

$$\sin\theta_{D_e/2} = \frac{D_e}{2z_e}$$

$$\sin\theta_{-D_e/2} = -\frac{D_e}{2z_e} \tag{5-45}$$

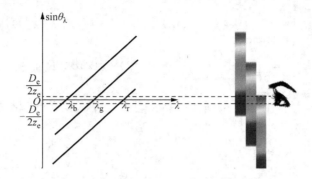

图 5-12　瞳孔宽度引起的光谱展宽

z_e 是全息图到观察点的距离。由此可以获得三个进入眼睛三个原色光谱区间为

$$红原色\ \lambda_{r1} = \lambda_r\left(1 - \frac{D_e}{2z_e\sin\theta}\right), \quad \lambda_{r2} = \lambda_r\left(1 + \frac{D_e}{2z_e\sin\theta}\right) \quad (5-46a)$$

$$绿原色\ \lambda_{g1} = \lambda_g\left(1 - \frac{D_e}{2z_e\sin\theta}\right), \quad \lambda_{g2} = \lambda_g\left(1 + \frac{D_e}{2z_e\sin\theta}\right) \quad (5-46b)$$

$$蓝原色\ \lambda_{b1} = \lambda_b\left(1 - \frac{D_e}{2z_e\sin\theta}\right), \quad \lambda_{b2} = \lambda_b\left(1 + \frac{D_e}{2z_e\sin\theta}\right) \quad (5-46c)$$

式(5-46)各谱段的混合色就是彩色彩虹全息再现时的三原色,现在来计算合成颜色的三刺激值 R_{ih}, G_{ih}, B_{ih}。根据全息衍射再现原理,再现光的三原色光的振幅 $A_{iCr}, A_{iCg}, A_{iCb}$ 应分别正比于 $A_{oCr}, A_{oCg}, A_{oCb}$。但此时再现每一个分全息图的光并不是单色光,而是由式(5-46)决定的、有一定带宽的复色光。设再现时照明光的实际功率谱分布为 $P'_i(\lambda)$,则再现的三色光的光强为

$$A_{iCr}^2 = k\eta^2 A_{oCr}^2 \int_{\lambda_{r1}}^{\lambda_{r2}} P'_i(\lambda)\mathrm{d}\lambda = k\frac{C_{er}R_h}{P_i(\lambda_r)c_{er}(\lambda_r)}\int_{\lambda_{r1}}^{\lambda_{r2}} P'_i(\lambda)\mathrm{d}\lambda$$

$$A_{iCg}^2 = k\eta^2 A_{oCg}^2 \int_{\lambda_{g1}}^{\lambda_{g2}} P'_i(\lambda)\mathrm{d}\lambda = k\frac{C_{eg}G_h}{P_i(\lambda_g)c_{eg}(\lambda_g)}\int_{\lambda_{g1}}^{\lambda_{g2}} P'_i(\lambda)\mathrm{d}\lambda$$

$$A_{iCb}^2 = k\eta^2 A_{oCb}^2 \int_{\lambda_{b1}}^{\lambda_{b2}} P'_i(\lambda)\mathrm{d}\lambda = k\frac{C_{eb}B_h}{P_i(\lambda_b)c_{eb}(\lambda_b)}\int_{\lambda_{b1}}^{\lambda_{b2}} P'_i(\lambda)\mathrm{d}\lambda \quad (5-47)$$

与式(5-39)相比,只有当 $P'_i(\lambda) = P_i(\lambda)$,并且只有 $\lambda_r, \lambda_g, \lambda_b$ 三个波长的光参与再现时,两者才一致。当两者不一致时,则存在颜色再现误差。事实上,我们可以写出实际再现的三原色光的颜色在 $[R_eG_eB_e]$ 色系中的匹配方程为

$$R_{iCr}[R_{iCr}] = \frac{C_{er}R_h}{P_i(\lambda_r)c_{er}(\lambda_r)}\left\{\int_{\lambda_{r1}}^{\lambda_{r2}} P'_i(\lambda)\ \bar{r}_e(\lambda)\mathrm{d}\lambda[R_e] + \right.$$

$$\int_{\lambda_{r1}}^{\lambda_{r2}} P_i'(\lambda)\ \bar{g}_e(\lambda)d\lambda[G_e] + \int_{\lambda_{r1}}^{\lambda_{r2}} P_i'(\lambda)\ \bar{b}_e(\lambda)d\lambda[B_e]\Big\}$$

$$G_{iCg}[G_{iCg}] = \frac{C_{eg}G_h}{P_i(\lambda_g)c_{eg}(\lambda_g)}\Big\{\int_{\lambda_{g1}}^{\lambda_{g2}} P_i'(\lambda)\ \bar{r}_e(\lambda)d\lambda[R_e] +$$

$$\int_{\lambda_{g1}}^{\lambda_{g2}} P_i'(\lambda)\ \bar{g}_e(\lambda)d\lambda[G_e] + \int_{\lambda_{g1}}^{\lambda_{g2}} P_i'(\lambda)\ \bar{b}_e(\lambda)d\lambda[B_e]\Big\}$$

$$B_{iCb}[B_{iCb}] = \frac{C_{eb}B_h}{P_i(\lambda_b)c_{eb}(\lambda_b)}\Big\{\int_{\lambda_{b1}}^{\lambda_{b2}} P_i'(\lambda)\ \bar{r}_e(\lambda)d\lambda[R_e] +$$

$$\int_{\lambda_{b1}}^{\lambda_{b2}} P_i'(\lambda)\ \bar{g}_e(\lambda)d\lambda[G_e] + \int_{\lambda_{b1}}^{\lambda_{b2}} P_i'(\lambda)\ \bar{b}_e(\lambda)d\lambda[B_e]\Big\} \qquad (5-48)$$

合成光在$[R_eG_eB_e]$色系中的三刺激值为

$$R_{ei} = \frac{C_{er}R_h}{P_i(\lambda_r)c_{er}(\lambda_r)}\int_{\lambda_{r1}}^{\lambda_{r2}} P_i'(\lambda)\ \bar{r}_e(\lambda)d\lambda + \frac{C_{eg}G_h}{P_i(\lambda_g)c_{eg}(\lambda_g)}\int_{\lambda_{g1}}^{\lambda_{g2}} P_i'(\lambda)\ \bar{r}_e(\lambda)d\lambda +$$

$$\frac{C_{eb}B_h}{P_i(\lambda_b)c_{eb}(\lambda_b)}\int_{\lambda_{b1}}^{\lambda_{b2}} P_i'(\lambda)\ \bar{r}_e(\lambda)d\lambda$$

$$G_{ei} = \frac{C_{er}R_h}{P_i(\lambda_r)c_{er}(\lambda_r)}\int_{\lambda_{r1}}^{\lambda_{r2}} P_i'(\lambda)\ \bar{g}_e(\lambda)d\lambda + \frac{C_{eg}G_h}{P_i(\lambda_g)c_{eg}(\lambda_g)}\int_{\lambda_{g1}}^{\lambda_{g2}} P_i'(\lambda)\ \bar{g}_e(\lambda)d\lambda +$$

$$\frac{C_{eb}B_h}{P_i(\lambda_b)c_{eb}(\lambda_b)}\int_{\lambda_{b1}}^{\lambda_{b2}} P_i'(\lambda)\ \bar{g}_e(\lambda)d\lambda$$

$$B_{ei} = \frac{C_{er}R_h}{P_i(\lambda_r)c_{er}(\lambda_r)}\int_{\lambda_{r1}}^{\lambda_{r2}} P_i'(\lambda)\ \bar{b}_e(\lambda)d\lambda + \frac{C_{eg}G_h}{P_i(\lambda_g)c_{eg}(\lambda_g)}\int_{\lambda_{g1}}^{\lambda_{g2}} P_i'(\lambda)\ \bar{b}_e(\lambda)d\lambda +$$

$$\frac{C_{eb}B_h}{P_i(\lambda_b)c_{eb}(\lambda_b)}\int_{\lambda_{b1}}^{\lambda_{b2}} P_i'(\lambda)\ \bar{b}_e(\lambda)d\lambda \qquad (5-49)$$

很明显,与理想再现的式(5-41)是不一致的。

5.4 彩色全息再现像颜色误差分析

5.4.1 彩色全息颜色再现误差

在大部分情况下,彩色计算全息计算时三原色刺激值 R_e,G_e,B_e 和再现时的三原色刺激值 R_{ei},G_{ei},B_{ei} 不一致,说明两者存在颜色差异。在色度学中,一般在 CIE1964 均匀颜色空间($U^*V^*W^*$)上进行比较颜色的误差。CIE1964 均匀颜色空间与 CIE1931 XYZ 颜色系统之间的转换为[6]

$$W^* = 25Y^{1/3} - 17, \quad 1 \leqslant Y \leqslant 100$$
$$U^* = 13W^*(u - u_0)$$
$$V^* = 13W^*(v - v_0)$$
$$u = \frac{4X}{X + 15Y + 3Z}$$
$$u = \frac{6Y}{X + 15Y + 3Z} \tag{5-50}$$

式中，u, v 是 CIE1964 均匀颜色空间色度坐标，u_0, v_0 是光源色度坐标，X, Y, Z 是 CIE1931 标准三原色系统。通过式(5-16)可以将计算机显示的 $[R_e G_e B_e]$ 色系转换为 CIE1931XYZ 色系，彩色计算全息三原色再现像三刺激值由式(5-49)决定。同样可以把它们转换为 1931CIE-XYZ 色系中的刺激值(参照式(5-16))：

$$X_i = 0.516\ 4R_{ei} + 0.278\ 9G_{ei} + 0.179\ 2B_{ei}$$
$$Y_i = 0.296\ 3R_{ei} + 0.618\ 2G_{ei} + 0.084\ 5B_{ei}$$
$$Z_i = 0.033\ 9R_{ei} + 0.142\ 6G_{ei} + 1.016\ 6B_{ei} \tag{5-51}$$

利用式(5-50)分别将式(5-16)的 X, Y, Z 和式(5-51)的 X_i, Y_i, Z_i 转换为 W^*，U^*, V^* 和 W_i^*, U_i^*, V_i^*，比较两个颜色色差可通过下式计算：

$$\Delta C = [\Delta U^{*2} + \Delta V^{*2} + \Delta W^{*2}]^{1/2} \tag{5-52}$$

式中，$\Delta U^* = X_i - X$，$\Delta V^* = Y_i - Y$，$\Delta W^* = Z_i - Z$
平均色差为

$$\bar{\Delta}\ \bar{C} = \sqrt{\frac{\sum (\Delta C)^2}{n}} \tag{5-53}$$

5.4.2 彩色计算机制彩虹全息颜色再现误差的数值计算

这里以彩虹全息再现时因光谱宽展引起的颜色差异为例说明色差的计算。设实际再现光源和计算时设定的再现光源一致，都是 A 光源，A 光源光谱数据可以通过文献[3]获得。表 5-1 给出了颜色样品三原色量 R_{eo}, C_{eo}, B_{eo}。

设计算全息三原色波长分别选取为 $\lambda_r = 650$ nm，$\lambda_g = 540$ nm，$\lambda_b = 465$ nm，由 5.2.1 节式(5-32)知道计算全息的三刺激值为

$$R_h = 0.852\ 8R_{eo} + 0.144\ 2G_{eo} + 0.003B_{eo}$$
$$G_h = 0.157\ 3R_{eo} + 0.795\ 2G_{eo} + 0.047\ 5B_{eo} \tag{5-54}$$
$$B_h = 0.026\ 7R_{eo} + 0.110\ 6G_{eo} + 0.862\ 7B_{eo}$$

A 光源在三原色计算波长处的相对功率为 $P_i(\lambda_r) = 165$，$P_i(\lambda_g) = 86$，$P_i(\lambda_b) = 40.3$，由式 $(5-42)$ 知三原色光的振幅比率为

$$A_{oCr} : A_{oCg} : A_{oCb} = 0.109\,3\sqrt{R_h} : 0.094\,4\sqrt{G_h} : 0.138\,3\sqrt{B_h} \quad (5-55)$$

表 5-1　颜色样品在 PAL-RGB 色系下的颜色量

样品		颜色量			样品		颜色量		
		R_{eo}	G_{eo}	B_{eo}			R_{eo}	G_{eo}	B_{eo}
A	肤　色	255	205	162	K	白	255	255	255
B	国旗红	255	0	0	L	玫瑰色	201	187	92
C	橙　色	247	140	26	M	茜　红	255	125	39
D	黄	255	255	0	N	土　红	222	130	32
E	柠　檬	244	224	65	O	绿　色	0	255	0
F	玉米叶	171	255	46	P	天　蓝	11	219	164
G	暗　绿	8	170	67	Q	青蓝绸	100	158	219
H	青	0	255	255	R	品　红	255	0	255
I	蓝	0	0	255	S	藕荷色	200	161	255
J	粉　红	234	6	119	T	紫　色	183	99	183

设瞳孔的直径 D_e 为 3 mm，眼睛距离全息图的距离为 $Z_e = 300$ mm，将 R_h，G_h，B_h 代入式 $(5-49)$ 即得到再现像的三刺激值 R_{ei}，G_{ei}，B_{ei} 为

$$R_{ei} = \frac{C_{er}R_h}{P_i(\lambda_r)c_{er}(\lambda_r)}\int_{\lambda_{r1}}^{\lambda_{r2}} P'_i(\lambda)\,\bar{r}_e(\lambda)\mathrm{d}\lambda + \frac{C_{eg}G_h}{P_i(\lambda_g)c_{eg}(\lambda_g)}\int_{\lambda_{g1}}^{\lambda_{g2}} P'_i(\lambda)\,\bar{r}_e(\lambda)\mathrm{d}\lambda +$$

$$\frac{C_{eb}B_h}{P_i(\lambda_b)c_{eb}(\lambda_b)}\int_{\lambda_{b1}}^{\lambda_{b2}} P'_i(\lambda)\,\bar{r}_e(\lambda)\mathrm{d}\lambda$$

$$G_{ei} = \frac{C_{er}R_h}{P_i(\lambda_r)c_{er}(\lambda_r)}\int_{\lambda_{r1}}^{\lambda_{r2}} P'_i(\lambda)\,\bar{g}_e(\lambda)\mathrm{d}\lambda + \frac{C_{eg}G_h}{P_i(\lambda_g)c_{eg}(\lambda_g)}\int_{\lambda_{g1}}^{\lambda_{g2}} P'_i(\lambda)\,\bar{g}_e(\lambda)\mathrm{d}\lambda +$$

$$\frac{C_{eb}B_h}{P_i(\lambda_b)c_{eb}(\lambda_b)}\int_{\lambda_{b1}}^{\lambda_{b2}} P'_i(\lambda)\,\bar{g}_e(\lambda)\mathrm{d}\lambda$$

$$B_{ei} = \frac{C_{er}R_h}{P_i(\lambda_r)c_{er}(\lambda_r)}\int_{\lambda_{r1}}^{\lambda_{r2}} P'_i(\lambda)\,\bar{b}_e(\lambda)\mathrm{d}\lambda + \frac{C_{eg}G_h}{P_i(\lambda_g)c_{eg}(\lambda_g)}\int_{\lambda_{g1}}^{\lambda_{g2}} P'_i(\lambda)\,\bar{b}_e(\lambda)\mathrm{d}\lambda +$$

$$\frac{C_{eb}B_h}{P_i(\lambda_b)c_{eb}(\lambda_b)}\int_{\lambda_{b1}}^{\lambda_{b2}} P'_i(\lambda)\,\bar{b}_e(\lambda)\mathrm{d}\lambda \quad (5-56)$$

式中，

$$C_{er}(\lambda_r) = 0.490\,8, \quad C_{eg}(\lambda_g) = 1.211\,5, \quad C_{eb}(\lambda_b) = 1.433\,5$$

$$C_{er} = 0.966\,6, \quad C_{eg} = 0.928\,7, \quad C_{eb} = 1.104\,6, \quad P_i'(\lambda) = P_i(\lambda)$$

利用式(5-46)算出每一个原色光谱扩展的范围 $(\lambda_{r1}, \lambda_{r2})$，$(\lambda_{g1}, \lambda_{g2})$，$(\lambda_{b1}, \lambda_{b2})$ 代入式(5-56)计算。显然，参物夹角 θ 不同，光谱扩展的范围 $(\lambda_{r1}, \lambda_{r2})$，$(\lambda_{g1}, \lambda_{g2})$，$(\lambda_{b1}, \lambda_{b2})$ 也不同，导致积分结果 R_{ei}，G_{ei}，B_{ei} 也不同，最后引起的颜色差异也不同。下面以 $\theta = 5°, 15°, 30°, 60°$ 为例，说明色差。利用式(5-16)和式(5-51)分别将 R_{eo}，G_{eo}，B_{eo} 和 R_{ei}，G_{ei}，B_{ei} 转换成 X, Y, Z，然后用式(5-50)将 X_0, Y_0, Z_0 和 X_i, Y_i, Z_i 分别转换成 $U^* V^* W^*$，最后再由式(5-52)计算出颜色样品的色差

$$\Delta C = \left[(U_i^* - U_o^*)^2 + (V_i^* - V_o^*)^2 + (W_i^* - W_o^*)^2 \right]^{1/2}$$

式(5-50)中的 u_0, v_0 本来是照明两个颜色样品光源的色度坐标，这里认为是电子显示系统所匹配成的白光色度坐标。已知 PAL 制式色度系统是将标准光源 D65 作为参照白的，所以这里 u_0, v_0 就是 D65 光源的色度坐标。图 5-13 是不同参考

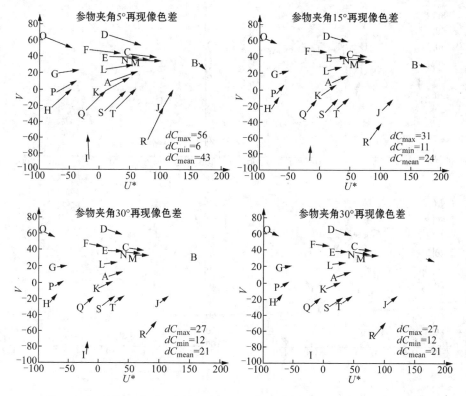

图 5-13 计算全息三原色波长为 $\lambda_r = 650$ nm, $\lambda_g = 540$ nm, $\lambda_b = 465$ nm 时再现像的颜色误差随参考光入射角变化情况

光入射角情况下再现像的颜色样品在 UVW 颜色空间平面图上的颜色误差。箭头尾部表示原来颜色,箭头的头部表示再现颜色。图中 dC_{max},dC_{min},dC_{mean} 分别为最大色差、最小色差和平均色差。

由图 5-13 可以看出,再现像的颜色误差随着参物夹角的增大而减小,这个结果和预期一致。因为参物夹角越大,进入眼睛的三原色光谱展宽越小,再现的三原色更接近设定的三原色。从箭头的方向得知,再现像颜色整体向红色偏移。这是因为计算时红色原色(波长为 650 nm 的光谱色)与计算机显示的红原色偏离比较大,在再现光谱扩展的情况下,全息显示三原色的合成色将向红色偏移。在保证计算全息光谱三原色三角形区域能够包含计算机显示三原色三角形区域的条件下,我们在选取光谱三原色时,可以尽量选取靠近计算机显示三原色的光谱色。

如果选择 PAL - RGB 色系三原色主波长 $\lambda_r = 611$ nm,$\lambda_g = 547$ nm,$\lambda_b = 464$ nm 来计算,图 5-14 给出了当参考光入射角 θ 为 5°,10°,15°,20°时的颜色误差情况,箭头和箭尾分别表示全息再现像和目标的颜色。

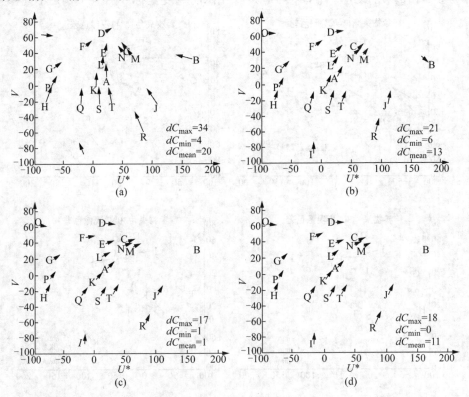

图 5-14   计算全息三原色波长为 $\lambda_r = 611$ nm, $\lambda_g = 547$ nm, $\lambda_b = 464$ nm 时再现像的颜色误差随参考光入射角变化情况

图 5-14 和图 5-13 相比,明显可以看出后者颜色误差比较小。另一方面,当计算全息三原色所围成的颜色区域与 PAL-RGB 色系三原色所围成的颜色区域偏离比较大时,将产生较大色差。图 5-15(a)和(b)的虚线三角形分别是 $\lambda_r = 633$ nm,$\lambda_b = 488$ nm,$\lambda_g = 515$ nm 和 $\lambda_r = 700$ nm,$\lambda_g = 546$ nm,$\lambda_b = 436$ nm 作为计算全息三原色时所围成的颜色区域,它们与 PAL-RGB 色系三原色所围成的颜色区域有不重合的部分。$\lambda_r = 633$ nm,$\lambda_b = 488$ nm,$\lambda_g = 515$ nm 是激光彩色全息图常用的三原色波长,$\lambda_r = 700$ nm,$\lambda_g = 546$ nm,$\lambda_b = 436$ nm 是 1931 CIE-RGB色系的三原色波长。这两种情况的颜色再现误差情况如图 5-16 所示,从模拟结果可以看到颜色再现误差明显增加了。

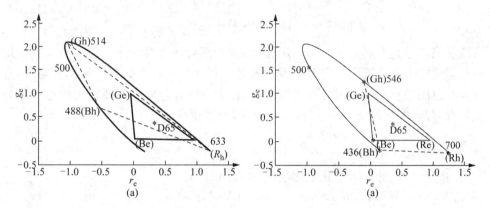

图 5-15　彩色计算全息色系三原色波长分别为 $\lambda_r = 633$ nm,$\lambda_g = 515$ nm,$\lambda_b = 488$ nm 和
$\lambda_r = 700$ nm,$\lambda_g = 546$ nm,$\lambda_b = 436$ nm 时的色域

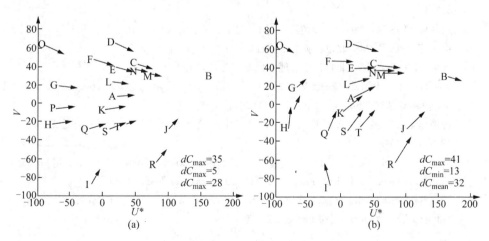

图 5-16　彩色计算全息色系三原色波长偏离计算机显示色系主波长较大时的颜色误差情况
(a) $\lambda_r = 633$ nm,$\lambda_g = 515$ nm,$\lambda_b = 488$ nm,(b) $\lambda_r = 700$ nm,$\lambda_g = 546$ nm,$\lambda_b = 436$ nm

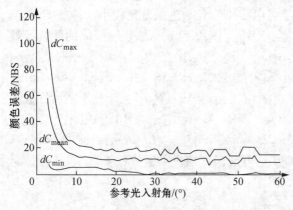

图 5 - 17   颜色误差和参考光入射角之间的关系

从前面分析我们可以得到结论,参考光入射角越大,彩色彩虹全息图颜色再现误差越小。图 5 - 17 为以 PAL - RGB 色系三原色主波长颜色为计算全息三原色时颜色误差和参考光入射角之间的关系,我们可以看到当 $\theta < 10°$ 时,不论是 dC_{max} 还是 dC_{mean} 都是随着 θ 的增大而急剧下降的,然而当 $\theta > 15°$ 时,颜色误差随着 θ 的变化就不明显了。这说明当参考光入射角增大到一定程度后,再继续增大参考光入射角所带来的颜色质量优化将微乎其微。增大参考光入射角意味着全息图的空间频率将增加,即计算全息图的空间带宽积也随之增大,这在全息图计算时就需要更大的运算量以及内存容量,并且对计算全息图的输出也提出了更高的要求。

参考文献

［1］   俞斯乐. 电视原理[M]. 北京:国防工业出版社,2008.

［2］   Bernhard Wesskamp, Andreas Jendral, Olof Bryngdahl. Hybrid color holograms[J]. Opt. Lett. , 1996, 21(22): 1863 - 1865.

［3］   焦书兰,荆其诚,张武田. 不同时相日光下颜色的恒常性[J]. 心理学报,1984,16(1): 55 - 61.

［4］   荆其诚,焦书兰,喻柏林,等. 色度学[M]. 北京:科学出版社,1979.

［5］   程杰铭. 色彩学[M]. 北京:科学出版社,2006.

［6］   汤顺清. 色度学[M]. 北京:北京理工大学出版社,1990.

［7］   Yile Shi, Hui Wang, Qiong Wu. Color transmission analysis of color-computer-generated holography[J]. Appl. Opt. , 2012, 51(20): 4768 - 4774.

［8］   施逸乐,王辉,吴琼,等. 计算彩色彩虹全息术颜色复现机理分析[J]. 中国激光 2012,39 (9): 0909004.

［9］   Yile Shi, Hui Wang, Yong Li, et al. . Practical Color Matching Approach for Color Computer-Generated Holography[J]. Journal of Display Technology.

［10］   Yile Shi, Hui Wang, Qiong Wu. Color evaluation of computer-generated color rainbow holographyl[J]. Journal of Optics, 2012.

第6章 计算机和光学联合制全息技术

基于波前再现的光学全息是最有前途的三维显示技术。但光学全息图是由光的干涉形成的,一般需要相干光,这样就限制了需要显示的物体。一方面动态物体和大的物体很难作为光学全息的记录目标,例如动物、大楼等;另一方面,一些自然场景和自发光的物体根本无法进行全息的拍摄,例如云彩、火焰等;而且对于计算机设计的虚拟物体也无法进行光学全息记录。相对于光学全息,计算机制全息有很多优越之处,例如不需要激光器、防振设施以及可以进行任何三维物体显示等。从计算速度和容量方面来说,目前的个人计算机已经完全可以胜任三维物体全息图的计算量,加之辅以高速算法,大幅面的全息图计算已成为现实。但到目前为止,在实用三维显示应用上,计算全息远远达不到光学全息的水平。其中最大的问题是如何将计算得到的大幅面、高空间频率的数字化全息图输出为可以进行光学再现的实际全息图。

对于静态全息显示,计算全息图输出的传统技术是,首先控制绘图设备将全息图打印到介质上,然后通过微缩照相,缩小成达到全息衍射要求的高分辨率全息图[1]。但是,这种方法对显示全息是不实用的。实用三维显示全息图的空间频率要求至少达到 600 线对/mm 以上。如果以这个频率为例,根据抽样定律,全息条纹每个线对至少需要 2 个取样点表达,即每毫米至少需要 1 200 点的取样才能有效地表达全息图的信息。对于一幅 100 mm×100 mm 大小的显示全息图至少需要 120 000×120 000 个取样点。如果把这样的全息图通过 1 200 dpi(即每毫米 47 个点)的普通图像输出装置打印到介质上,其大小至少是 2 540 mm×2 540 mm。这样大幅的图像既难以输出,更难以缩微,而且过程繁杂。目前,人们提出利用电子束刻蚀技术[2]、飞秒激光曝光技术[3],或研制专用全息图缩微打印机[4]输出。本章要讨论的问题是,如何借助光学全息的方法,通过适当大小的计算全息图得到大视场、大视角的三维再现。

6.1 全息图信息量与视差和视场关系

全息图再现时,有两个重要的指标决定了三维显示的效果,即视差角和视场。全息图相当于一个观察窗口,图 6-1 给出了眼睛通过全息图窗口 W_h 观察物点 A

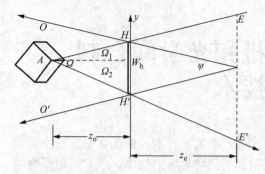

图 6-1 全息图尺寸与视差角、视场角关系

的情况。从图中可以看出,角度 Ω 既是全息图的衍射角,也反映了全息图截取的物点散射光束的大小。Ω 决定眼睛在 EE' 范围内移动时看到的再现像的视差角,Ω 越大,能够产生的视差就越大,立体感也就越强。角度 ψ 是视场角,视场角越大,眼睛在静止状态下看到的像空间 OO' 越大。下面以一维情况讨论从全息图出射的物光波空间频率和全息图的视角、视场角之间的关系。

如图 6-2 所示,设物点与全息图的距离为 z_o,观察者与全息图的距离为 z_e,全息图的宽度为 W_h。从物空间某点 $A(y_A)$ 发出的光波在全息记录面 HH' 上的分布为

$$U_A = \frac{a}{r} \exp\left\{ i\frac{2\pi}{\lambda} r \right\} = \frac{a}{\sqrt{(y_h - y_A)^2 + z_o^2}} \exp\left\{ i\frac{2\pi}{\lambda} \sqrt{(y_h - y_A)^2 + z_o^2} \right\} \quad (6-1)$$

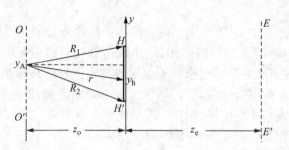

图 6-2 全息图计算参数

根据空间频率定义,光波在全息记录面上的空间频率分布为

$$
\begin{aligned}
f &= \frac{1}{2\pi} \frac{d\varphi}{dy} = \frac{1}{2\pi} \frac{d\left\{ \frac{2\pi}{\lambda} \sqrt{(y_h - y_A)^2 + z_o^2} \right\}}{dy} \\
&= \frac{1}{\lambda} \frac{|y_h - y_A|}{\sqrt{(y_h - y_A)^2 + z_o^2}} = \frac{1}{\lambda} \frac{|y_h - y_A|}{r}
\end{aligned}
\quad (6-2)
$$

式中,$r = \sqrt{(y_h - y_A)^2 + z_o^2}$,在全息记录平面上下边缘处的空间频率为

$$f_{\mathrm{omax1}} = \frac{1}{\lambda}\frac{\dfrac{W_{\mathrm{h}}}{2} - y_{\mathrm{A}}}{R_1} = \frac{\tan\Omega_1}{\lambda},\ f_{\mathrm{omax2}} = \frac{1}{\lambda}\frac{\dfrac{W_{\mathrm{h}}}{2} + y_{\mathrm{A}}}{R_2} = \frac{\tan\Omega_2}{\lambda}$$

$$(6-3)$$

视差角 $\Omega = \Omega_1 + \Omega_2$，式(6-3)说明，全息图上物光波空间频率越大，视差角就越大。为了得到大视差角的再现像，记录的物光波空间频率也必须要大。设 Ω_1 或 Ω_2 的最大值为 Ω_{max}，f_{omax1} 或 f_{omax2} 最大值为 f_{omax}，则有

$$\Omega_{\mathrm{max}} = \arctan(\lambda f_{\mathrm{omax}}) \qquad (6-4)$$

设全息图的宽度为 W_{h}，与视场角 ψ 的关系为

$$2z_{\mathrm{e}}\tan\frac{\psi_{\mathrm{max}}}{2} = W_{\mathrm{h}} \qquad (6-5)$$

设用来记录全息图的介质、或者用来显示全息图的器件最大空间频率为 f_{hmax}，根据式(3-27)，则要求

$$f_{\mathrm{omax}} \leqslant \frac{f_{\mathrm{hmax}}}{2}\ \text{或者}\ \frac{\tan\Omega_{\mathrm{max}}}{\lambda} \leqslant \frac{f_{\mathrm{hmax}}}{2} \qquad (6-6)$$

于是可以得到在记录窗口内记录或者显示的物光波最大带宽积(自由度或信息量)为

$$N_{\mathrm{ow}} = W_{\mathrm{h}}f_{\mathrm{omax}} = 2z_{\mathrm{e}}\tan\frac{\psi_{\mathrm{max}}}{2}\frac{\tan\Omega_{\mathrm{max}}}{\lambda} \leqslant W_{\mathrm{h}}\frac{f_{\mathrm{hmax}}}{2} = \frac{N_{\mathrm{H}}}{2} \qquad (6-7)$$

式中，N_{H} 是全息图的空间带宽积。式从(6-4)和式(6-5)可以知道，当记录窗口能够记录的最大空间频率和窗口大小确定时，其视差角和视场角也就确定了，而从式(6-7)，又可以得到如下结论：

(1) 当记录窗口内所能够记录的信息量确定时，可以通过降低视场角 ψ_{max} 来提高视差角 Ω_{max}。

(2) 同样，在信息量确定的情况下，可以通过降低视差角 Ω_{max} 来提高视场角 ψ_{max}。

下面进一步讨论记录窗口的物光波信息量与物体信息量的关系。设物体最大空间频率为 f_{Omax}，物体大小为 W_{o}，则物体的带宽积(信息量)为

$$N_{\mathrm{o}} = f_{\mathrm{Omax}}W_{\mathrm{o}} \qquad (6-8)$$

根据衍射原理，由物体出射的光最大衍射角为

$$\sin\Omega_{\text{Omax}} = \lambda f_{\text{Omax}} \tag{6-9}$$

从图 6-3 中可以看出,为了把从物体上衍射的光波都记录下来,记录窗口的宽度必须满足

$$W_{\text{h}} \geqslant 2z_{\text{o}}\tan\Omega_{\text{Omax}} + W_{\text{o}} \tag{6-10}$$

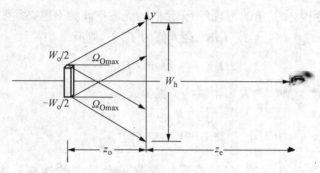

图 6-3   记录窗口宽度与衍射角、物体宽度关系

显然,在记录窗口物光波最大空间频率 $f_{\text{omax}} = f_{\text{Omax}}$,并且 $\Omega_{\text{Omax}} = \Omega_{\text{max}}$,所以记录窗口的物光波信息量为

$$N_{\text{ow}} = f_{\text{Omax}}W_{\text{h}} = 2z_{\text{o}}f_{\text{Omax}}\tan\Omega_{\text{max}} + f_{\text{Omax}}W_{\text{o}} = 2z_{\text{o}}f_{\text{Omax}}\tan\Omega_{\text{max}} + N_{\text{o}} \tag{6-11}$$

如果以全息编码方式记录物光波信息,全息图的带宽积至少为

$$N_{\text{H}} = 2f_{\text{Omax}}W_{\text{h}} = 4z_{\text{o}}f_{\text{Omax}}\tan\Omega_{\text{max}} + 2N_{\text{o}} \tag{6-12}$$

或者全息图能够记录的物体信息量为

$$N_{\text{o}} = \frac{N_{\text{H}}}{2} - 2z_{\text{o}}f_{\text{Omax}}\tan\Omega_{\text{max}} \tag{6-13}$$

上式说明,能够被记录的物体自由度小于全息图的自由度。似乎违反了信息传递的自由度不变原理[5]。事实上,从全息图再现像我们知道,全息再现光波中包含三个信息:原物体像的信息、共轭像信息以及两个像光波传播方向信息,所以全息图的信息量要大于物体的信息量。这一现象称作全息图信息的冗余,但这种冗余是利用全息图获得满意的三维显示所必需的。原始像和共轭像的分离保证了原始像不被其他光场干扰,而得到清晰的再现像;光波传播方向的信息确保有足够大的视差角,以产生三维感觉。

6.2　全息图的空间频率分布

我们已经知道,全息图上干涉条纹空间频率至少要等于物光波空间频率的两倍。这里首先讨论物光波空间频率分布。根据式(6-2),图 6-4 给出了一个物点在记录面上的物光波空间频率变化情况。从图中可以看出,空间频率在记录平面上的分布是不均匀的,有些区域频率很高,而有些区域空间频率迅速下降。在记录平面上,与物点坐标 y_a 对应的点空间频率为零,以此为中心向外空间频率首先是迅速增大,然后又缓慢趋向一定值。这一点对计算全息很重要,因为计算图的取样间隔是以最高频率为依据的。为了保证再现像不发生畸变,即使空间频率比较低的区域,也必须以最高频率的取样间隔进行取样,这样就会浪费大量的全息图的自由度。

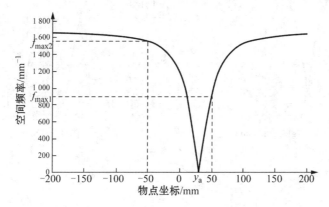

图 6-4　记录面上的物光波空间频率的变化

(W_h＝100 mm;y_a＝30 mm;z_o＝30;λ＝0.63 μm)

下面进一步分析物体大小、位置与记录平面上物光波空间频率的关系。设物体大小为 W_o,记录面大小为 W_h,物体和记录平面相对于 Z 轴对称放置,如图 6-5 所示。

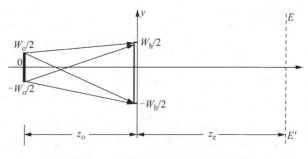

图 6-5　物体和记录平面位置关系

　　首先讨论物体大小与记录平面上物光波空间频率的关系。图 6-6 给出了物体上 $W_o/2, 0, -W_o/2$ 三个点在记录平面上光波的空间频率分布。图中物体平面与记录平面距离为 40 mm。

　　图 6-6 虽然表示的是三个物点在记录平面上的空间频率分布,但也可以这样理解：物体是一个平面物体,宽度为 W_o,物体内其他所有点的光波在记录平面上的空间频率分布都被限制在物点 $W_o/2$ 和 $-W_o/2$ 对应的频率曲线下面,即图中的阴影部分。当物体比较大时,记录平面空间频率分布是比较均匀的,物体越小,记录平面空间频率越不均匀。

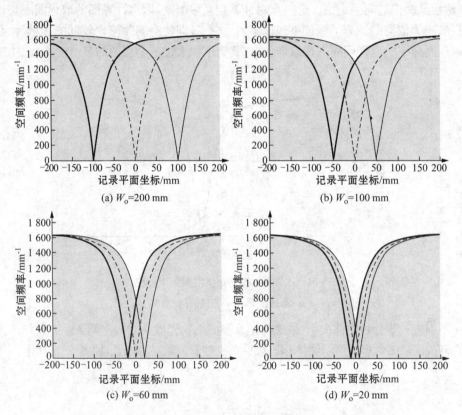

图 6-6　物体边缘和中心物点在记录平面上光波的空间频率分布

　　对于三维显示,物体可以看成是由一系列与记录平面不同距离的平面物体组成。下面以记录平面中心点的空间频率为例,分析物平面与记录平面距离对空间频率的影响。图 6-7 给出了记录平面中心点物光波空间频率随着物平面距离变化的关系。横轴表示物平面上物点的坐标,曲线上的 z_o 指的是物平面与记录平面的距离。例如对于 $z_o = 60$ mm 的曲线,表示的是与记录平面距离 60 mm 的物平面上各个点在记录平面中心光波的空间频率。另外如果物体大小为 $W_o = 80$ mm，物体边缘坐标为 $y_{A1} = -W_o/2 = -40$ mm；$y_{A2} = W_o/2 = 40$ mm，则物平面上所有物点在记录平面中心的光波空间频率由阴影范围内的曲线确定。从图中可以看出，一方面，随着物体的增大，记录平面中心区域的空间频率迅速增加；另一方面，随着物平面靠近记录平面，记录平面中心光波的空间频率也迅速增大。当 $z_o = 0$，即物点处于记录平面上时，除 $y_A = 0$ 的物点以外的所有物点的光波空间频率达到一致，并且都为最大值。根据式(6-2)，此时有

$$r = | y_h - y_A |, \quad f_{max} = \frac{1}{\lambda}$$

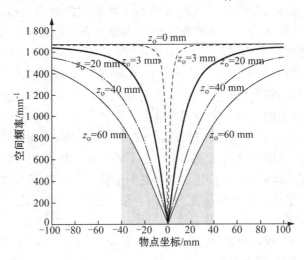

图 6-7　记录平面中心物光波空间频率与物体大小的关系

综合分析式(6-2)和图 6-6、图 6-7，可以得到如下结论：

(1) 图 6-6 表明，记录平面边缘处物光波空间频率一般要比中心处的空间频率大。物体比较大时，记录平面空间频率分布比较均匀，随着物体变小，记录平面上物光波的空间频率分布将变得不均匀。当物体很小时，记录平面中心区域空间频率急剧下降。

(2) 当物体为三维物体时，记录平面中心物光波的空间频率随着物体与记录平面距离变小而增大。物平面与记录平面距离为零时，不论物体多大，记录平面的空间频率都相等，且为最大值，$f_{max} = \frac{1}{\lambda}$。

(3) 如果记录平面所能够记录的空间频率受限制，例如能够记录的物光波空间频率最大值为 f_{Romax}，则物平面与记录平面越近，能够被记录的物平面越小。由

式(6-2)，令 $y_h = 0$，可以推导出

$$W_o = \frac{2\lambda f_{Romax} z_o}{\sqrt{1 - (\lambda f_{Romax})^2}} \qquad (6-14)$$

6.3 计算全息图信息的优化利用

全息图的计算速度、存储空间和全息图的输出是计算全息最为关注的三个问题。显然这三个问题都涉及全息图的带宽积。由上述对记录平面上物光波空间频率分布情况可以看出，在很多情况下，全息图上物光波的频率分布是不均匀的。但在进行全息图计算时，全息图的抽样间隔应该以物光波的最大频率为准。即在物光波频率小于最大频率的区域，也必须按照式(3-24)或式(3-28)进行抽样。这样全息图的空间带宽积不仅没有被充分利用，而且还增加了无效的计算量降低了计算速度。同样空间带宽积越大，存储空间也越大。对于计算全息图的输出，就目前情况来看，问题更加突出。全息图的输出有两种方式，一是利用图形输出设备将全息图输出到平面介质上，这种方式适用于静态显示；另一种输出方式是直接输出到图像显示器件上，适用于动态三维显示。不管是哪一种方式，都必须面对全息图很大的空间带宽积问题。一般来说，不管是图形输出设备还是图像显示设备，其空间带宽积都是有限的。因而如何充分利用有限的空间带宽积来最大限度地记录物光波信息是很有意义的研究工作。

设记录介质或显示器件能够显示的全息图最大空间频率为 f_{hmax}，全息图的大小为 W_h，则全息图空间带宽积为 $N_H = W_h f_{hmax}$。物体的宽度为 W_o，物体的最大空间频率为 f_{Omax}，根据式(6-7)和式(6-12)，为了使信息得到有效的记录，必须满足

$$f_{Omax} W_o = \frac{W_h f_{hmax}}{2} - 2z_o f_{Omax} \tan\Omega_{max}$$

或
$$2f_{Omax}(W_o + 2z_o \tan\Omega_{max}) = W_h f_{hmax} \qquad (6-15)$$

式(6-15)反映了被记录物体和全息图各参数之间的关系。对于物体的大小和空间频率还有两个单独的关系，首先是物光波空间频率 $f_{omax} = f_{Omax}$ 不能大于 f_{hmax} 的两倍，即

$$f_{omax} \leqslant \frac{f_{hmax}}{2} \qquad (6-16)$$

其次由式(6-10)得到

$$W_{\text{o}} \leqslant W_{\text{h}} - 2z_{\text{o}}\tan\Omega_{\max} = W_{\text{h}} - z_{\text{o}}\lambda f_{\text{hmax}} \tag{6-17}$$

式(6-15)~式(6-17)给出了在全息图空间带宽积一定的情况下,对被记录物体的大小和空间频率的要求。下面分别就几种情况讨论计算全息图的优化计算问题。

(1) 当 $W_{\text{o}} = W_{\text{h}} - 2z_{\text{o}}\tan\Omega_{\max}$ 时,全息图的边缘记录到的物光波频率 f_{omax} 恰好为 $\dfrac{f_{\text{hmax}}}{2}$,如图 6-8 所示。当物体比较小、即 $W_{\text{o}} < W_{\text{h}} - 2z_{\text{o}}\tan\Omega_{\max}$,而 f_{omax} 不变时,如图 6-9 所示,此时只有在 w_{h} 范围内才能有效地记录物光波信息,w_{h} 范围由式(6-10)确定。w_{h} 范围以外的区域由于物光波的空间频率大于 $\dfrac{f_{\text{hmax}}}{2}$ 而不能被有效地记录。而且,由 6.2 节可知,当物体很小时,记录平面上物光波的空间频率分布将变得不均匀,记录平面中心区域空间频率急剧下降。显然,此时记录介质的空间带宽积没有被充分地利用。

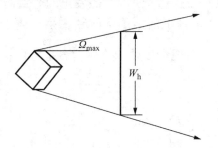

图 6-8　$W_{\text{o}} = W_{\text{h}} - 2z_{\text{o}}\tan\Omega_{\max}$ 时空间频率情况

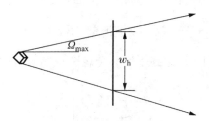

图 6-9　物体较小时空间频率情况

根据式(6-15),当 N_{H} 确定的情况下,小的物体可以换来物光波空间频率的增大。这个结论和 6.1 节指出的"当记录窗口内所能够记录的信息量确定时,可以通过降低视场角 $\psi_{\max}$ 来提高视差角 $\Omega_{\max}$"是一致的。因为小的物体意味着小的视场角,物光波的空间频率增大意味着视差角的增大。为了充分利用记录介质的

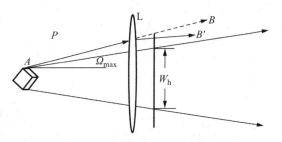

图 6-10　降低视场角提高视差角

空间带宽积,可以采用图 6-10 的光路来达到这一目的。图中光线 AB 的空间频率已经大于 $\dfrac{f_{\text{hmax}}}{2}$。如果在光路中放置一透镜 L,通过会聚使得光线向 B' 方向传播到

记录平面。显然,此时光线 AB 在记录面上的空间频率降低了。这样就有可能将空间频率大于 $\dfrac{f_{\text{hmax}}}{2}$ 的光波信息记录下来。

(2) 如果物体本身是一个低频物体,即 $f_{\text{Omax}} < \dfrac{f_{\text{hmax}}}{2}$,则记录介质的空间频率没有被充分利用,同样根据式(6-15),当 N_H 确定的情况下,物光波小的空间频率可以换取大的物体尺寸。利用图 6-11 光路可以实现这一目的。在图 6-11(a) 中,物体任意点的衍射光在记录平面上的空间频率都不会超过 $\dfrac{f_{\text{hmax}}}{2}$,因而都可以被记录,但由于全息图大小的限制,最大视场角为

$$\psi_{\max} = 2\Omega_{\text{omax}} = 2\arctan(\lambda f_{\text{omax}})$$

在这样的视场角内能够看到的物体在 AB 范围内,对于物体上 C 点发出的光线将传播不到记录区域。同样可以在光路中加一透镜 L,使得 C 点发出的光束向 C' 方向弯折到全息记录平面,只要光线 PC' 在记录平面上的空间频率小于或者等于 $\dfrac{f_{\text{hmax}}}{2}$,就可以被记录(图 6-11(b))。这样在视场以外的物体信息也可以被记录下来,达到了增大全息图视场的目的。

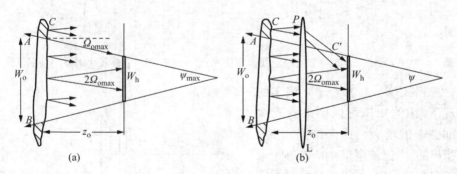

图 6-11　降低视差角以提高视场角

(3) 式(6-13)说明,全息图的信息量大于被记录物体的信息量,这是为了得到大的视差角从而实现三维立体显示所必需的。但是视差角的增大往往是依靠增大全息图的尺寸来实现的。对于计算全息来说,增加全息图的尺寸不仅增加计算量,而且增加了全息图输出的难度。另一方面,大面积的全息图的再现像分辨率远远大于人眼的分辨率。设全息图大小是 $100\text{ mm} \times 100\text{ mm}$,光波的波长为 $0.5\ \mu\text{m}$,

观察距离为 400 mm。可以计算出其分辨角为 $\varepsilon \approx \dfrac{\lambda}{W_h} = 5 \times 10^{-6}$ rad，而正常人眼的分辨角约为 1.7×10^{-4} rad。全息图这样小的分辨率无论如何也无法用眼睛直接分辨（相当于观察距离 400 mm 处 2 μm 的物点间隔）。所以在实际三维显示中，全息图的巨大信息量并不是为了提供适当的分辨率，而是为了实现足够大的视差角。其结果就使得全息图显示出很高分辨率的再现像，但眼睛无法分辨其细节。从分辨率这个角度来看，全息图的信息的确是冗余的。那么是否可以既能保证全息显示的视差角，又能不浪费全息图再现像的分辨率呢？

事实上，人眼在观察全息图时，在不同视角处，仅仅是通过全息图上很小的区域 a 观察物体的，如图 6-12 所示。如果视角从 a 区移动到 b 区，观察到的物点并不引起人眼可分辨的变化，则 a 和 b 之间的部分全息图可以去掉。因此可以通过对全息图取样减少全息图的大小。如果记录介质空间带宽积是确定的，则 a 和 b 之间的部分可以用于记录其他更多的物体信息。

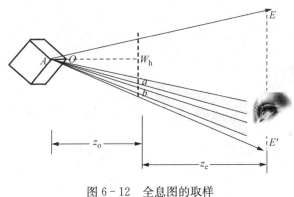

图 6-12　全息图的取样

6.4　计算机–光学联合相位共轭全息图

6.3 节提出了充分利用记录介质的空间带宽积的原理技术。利用计算全息的灵活性，按照上述方案进行全息编码是没有问题的。但是，编码后的全息图并不能直接再现出我们期望的像。例如，按照图 6-10 光路进行编码的全息图，如果直接再现，将会得到如图 6-13 所示的结果，即在 w_h 区域以外编码的全息图再现像并不能和 w_h 区

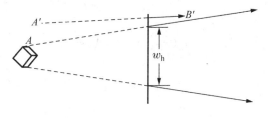

图 6-13　图 6-10 制作全息图的再现结果

域内的再现像重合。

在上一节中指出,利用透镜对物光波折射,可以充分利用记录介质的空间带宽积。这个折射过程在计算全息中是通过计算模拟的。这里所谓的"透镜"实际上是一个复振幅透射率函数:

$$\tau(x) = \exp\left(-ik\frac{x_L^2 + y_L^2}{2f}\right) \qquad (6-18)$$

设物体某点坐标为 x_o, y_o,与透镜的距离为 z_L,从物点发出的光波在透镜表面上的复振幅分布为

$$u(x_L, y_L) = A\exp\left(ik\frac{x_o^2 + y_o^2}{2z_L}\right)\exp\left(ik\frac{x_L^2 + y_L^2}{2z_L}\right)\exp\left(-ik\frac{x_o x_L + y_o y_L}{z_L}\right) \qquad (6-19)$$

其空间频率分布为(仅考虑 x 方向)

$$f_{ox} = \frac{1}{2\pi}\frac{\partial\varphi(x_L)}{\partial x_L} = \frac{x_L - x_o}{\lambda z_L} \qquad (6-20)$$

从透镜出射的复振幅为

$$u_L(x_L, y_L) = A\exp\left(ik\frac{x_o^2 + y_o^2}{2z_L}\right)\exp\left(ik\frac{x_L^2 + y_L^2}{2z_L}\right)\cdot$$

$$\exp\left(-ik\frac{x_o x_L + y_o y_L}{z_L}\right)\exp\left(-ik\frac{x_L^2 + y_L^2}{2f}\right)$$

$$= A\exp\left(ik\frac{x_o^2 + y_o^2}{2z_L}\right)\exp\left[ik\frac{x_L^2 + y_L^2}{2}\left(\frac{1}{z_L} - \frac{1}{f}\right)\right]\cdot$$

$$\exp\left(-ik\frac{x_o x_L + y_o y_L}{z_L}\right) \qquad (6-21)$$

根据成像的高斯定理 $\dfrac{1}{z_L} - \dfrac{1}{f} = -\dfrac{1}{z_L'}$,有

$$u_L(x_L, y_L) = A\exp\left(ik\frac{x_o^2 + y_o^2}{2z_L}\right)\exp\left(-ik\frac{x_L^2 + y_L^2}{2}\frac{1}{z_L'}\right)$$

$$\exp\left(-ik\frac{x_o x_L + y_o y_L}{z_L}\right) \qquad (6-22)$$

式中 z_L' 为物体经过透镜成像的位置。同样可以得到出射光的空间频率为

$$f'_{ox} = -\frac{x_L}{\lambda z'_L} - \frac{x_o}{\lambda z_L} \tag{6-23}$$

或

$$f'_{ox} = f_{ox} - \frac{x_L}{\lambda z_L}\left(\frac{1+M}{M}\right) \tag{6-24}$$

式中，$M = \dfrac{z'_L}{z_L}$ 为透镜成像的放大率。下面讨论能够被记录的物体大小和其空间频率的关系。设计算全息图分辨率设置为 f_{hmax}，大小为 W_h，计算全息图紧靠透镜，令透镜孔径等于全息图大小 $x_{Lmax} = \dfrac{W_h}{2}$，物体大小为 W_o。于是，根据式 (6-24)，信息记录要求

$$f_{ox} - \frac{W_h}{2\lambda z_L}\left(\frac{1+M}{M}\right) \leqslant \frac{f_{hmax}}{2} \tag{6-25}$$

由式 (6-20) 有

$$f_{ox} = \frac{W_h - W_o}{2\lambda z_L} \tag{6-26}$$

由式 (6-25) 可以得到能够记录的最大物光波频率为

$$f_{oxmax} = \frac{f_{hmax}}{2} + \frac{W_h}{2\lambda z_L}\left(\frac{1+M}{M}\right) \tag{6-27}$$

由式 (6-26) 得到能够记录的物体最大宽度为

$$\begin{aligned}
W_o &= W_h - 2\lambda z_L f_{oxmax} \\
&= W_h - \lambda z_L f_{hmax} - \frac{1+M}{M}W_h
\end{aligned} \tag{6-28}$$

假设透镜成实像，则 $M < 0$。在计算全息图大小和空间频率确定的情况下，综合分析式 (6-27) 和式 (6-28)，可以得出

(1) 当 $M = -1$ 时，$\dfrac{1+M}{M} = 0$，能够被记录的物光波空间频率最大值 $f_{omax1} = \dfrac{f_{hmax}}{2}$；物体大小最大值为 $W_{omax} = W_h - \lambda z_L f_{hmax}$。此时和不加透镜时的情况一致。

(2) 当 $-1 < M < 0$ 时，$\dfrac{1+M}{M} < 0$，此时，能够记录的物光波频率小于 f_{omax1}，

即 $f_{omax} < \dfrac{f_{hmax}}{2}$，能够被记录的物体大小 $W_o > W_{omax}$，即 $W_o > W_h - \lambda z_L f_{hmax}$。这个结论说明，如果物体的空间频率本来就很小，$f_{Omax} < \dfrac{f_{hmax}}{2}$，则可以通过增加被记录物体的大小来充分利用全息图的分辨率。

（3）当 $M < -1$ 时，$\dfrac{1+M}{M} > 0$，此时，能够记录的物光波频率 $f_{omax} > \dfrac{f_{hmax}}{2}$，能够被记录的物体大小 $W_o < W_{omax}$，即 $W_o < W_h - \lambda z_L f_{hmax}$。这个结论说明，如果物体比较小，$W_o < W_h - \lambda z_L f_{hmax}$，则可以通过增加被记录物体空间频率来充分利用全息图的尺寸大小。

需要注意的是，利用透镜成像对物体进行缩放时，横向和纵向放大率是不一致的，或者说纵向放大率是横向放大率的平方倍。如果利用上述方法得到计算全息图进行再现，再现像不仅和原物大小不一致，而且对于三维物体，其三维像在横向和纵向将不成比例。可以借助光学的方法解决这一问题，其原理是将算好的计算全息图进行再现，在其再现光路中放置一透镜，透镜参数与全息图计算时设置的一致。利用光路可逆原理，可以再现出原物像。图 6-14 是计算时的模拟光路，图 6-15 是实际再现光路。然后将再现的像作为物体，记录其光学全息图，即可得到所期望的大视角或大视场全息图。

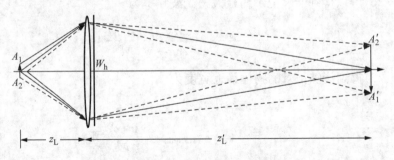

图 6-14　物体放大的计算全息模拟光路

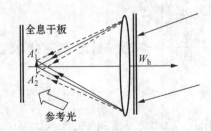

图 6-15　利用计算全息图获得光学全息图光路

6.5 计算机–光学联合彩色彩虹全息图

根据式(3-28),计算机制彩虹全息图的抽样间隔要求为 $\Delta_{RB} \leqslant \dfrac{1}{4f_{omax}}$,$f_{omax}$ 是物光波的最大频率,彩虹全息图的物光波最大空间频率由全息图的大小和对应的狭缝长度决定。设狭缝的长度为 L_s,记录波长为 λ,观察距离为 Z_e,则最大空间频率为:

$$f_{omax} = \frac{L_h + L_s}{2\lambda z_e}$$

抽样间隔为

$$\Delta_{RB} \leqslant \frac{\lambda z_e}{2(L_h + L_s)}$$

设 $L_h = 100$ mm,$L_s = 100$ mm,$\lambda = 0.46 \times 10^{-3}$ mm,$z_e = 300$ mm,代入上式计算可得:$f_{omax} = 0.73 \times 10^3$ mm^{-1};$\Delta_{RB} = 0.34 \times 10^{-3}$ mm。整个全息图的抽样点数为:$N_{RB} = \left(\dfrac{L_h}{\Delta_{RB}}\right)^2 = 8.6505 \times 10^{10}$。这里彩虹全息的抽样间隔是按照直射光与物光刚好分离计算的。由 3.2 节的分析不难看出,此时参考光的空间频率正好等于物光波的最大空间频率 f_{omax}。如果参考光为平行光,则可以算出入射参考光的夹角为 $\theta = \arcsin(\lambda f_{omax})$,对于本例 $\theta \approx 20°$。我们知道,在光学全息中,为了更加便于观察,参考光相对全息图的入射角往往都要大于 $40°$,如果按照这样的参考光形成全息图,则全息图的空间频率为

$$f_{hmax} = \frac{L_h + L_s}{2\lambda z_e} + \frac{\sin 40°}{\lambda} = 0.73 \times 10^3 \text{ mm}^{-1} + 1.397 \times 10^3 \text{ mm}^{-1} \approx 2.13 \times$$

10^3 mm^{-1},对应的全息图抽样间隔为 $\Delta_{RB} \leqslant 0.2347 \times 10^{-3}$ mm,整个全息图的抽样点数则为:$N'_{RB} \approx 1.82 \times 10^{11}$。

按照光学两步彩虹全息原理,彩虹全息图的“物”是来自狭缝处的菲涅耳全息 H1 的再现像。如果不直接计算彩虹全息图,而计算 H1,则 H1 的抽样点数为 $N_{H1} = \dfrac{L_s}{\Delta_{RB}} \times \dfrac{W_s}{\Delta_{RB}}$,$W_s$ 是狭缝的宽度,一般设置为 3 mm,由此得 $N_{H1} = 2.59 \times 10^9$。彩虹全息抽样点 N'_{RB} 是 N_{H1} 的 70 倍。

彩虹全息图中所包含的物体信息量和对应的 H1 信息量应该是一致的。但彩虹全息图和 H1 的数据量相差很大,直接计算彩虹全息对于计算量、存储容量和全

息图的微缩输出都提出更高的要求。

H1 实际上是一个长条形的菲涅耳全息图。我们可以先计算 H1,然后将 H1 成的像作为彩虹全息图的"物",利用光学方法进行第二次全息的拍摄,从而得到彩虹全息图。通过这样的方法,能充分利用计算全息图的灵活性,得到任意实际物体或者虚拟物体的全息图,并且可以控制影响全息质量的各个参数;又可以利用光学全息图空间分辨率高,容易实现大视角、大视场的优点。本节详细讨论计算制和光学联合制作彩色彩虹全息的原理和技术。

6.5.1 光学彩色彩虹全息原理及其存在的问题

在 5.3 节中,通过对彩色彩虹计算全息再现像颜色分析知道,再现像的色差与参物夹角有很大的关系。角度越大色差越小,但由于计算全息图图像输出技术的限制,参物夹角很难做大。

在光学彩色全息图制作技术当中,也有单波长三维漫射物体二步法彩色彩虹全息术[6]。其最大的特点是在拍摄第二步三原色像的合成全息时,使用了单一的激光波长,这样就解决了模压全息光刻制版的问题。该技术首先利用三原色激光拍摄彩色物体三原色分色菲涅耳全息,作为彩虹全息的 H1。三个分色全息分别是 H_{1r}, H_{1g}, H_{1b}。第二步拍摄彩虹全息时,用单一波长为 λ 的共轭参考光波 R_λ^* 再现三个分色全息图,将产生三个分色像。根据基元全息物像关系,物点、参考光源、再现光源、再现像之间的关系为

$$\frac{y_I}{z_I} = \frac{y_C}{z_C} + \frac{\lambda}{\lambda_{rgb}} \left(\frac{y_o}{z_o} - \frac{y_R}{z_R} \right) \tag{6-29}$$

$$\frac{1}{z_I} = \frac{1}{z_C} + \frac{\lambda}{\lambda_{rgb}} \left(\frac{1}{z_o} - \frac{1}{z_R} \right) \tag{6-30}$$

其中,$y_I, y_C, y_o, y_R (z_I, z_C, z_o, z_R)$ 分别表示再现像、再现光源、物点和参考光源在 y 轴(z 轴)上的坐标,λ_{rgb} 为计算全息图的记录波长,对于 H_{1r}, H_{1g}, H_{1b},λ_{rgb} 值不同,分别为 $\lambda_r, \lambda_g, \lambda_b$。很显然,一般情况下,由于纵向和横向放大率都不一致,三个分色再现像是不重合的。但如果考虑参考光为平面光波,即 $z_R = z_C = \infty$,$\frac{y_R}{z_R} = \frac{y_C}{z_C} = \tan\theta$,由式(6-29)和式(6-30)解得

$$z_I = \frac{\lambda_{rgb} z_o}{\lambda} \tag{6-31}$$

$$y_{\mathrm{I}} = y_{\mathrm{o}} + \left(\frac{\lambda_{\mathrm{rgb}}}{\lambda} - 1\right)z_{\mathrm{o}}\tan\theta \qquad (6-32)$$

即再现时三个再现像的位置分别为

$$\begin{cases} y_{\mathrm{r}} = y_{\mathrm{o}} + \left(\dfrac{\lambda_{\mathrm{r}}}{\lambda} - 1\right)z_{\mathrm{o}}\tan\theta, \ z_{\mathrm{r}} = \dfrac{\lambda_{\mathrm{r}}}{\lambda}z_{\mathrm{o}} \\[2mm] y_{\mathrm{g}} = y_{\mathrm{o}} + \left(\dfrac{\lambda_{\mathrm{g}}}{\lambda} - 1\right)z_{\mathrm{o}}\tan\theta, \ z_{\mathrm{g}} = \dfrac{\lambda_{\mathrm{g}}}{\lambda}z_{\mathrm{o}} \\[2mm] y_{\mathrm{b}} = y_{\mathrm{o}} + \left(\dfrac{\lambda_{\mathrm{b}}}{\lambda} - 1\right)z_{\mathrm{o}}\tan\theta, \ z_{\mathrm{b}} = \dfrac{\lambda_{\mathrm{b}}}{\lambda}z_{\mathrm{o}} \end{cases} \qquad (6-33)$$

式中，$(y_{\mathrm{o}}, z_{\mathrm{o}})$ 与 $(y_{\mathrm{r}}, z_{\mathrm{r}})$，$(y_{\mathrm{g}}, z_{\mathrm{g}})$，$(y_{\mathrm{b}}, z_{\mathrm{b}})$ 分别为物点的坐标和全息图 $H_{1\mathrm{r}}$，$H_{1\mathrm{g}}$，$H_{1\mathrm{b}}$ 再现像的坐标。可以看出，此时三个分色像横向有平移，但横向放大率都为 1。虽然纵向放大率仍不一致，但文献[6]已经证明，当第二步单波长彩虹全息的参考光仍为平行光时，最后的彩虹全息再现像的三个分色像纵向和横向放大率都为 1，可以保证三原色像精确重合。

在摄制第二步彩虹全息时，首先建立一新的坐标系，并调整 $H_{1\mathrm{r}}$，$H_{1\mathrm{g}}$，$H_{1\mathrm{b}}$ 的位置，使三分色像的某一截面精确重合于新坐标系的坐标原点所在的平面(比如 xoy 平面)。则在新坐标系中 $H_{1\mathrm{r}}$，$H_{1\mathrm{g}}$，$H_{1\mathrm{b}}$ 的坐标应为(如图 6 - 16 所示)

$$\begin{cases} y_1' = -y_{\mathrm{r}} = -\left[y_{\mathrm{o}} + \left(\dfrac{\lambda_{\mathrm{r}}}{\lambda} - 1\right)z_{\mathrm{o}}\tan\theta\right], \ z_1' = -z_{\mathrm{r}} = \dfrac{-\lambda_{\mathrm{r}}z_{\mathrm{o}}}{\lambda} \\[2mm] y_2' = -y_{\mathrm{g}} = -\left[y_{\mathrm{o}} + \left(\dfrac{\lambda_{\mathrm{g}}}{\lambda} - 1\right)z_{\mathrm{o}}\tan\theta\right], \ z_2' = -z_{\mathrm{g}} = \dfrac{-\lambda_{\mathrm{g}}z_{\mathrm{o}}}{\lambda} \\[2mm] y_3' = -y_{\mathrm{b}} = -\left[y_{\mathrm{o}} + \left(\dfrac{\lambda_{\mathrm{b}}}{\lambda} - 1\right)z_{\mathrm{o}}\tan\theta\right], \ z_3' = -z_{\mathrm{b}} = \dfrac{-\lambda_{\mathrm{b}}z_{\mathrm{o}}}{\lambda} \end{cases} \qquad (6-34)$$

可以证明式(6 - 34)的三个坐标是在同一直线上，且与再现光 R_λ^* 平行[7]。

第二步彩虹全息图的拍射光路如图 6 - 16 所示，再现这三个条形全息图的是再现光波前的同一部分。设三个主全息图为线性记录，再现 $H_{1\mathrm{r}}$ 的入射光分布为 R_λ^*，则出射光为

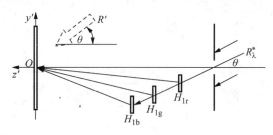

图 6 - 16　单波长二步彩色彩虹全息图拍摄光路

$$u'_r = R_\lambda^* I_r = R_\lambda^* [(|u_r|^2 + |R_r|^2) + u_r R_r^* + u_r^* R_r]$$
$$= R_\lambda^* (|u_r|^2 + |R_r|^2) + u_r R_r^* R_\lambda^* + u_r^* R_r R_\lambda^* \tag{6-35}$$

式中，$u_r^* R_r R_\lambda^*$ 为所需要的再现像，$R_\lambda^* (|u_r|^2 + |R_r|^2)$ 为直射光(零级)，它要继续入射到 H_{1g} 上，再现绿色信息像为

$$u'_g = R_\lambda^* (|u_r|^2 + |R_r|^2) I_g$$
$$= R_\lambda^* (|u_r|^2 + |R_r|^2)[(|u_g|^2 + |R_g|^2) + u_g R_g^* + u_g^* R_g]$$
$$= R_\lambda^* (|u_r|^2 + |R_r|^2)(|u_g|^2 + |R_g|^2) +$$
$$R_\lambda^* (|u_r|^2 + |R_r|^2) u_g R_g^* + R_\lambda^* (|u_r|^2 + |R_r|^2) u_g^* R_g \tag{6-36}$$

式中，$R_\lambda^* (|u_r|^2 + |R_r|^2) u_g^* R_g$ 为物体绿色信息再现象。零级出射光 $R_\lambda^* (|u_r|^2 + |R_r|^2)(|u_g|^2 + |R_g|^2)$ 继续入射到 H_{1b} 上，再现蓝色信息像为

$$u'_b = R_\lambda^* (|u_r|^2 + |R_r|^2)(|u_g|^2 + |R_g|^2) I_b$$
$$= R_\lambda^* (|u_r|^2 + |R_r|^2)(|u_g|^2 + |R_g|^2) \cdot$$
$$(|u_b|^2 + |R_b|^2 + u_b R_b^* + u_b^* R_b) \tag{6-37}$$

上式中再现实像部分为 $R_\lambda^* (|u_r|^2 + |R_r|^2)(|u_g|^2 + |R_g|^2) u_b^* R_b$。

通过分析，对于光学两步法单波长彩色彩虹全息制作技术，可以得到如下结论：

（1）由于再现三个全息图的入射光只利用了波面的同一条形区域，所以光能利用率极低。

（2）条形入射光再现 H_{1r} 后，光强将大大降低，而再次再现 H_{1g} 后，光强又大大降低了一次，当入射到 H_{1b} 上时能量已经很小。这样，三个主全息图的再现像亮度相差很大，很难进行亮度调整达到颜色匹配，结果是最终的彩色像将发生色彩失真。

（3）除了 H_{1r} 的再现像外，H_{1g} 的再现像中多了来自 H_{1r} 的卷积噪声，H_{1b} 的再现像中又多了来自 H_{1r} 和 H_{1g} 的卷积噪声。结果是一方面使得这两个再现像模糊，另一方面将使得最后的彩色再现像色彩饱和度下降。

上述问题的根源是三个全息图 H_{1r}，H_{1g} 和 H_{1b} 处在同一条直线上，且与再现光 R_λ^* 的位置一致，造成三个全息图之间前后遮挡。根据图 6-16

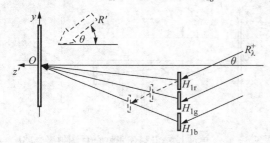

图 6-17 改进的单波长二步彩色彩虹全息图拍摄光路

的几何关系,如果把 H_{1g} 和 H_{1b} 沿着衍射光波的反方向平移,使之与 H_{1r} 处于同一平面上(图6-17)。这样,再现光波 R_λ^* 的光能可以均匀地分布在三个主全息图上,前述三大问题也就迎刃而解了。同时,为了保证平移后的三个全息图的再现像仍能重合,在记录 H_{1g} 和 H_{1b} 时必须对记录距离作一些修正。很显然,这样的解决办法,利用纯光学的技术是很难达到的。如果利用计算全息的方法来解决这一问题将变得很简单。

6.5.2　三分色菲涅耳全息图 H_{1r},H_{1g},H_{1b} 的计算

1) H_{1r},H_{1g},H_{1b} 计算位置的控制

假设期望三个全息图都处于红色分色全息图平面,即 $z_1' = -z_r$ 平面上,根据式 (6-34),则绿色和蓝色分色全息图距红色分色全息图位置之差分别为

$$\Delta z_{gr} = \frac{\lambda_r - \lambda_g}{\lambda} z_o, \quad \Delta z_{br} = \frac{\lambda_r - \lambda_b}{\lambda} z_o \qquad (6-38)$$

那么,在计算三分色菲涅耳全息图的时候,对于物体某一点,取三个全息图的计算平面分别为

$$z_{ro} = z_o, \quad z_{go} = z_o + \frac{\lambda_r - \lambda_g}{\lambda_g} z_o = \frac{\lambda_r}{\lambda_g} z_o, \quad z_{bo} = \frac{\lambda_r}{\lambda_b} z_o \qquad (6-39)$$

引入参考光,依次计算出物体的红、绿、蓝三张分色菲涅耳线全息图 H_{1r},H_{1g},H_{1b},如图6-18所示。

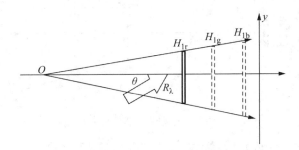

图 6-18　H_{1r},H_{1g},H_{1b} 的计算模拟记录

当用波长为 λ 的共轭参考光 $R_{1\lambda}^*$ 再现时,根据式(6-33),三分色像的位置分别为

$$y_r = y_o + (\lambda_r/\lambda - 1) z_{ro} \tan \theta_R, \quad z_r = \lambda_r/\lambda z_{ro}$$

$$y_g = y_o + (\lambda_g/\lambda - 1)z_{go}\tan\theta_R, \quad z_g = \lambda_g/\lambda z_{go}$$
$$y_b = y_o + (\lambda_b/\lambda - 1)z_{bo}\tan\theta_R, \quad z_b = \lambda_b/\lambda z_{bo} \tag{6-40}$$

当 $\lambda = \lambda_r$ 时,为了使三个像重合,由式(6-39)和式(6-34)可推出三个分色全息图的位置必须是

$$z_r = z_g = z_b = -z_o$$
$$y_r = -y_o$$
$$y_g = -y_o - (1 - \lambda_r/\lambda_g)z_o\tan\theta_R \tag{6-41}$$
$$y_b = -y_o - (1 - \lambda_r/\lambda_b)z_o\tan\theta_R$$

所以,当 H_{1r},H_{1g},H_{1b} 在如图(6-17)所示 z 方向保持同一平面上,在 y 方向按式(6-41)计算所得值放置时,它们对于处于 z_o 平面上的像能完全重合。

2) H_{1r},H_{1g},H_{1b} 垂直视差角一致的控制

从图6-18可以看出,由于不在同一个平面计算三个分色全息图,如果三个条形全息图宽度一致,就不能保证再现像的垂直视角一致。当我们的眼睛纵向有移动时,有可能发生缺像的现象。所以计算全息图时,首先判断物体上任意一点对于设定宽度的 H_{1r} 的视角大小,然后对于同一视角,计算 H_{1g},H_{1b} 的宽度。如图6-19所示,设物体在 y 方向宽度为 l,红色菲涅耳分全息图在 y 方向宽度为 a。则对于物面上的任意点 $(x_1, y_1, 0)$,对应绿色信息记录面 H_{1g} 上光波在 y 方向的分布范围,由几何关系易知为

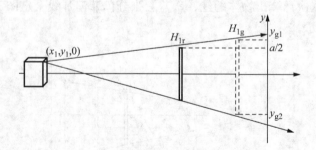

图 6-19 物点和线全息图的对应关系

$$y_{g1} = -\frac{2(\lambda_r - \lambda_g)}{\lambda_g}y_1, \qquad y_{g2} = \frac{\lambda_r}{\lambda_g}a - \frac{2(\lambda_r - \lambda_g)}{\lambda_g}y_1 \tag{6-42}$$

同理,对于蓝色信息记录面 H_{1b} 上光波的分布范围为

$$y_{b1} = -\frac{2(\lambda_r - \lambda_b)}{\lambda_b}y_1, \qquad y_{b2} = \frac{\lambda_r}{\lambda_b}a - \frac{2(\lambda_r - \lambda_b)}{\lambda_b}y_1 \tag{6-43}$$

因此,可以算出所有物点在记录区域上的光波分布,叠加后引入参考光获得全息图。

3) 单色激光合成彩色彩虹全息图

将计算全息图 H_{1r}, H_{1g}, H_{1b} 缩微输出到同一平面介质上,其位置可由式(6-41)计算确定(如图 6-17)。用波长为 λ_r 的共轭参考光 R_λ^* 再现 H_{1r}, H_{1g}, H_{1b},使三分色像横向在 z。截面完全重合,引入参考光,拍摄彩虹全息图。

可以将计算机和光学联合彩色彩虹全息图的制作过程用图 6-20 说明。

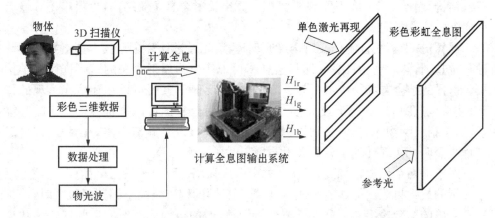

图 6-20　计算机和光学联合制作彩色彩虹全息图流程

(1) 物体彩色三维数据的获取和处理。物体可以是实际物体,也可以是虚拟物体。实际物体可以通过彩色数字三维扫描仪获取三维结构信息和纹理信息;虚拟物体由计算机设计。对于获取的数据要进行精心的修正处理,以获得比较理想的三维数据。

(2) 三分色菲涅耳全息图 H_{1r}, H_{1g}, H_{1b} 的计算。首先根据第 4 章彩色计算全息颜色匹配原理将彩色三维数据分解成三原色物体,选择好 RGB 系统的三色波长,然后根据第 3 章数字化全息抽样理论设计物体的尺寸、采样频率等参数,并由式(6-39)设置三原色物体离开全息面的距离 z_{H1g} 和 z_{H1b},以保证三分色菲涅耳全息图在单色激光再现时,三个再现像能够在纵向(z 方向)重合。

(3) 三分色菲涅耳全息图 H_{1r}, H_{1g}, H_{1b} 的缩微输出。可以用专用的计算全息图直写输出系统将按照步骤(2)计算获得的三分色菲涅耳全息图输出在同一块全息干板上得到 $H1$,其中三个条形全息图 H_{1r}, H_{1g}, H_{1b} 的间隔设置由式(6-41)决定。也可以将全息图 H_{1r}, H_{1g}, H_{1b} 通过绘图设备绘制出图,然后用照相机多次缩微翻拍,直到达到设计的分辨率。

(4) 单色激光记录彩色彩虹全息图。用 He-Ne 激光或者氩离子激光器再现

H1,引入一束与 z 轴夹角为 θ_{yR} 的平行光作为参考光,拍摄彩虹全息图。

6.6 计算机-光学联合反射全息图和大视角全息图

由于布拉格衍射效应,反射体积全息可以在自然环境光中或者在一般白光照明下观察到三维图像,观察视角大,其衍射效率可以达到 100%[7]。但通过计算的方法无法得到反射全息图,主要是因为反射全息是"体全息"。其全息条纹结构是三维结构,而不是平面结构。即使可以计算出反射全息条纹结构,也很难将其输出为实际的体全息图。

计算机-光学联合制作反射全息原理是,首先通过计算全息技术算出物体的菲涅耳全息图,然后利用计算菲涅耳全息图再现像作为反射全息的"物"进行光学拍摄。这样的结合有三个优点:第一,充分利用反射全息图可以在环境光再现的特点,使得全息图的三维显示更加自然;第二,反射全息图可以进行各种物体的三维显示,包括大型物体、自发光物体(如火焰、灯光等)以及虚拟物体等;第三,在自然环境光照明下实现计算全息的大视差角和大视场角显示。

对于前两个优点,我们已经在本书中多次强调。而对于第三个优点,应该是三维显示的最终目标。但如前所述,当计算全息图的编码条纹空间频率很高时,很难进行精确的缩微输出。根据 6.1 节分析知道,低的空间频率对应低的视差角和视场角,进而降低三维再现效果,这样就很难发挥计算全息三维显示的灵活性等优点。

根据计算全息特点和大视角的要求,可以先制作多视角低分辨率的计算全息图,然后将多视角低分辨率的计算全息图综合再现像作为"物"进行光学全息的拍摄。

如图 6-21 所示,设由于分辨率的限制计算全息图只能记录视角 Ω 以内光线的信息。为了获得角度 Ω 以外的光线全息图,可以模拟图 6-22 所示的光路计算

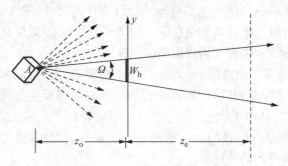

图 6-21 计算全息图视差角的限制

多个全息图 $H_0, H_{\pm 1}, H_{\pm 2}, \cdots, H_0, H_{\pm 1}, H_{\pm 2}, \cdots$ 依次有一位移。并且每一个全息图相对于 H_0 旋转 Ω 的角度,以保证每个全息图所记录到的光波对其张角也都小于 Ω。同时设置每一个计算全息图的参考光相对于全息图平面的入射角都相等。

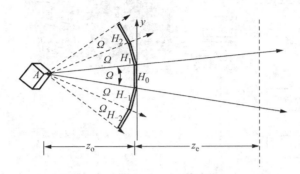

图 6-22　多视角计算全息图的模拟光路

　　然后将各个计算全息图按照计算时设置的角度放置,如图 6-23 所示。调节照射到每一个全息图上的再现光,使得各个全息图再现像完全重合,然后在再现像附近放置全息记录介质。根据参考光入射的方向不同,既可以记录透射全息图,也可以记录反射全息图,最后实现大视角全息图的制作。

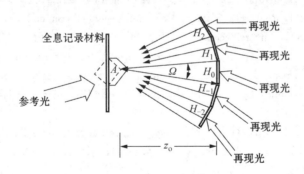

图 6-23　多视角计算全息图的再现

　　图 6-24 给出了计算机和光学联合反射全息制作技术原理图。其步骤与联合彩虹全息类似:首先是物体彩色三维数据的获取和处理,然后按照图 6-22 计算菲涅耳全息图 $H_0, H_{\pm 1}, H_{\pm 2}, \cdots$,最后按照图 6-23 再现 $H_0, H_{\pm 1}, H_{\pm 2}, \cdots$,并以其再现像作为新的物光,拍摄反射全息。需要说明的是,如果要制作彩色反射全息,必须用三原色波长分别计算原色物体的全息图,第二步反射全息图也必须用三原色激光再现和拍摄,感光材料必须是全色的。图 6-24 给出了计算机和光学联合反射全息图制作流程。

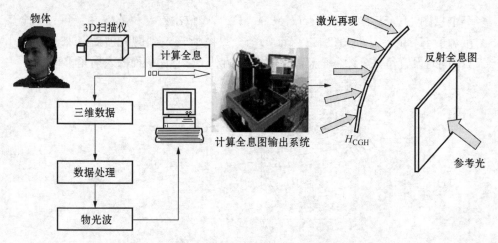

图 6 - 24　计算机和光学联合反射全息图制作流程

参考文献

［1］　虞国良,金国藩.计算机制全息图[M].北京：清华大学出版社,1984.

［2］　F. Gao, J. Zhu, Q. Huang, et al.. Electron-beam lithography to improve quality of computer-generated hologram[J]. Microelectronic Engineering, 2002, 61 - 62：363 - 369.

［3］　W. Cai, T. J. Reber, R. Piestun. Computer-generated volume holograms fabricated by femtosecond laser micromachining[J]. Opt. Lett. , 2006, 31 (12)：1836 - 1838.

［4］　Y. Shi, H. Wang, Y. Li et al.. Practical method for colorcomputer-generated rainbow holograms of real-existing objects[J]. Appl. Opt. , 2009, 48(24)：4219 - 4226.

［5］　W. Lukosz. Optical Systems with Resolving Powers Exceeding the Classical Limit[J]. J. Opt. Soc. Am. , 1966, 56(11)：1463 - 1471.

［6］　C. Jiang, C. Fan, L. Guo. Color image generation of a three-dimensional object with rainbow holography and a one -wavelength laser[J]. Appl. Opt. , 1994, 33 (11)：2111 - 2114.

［7］　王辉,彭保进,等.高质量三维物体真彩色全息图的制作[J],光学仪器,1995,17(4 - 5)：31 - 35.

第7章 数字全息三维信息检测

数字全息图是由数字光电成像器件记录得到的,其重构方式既可以利用计算机模拟光学衍射原理进行数字化光波再现,也可以像光学或计算全息一样,直接进行光学显示。数字全息的数字化光波再现可以对物体三维形貌进行定量测量和分析;而当直接用于光学再现时,可以实现实时三维显示。

7.1 数字全息三维光场重构原理

数字全息有两个特点,一是可以进行数字模拟再现,因而可以对再现的三维像进行分析和测量,二是可以进行实时全息三维显示,对于全息三维影视的发展具有巨大的潜在应用。由于高分辨率的实时显示器件尚不能满足全息显示的要求,因此数字全息在三维影视方面的应用尚处于初始研究阶段,而在光波场的模拟再现和检测方面已经在显微领域得到了很好的应用。2.4.2节讨论了数字全息物光波再现问题,得到的仅仅是携带物体(或再现像)信息的光的波前,如何从再现的波前中提取物体三维结构和纹理信息是本节要讨论的问题。

7.1.1 位相恢复方法

1) 包裹位相及其解包裹

第2章讨论了全息图数字再现的三种基本方法,不论哪一种方法,最后都可以获得像场某一平面上的光波复振幅分布 $U(x_i, y_i)$,它总可以写成如下形式:

$$U_D(x_i, y_i) = A(x_i, y_i) e^{i\varphi(x_i, y_i)} \tag{7-1}$$

上式的强度分布为

$$I_D(x_i, y_i) = |U_D(x_i, y_i)|^2 = A^2(x_i, y_i) \tag{7-2}$$

而其位相分布为

$$\varphi(x_i, y_i) = \arctan\left\{\frac{\text{Im}[U_D(x_i, y_i)]}{\text{Re}[U_D(x_i, y_i)]}\right\} \tag{7-3}$$

式中,Im 表示取复振幅的虚部,Re 表示取实部。

　　式(7-2)所表达的光强分布可以认为是普通的照相获得的像分布,如果物体纵向深度很小,或者成像的焦深很小,这个像的分布可以近似认为是像的纹理分布,而像的面形结构信息包含在式(7-3)之中。注意,在计算机数字处理中,式(7-3)所表达的位相是处于$[-\pi, \pi]$之间的包裹位相,为了得到反映物体信息的真实位相值,通常需要对式(7-3)进行位相解包裹运算。

　　有很多位相解包裹技术[1~4],下面以典型算法——傅里叶变换法说明其原理[1]。位相去包裹的过程可以用下式表示:

$$\varphi(x, y) = \varphi_w(x, y) + 2\pi n(x, y) \qquad (7-4)$$

式中,$\varphi(x, y)$为真实位相,$\varphi_w(x, y)$为包裹位相,$n(x, y)$是整数,x, y为像素的坐标。位相去包裹的过程实际上就是决定上式中的整数n。在通常的位相去包裹算法中,需要判断相邻点的位相差,如果它们超过了某个阈值,则把这个位相差看成是一个跳跃,然后相应地在后面的所有点加上2π的整数倍使该点与前面点的位相连续。这种做法就相当于对原来的位相作一个偏导数,然后再作一个积分。式(7-4)可以写成

$$\varphi_w(x, y) = \varphi(x, y) - 2\pi n(x, y)$$

令

$$P(x, y) = \exp[i\varphi_w(x, y)] = \exp\{i[\varphi(x, y) - 2\pi n(x, y)]\} \qquad (7-5)$$

对它进行两次偏微分,得

$$\frac{\partial}{\partial x} P(x, y) = \frac{\partial}{\partial x} \exp\{i[\varphi(x, y) - 2\pi n(x, y)]\}$$

$$= i \frac{\partial \varphi(x, y)}{\partial x} \exp\{i[\varphi(x, y) - 2\pi n(x, y)]\}$$

$$\frac{\partial^2}{\partial x^2} P(x, y) = i \frac{\partial^2 \varphi(x, y)}{\partial x^2} \exp\{i[\varphi(x, y) - 2\pi n(x, y)]\} -$$

$$\frac{\partial \varphi(x, y)}{\partial x} \frac{\partial \varphi(x, y)}{\partial x} \exp\{i[\varphi(x, y) - 2\pi n(x, y)]\}$$

$$\frac{\partial}{\partial y} P(x, y) = \frac{\partial}{\partial y} \exp\{i[\varphi(x, y) - 2\pi n(x, y)]\}$$

$$= i \frac{\partial \varphi(x, y)}{\partial y} \exp\{i[\varphi(x, y) - 2\pi n(x, y)]\}$$

$$\frac{\partial^2}{\partial y^2} P(x, y) = i \frac{\partial^2 \varphi(x, y)}{\partial y^2} \exp\{i[\varphi(x, y) - 2\pi n(x, y)]\} -$$

$$\frac{\partial\varphi(x, y)}{\partial y}\frac{\partial\varphi(x, y)}{\partial y}\exp\{\mathrm{i}[\varphi(x, y)-2\pi n(x, y)]\}$$

$$\frac{\partial^2}{\partial x^2}P(x, y)+\frac{\partial^2}{\partial y^2}P(x, y)=\nabla^2 P(x, y)$$

$$=\mathrm{i}\nabla^2\varphi(x, y)\exp\{\mathrm{i}[\varphi(x, y)-2\pi n(x, y)]\}-$$

$$\left(\frac{\partial\varphi(x, y)}{\partial x}\frac{\partial\varphi(x, y)}{\partial x}+\frac{\partial\varphi(x, y)}{\partial y}\frac{\partial\varphi(x, y)}{\partial y}\right)\cdot$$

$$\varphi(x, y)\exp\{\mathrm{i}[\varphi(x, y)-2\pi n(x, y)]\}$$

$$\frac{\nabla^2 P(x, y)}{\exp\{\mathrm{i}[\varphi(x, y)-2\pi n(x, y)]\}}=\mathrm{i}\nabla^2\varphi(x, y)-\nabla\varphi(x, y)\nabla\varphi(x, y)$$

$$\frac{\nabla^2 P(x, y)}{P(x, y)}=\mathrm{i}\nabla^2\varphi(x, y)-\nabla\varphi(x, y)\nabla\varphi(x, y)$$

可以得到

$$\mathrm{Im}\left[\frac{1}{P(x, y)}\nabla^2 P(x, y)\right]=\nabla^2\varphi(x, y) \tag{7-6}$$

式中，$\nabla^2=\dfrac{\partial^2}{\partial x^2}+\dfrac{\partial^2}{\partial y^2}$，是二维的离散拉普拉斯算符。$\mathrm{Im}[\cdot]$ 代表取虚部。将式 (7-5) 代入式 (7-6)，得

$$\mathrm{Im}\{\exp[-\mathrm{i}\varphi_{\mathrm{w}}(x, y)]\nabla^2\exp[\mathrm{i}\varphi_{\mathrm{w}}(x, y)]\}=\nabla^2\varphi(x, y)$$

$$\mathrm{Im}\{[\cos\varphi_{\mathrm{w}}(x, y)-\mathrm{i}\sin\varphi_{\mathrm{w}}(x, y)][\nabla^2\cos\varphi_{\mathrm{w}}(x, y)+\nabla^2\mathrm{i}\sin\varphi_{\mathrm{w}}(x, y)]\}=\nabla^2\varphi(x, y)$$

$$\mathrm{Im}[\cos\varphi_{\mathrm{w}}(x, y)\nabla^2\cos\varphi_{\mathrm{w}}(x, y)-\mathrm{i}\sin\varphi_{\mathrm{w}}(x, y)\nabla^2\cos\varphi_{\mathrm{w}}(x, y)+$$

$$\mathrm{i}\cos\varphi_{\mathrm{w}}(x, y)\nabla^2\sin\varphi_{\mathrm{w}}(x, y)+\sin\varphi_{\mathrm{w}}(x, y)\nabla^2\sin\varphi_{\mathrm{w}}(x, y)]=\nabla^2\varphi(x, y)$$

化简为

$$-\sin\varphi_{\mathrm{w}}(x, y)\nabla^2\cos\varphi_{\mathrm{w}}(x, y)+\cos\varphi_{\mathrm{w}}(x, y)\nabla^2\sin\varphi_{\mathrm{w}}(x, y)=\nabla^2\varphi(x, y)$$

即

$$\nabla^2\varphi(x, y)=\cos[\varphi_{\mathrm{w}}(x, y)]\nabla^2[\sin\varphi_{\mathrm{w}}(x, y)]-$$

$$\sin[\varphi_{\mathrm{w}}(x, y)]\nabla^2[\cos\varphi_{\mathrm{w}}(x, y)] \tag{7-7}$$

式 (7-7) 实际上是一个微分方程，在实际操作中，拉普拉斯算符可以利用傅里叶变换微分性质进行计算。设有函数 $f(x, y)$，由快速傅里叶变换和快速傅里叶逆变换得出

$$\nabla^2 f(x,\ y) = -\frac{4\pi^2}{N^2} FFT^{-1}\{(p^2 + q^2)FFT[f(x,\ y)]\} \qquad (7-8)$$

或

$$f(x,\ y) = -\frac{N^2}{4\pi^2} FFT^{-1}\left\{\frac{FFT[\nabla^2 f(x,\ y)]}{(p^2 + q^2)}\right\} \qquad (7-9)$$

上式的证明：

$$F(p,\ q) = \iint f(x,\ y)\exp[\mathrm{i}2\pi(xp + yq)]\mathrm{d}x\mathrm{d}y$$

$$f(x,\ y) = \iint F(p,\ q)\exp[-\mathrm{i}2\pi(xp + yq)]\mathrm{d}p\mathrm{d}q$$

$$\frac{\partial f(x,\ y)}{\partial x} = -\mathrm{i}2\pi\iint pF(p,\ q)\exp[-\mathrm{i}2\pi(xp + yq)]\mathrm{d}p\mathrm{d}q$$

$$= -\mathrm{i}2\pi F\{pF(p,\ q)\} = -\mathrm{i}2\pi F^{-1}\{pF[f(x,\ y)]\} \quad \frac{\partial^2 f(x,\ y)}{\partial x^2}$$

$$= (2\pi)^2\iint p^2 F(p,\ q)\exp[-\mathrm{i}2\pi(xp + yq)]\mathrm{d}p\mathrm{d}q$$

$$= (2\pi)^2 F^{-1}\{p^2 F[f(x,\ y)]\} \quad \frac{\partial^2 f(x,\ y)}{\partial y^2}$$

$$= (2\pi)^2\iint q^2 F(p,\ q)\exp[-\mathrm{i}2\pi(xp + yq)]\mathrm{d}p\mathrm{d}q$$

$$= (2\pi)^2 F^{-1}\{q^2 F[f(x,\ y)]\} \quad \frac{\partial^2 f(x,\ y)}{\partial x^2} + \frac{\partial^2 f(x,\ y)}{\partial y^2}$$

$$= (2\pi)^2 F^{-1}\{(p^2 + q^2)F[f(x,\ y)]\} \quad \frac{\partial^2 f(x,\ y)}{\partial x^2} + \frac{\partial^2 f(x,\ y)}{\partial y^2}$$

$$= (2\pi)^2 F^{-1}\{(p^2 + q^2)F[f(x,\ y)]\}$$

对于 $\sin\varphi_w(r), \cos\varphi_w(r)$ 和 $\varphi(r)$ 运用式(7-8)和式(7-9)，则有

$$\nabla^2[\sin\varphi_w(x,\ y)] = -\frac{4\pi^2}{MN} FFT^{-1}\{(p^2 + q^2)FFT[\sin\varphi_w(x,\ y)]\}$$

$$\nabla^2[\cos\varphi_w(x,\ y)] = -\frac{4\pi^2}{MN} FFT^{-1}\{(p^2 + q^2)FFT[\cos\varphi_w(x,\ y)]\}$$

$$(7-10)$$

$$\varphi(x,\ y) = -\frac{MN}{4\pi^2} FFT^{-1}\left\{\frac{FFT[\nabla^2\varphi(x,\ y)]}{(p^2 + q^2)}\right\} \qquad (7-11)$$

综合式(7-7)式(7-10)和式(7-11)，最后得到

$$\varphi'(x,\ y) = FFT^{-1}\frac{FFT\{\cos\varphi_{w}(x,\ y)FFT^{-1}(p^2+q^2)FFT[\sin\varphi_{w}(x,\ y)]\}}{p^2+q^2}-$$

$$FFT^{-1}\frac{FFT\{\sin\varphi_{w}(x,\ y)FFT^{-1}(p^2+q^2)FFT[\cos\varphi_{w}(x,\ y)]\}}{p^2+q^2}$$

$$(7-12)$$

其中，$(x,\ y)$ 和 $(p,\ q)$ 分别为空域和频域的坐标，FFT 和 FFT^{-1} 分别代表快速傅里叶变换和逆快速傅里叶变换，$N\times M$ 是总像素。

值得注意的是，快速傅里叶变换是将被变换函数看成一个周期函数的一个周期进行运算的，这就意味着边界上的 $n(x,\ y)$ 应该是相同的。为了达到这一目的，将原来 $N\times M$ 的包裹位相作镜像反射得到 $2N\times 2M$ 大小的矩阵作为新的包裹位相。这样，边界上的 n 自然就相等了，也就可以用正、逆傅里叶变换表示正、逆拉普拉斯算符了。

虽然从式(7-12)得出的位相是唯一的，但是这个位相不一定是完全展开的。为此，将这个位相作为新的包裹位相进行多次迭代求解。迭代公式为：

$$\varphi_{j+1}(x,\ y) = \varphi_{j}(x,\ y) + 2\pi\,\mathrm{round}\left[\frac{\varphi'(x,\ y)-\varphi_{j}(x,\ y)}{2\pi}\right] \quad (7-13)$$

式中，j 表示迭代次数（$j=0$ 时对应着初始包裹位相 $\varphi_{w}(x,\ y)$），round 是取整函数。

本书数字文件（下载地址：www. jiaodapress. com. cn/uploadfile/download/《数字化全息三维显示与检测》数字文件. rar）中 DGHLrecon. m 文件是用 Matlab 语言编制的数字全息再现程序，再现像的相位分布就是通过傅里叶变换法解包裹求出的。

在实际应用中，位相去包裹存在一些困难：一方面由于激光散斑噪声和数字化噪声的存在，使得位相展开容易出错；另一方面，为了满足采样定理，要求相邻采样点正确的位相分布的位相差必须小于 π，因此实际物体本身突变将引起位相展开出现误差，这就要求有效消除包裹位相中的不连续点。为了解决这些问题，除了基于傅里叶变换的位相解包裹算法，还提出了很多位相去包裹的算法[2~4]，例如逐行逐点去包裹算法、分割线算法、元胞自动监控算法、洪水填充法、区域分割法、最小二乘去包裹算法等。可以参阅相关文献了解这些算法，此处不再详述。

2）物体表面结构与位相关系

数字全息位相恢复的目的是试图通过位相分布和物体结构参数（表面的起伏、

厚度、折射率等)分布的关系得到物体的三维重构。但位相分布与物体这些参数的关系是很复杂的,下面仅分析位相分布与物体面形的关系。

一个物体表面,宏观上看是粗糙的,但在微观上可以看成是一个个凹凸起伏的"平滑"表面,可以利用一个反映凸凹起伏的函数(面形函数)$z_o = f(x, y)$ 来表示面形的变化。在图 7-1 中,选取靠近物体的 $Q(z = D_0)$ 平面为参考物平面(对应再现时的像平面),在记录全息时,设照明光线$\overrightarrow{q_1 p}$与 z 轴夹角为 θ_i,经过物点 (x, y, z_o)反射后的光线$\overrightarrow{pq_2}$与 z 轴的夹角为 θ_r,q_1 和 q_2 分别是入射光线和出射光线与参考物平面的交点,设其坐标分别为(x_1, y_1, D_0)和(x_2, y_2, D_0)。假设物点(x, y)面形的法线与 Z 轴的夹角为 θ_n,可以证明 $\theta_r = 2\theta_n - \theta_i$。根据简单的几何原理(图 7-1),可以得到$\overrightarrow{q_1 p}$和$\overrightarrow{pq_2}$的光程分别为

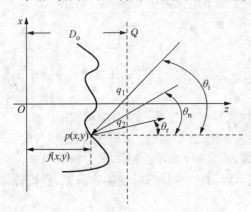

图 7-1　光线在物体表面反射的光程计算示意图

$$\overline{q_1 p} = \sqrt{(x_1 - x)^2 + (y_1 - y)^2 + [D_0 - f(x, y)]^2} \tag{7-14}$$

$$\overline{pq_2} = \sqrt{(x_2 - x)^2 + (y_2 - y)^2 + [D_0 - f(x, y)]^2} \tag{7-15}$$

相对于参考物平面,光线出射点(x_2, y_2, D_0)和入射点(x_1, y_1, D_0)的位相差可以表示为

$$\varphi(x_2, y_2) = \frac{2\pi}{\lambda}(\overline{q_1 p} + \overline{pq_2})$$

$$= \frac{2\pi}{\lambda} \left\{ \begin{array}{l} \sqrt{(x_1 - x)^2 + (y_1 - y)^2 + [D_0 - f(x, y)]^2} + \\ \sqrt{(x_2 - x)^2 + (y_2 - y)^2 + [D_0 - f(x, y)]^2} \end{array} \right\} \tag{7-16}$$

下面仅以 x 方向简化上述关系。根据已经给出的几何条件,可以得到

$$x_1 = [D_0 - f(x, y)]\tan\theta_i + x$$

$$x_2 = [D_0 - f(x, y)]\tan\theta_r + x$$

$$= [D_0 - f(x, y)]\tan(2\theta_n - \theta_i) + x \tag{7-17}$$

$$\varphi(x_2) = \frac{2\pi}{\lambda}\{\sqrt{[D_0 - f(x, y)]^2\tan^2\theta_i + [D_0 - f(x, y)]^2} +$$

$$\sqrt{[D_0 - f(x, y)]^2 \tan^2(2\theta_n - \theta_i) + [D_0 - f(x, y)]^2}\}$$

$$= \frac{2\pi}{\lambda}[D_0 - f(x, y)]\{\sqrt{\tan^2\theta_i + 1^2} + \sqrt{\tan^2(2\theta_n - \theta_i) + 1}\}$$

$$= \frac{2\pi}{\lambda}[D_0 - f(x, y)]\left\{\frac{1}{\cos\theta_i} + \frac{1}{\cos(2\theta_n - \theta_i)}\right\} \tag{7-18}$$

假设 $f(x, y)$ 变化很缓慢(可以通过对物体进行预放大的方法得到[5]), $\theta_n \sim \theta_i$ 并且 $Q(z=D_0)$ 平面与物体表面的距离很近,则 $D_0 \sim f(x, y)$。由式(7-17)可见, $x_2 \approx x_1 \approx x$, 则式(7-18)可以简化为

$$\varphi(x) = \frac{4\pi}{\lambda}[D_0 - f(x, y)]\frac{1}{\cos\theta_i} \tag{7-19}$$

因而在已知位相分布情况下,可求得面形分布为

$$f(x, y) = D_0 - \frac{\lambda\varphi(x, y)}{4\pi}\cos\theta_i \tag{7-20}$$

如果 $f(x, y)$ 变化比较剧烈,或者纵向深度变化比较大时,则难以满足 $D_0 \sim f(x, y)$,因而 $x_2 \neq x_1$,位相与面形分布的关系式(7-20)就不适用了。对于深度变化比较大的物体,需要在不同平面处对物体进行分层再现,然后将得到的不同层面的位相信息相组合,才能得到物体的整体形貌。

7.1.2　聚焦度评价方法

利用位相恢复的方法进行物体三维结构的再现和测量一般仅仅适用于数字全息显微技术中,如果目标是宏观物体或者是粒子场,由式(7-3)表示的位相分布是难以得到正确的解包裹位相的。

1) 数字再现像分布特征

式(7-1)是像面复振幅分布的一般表达式,它的具体形式是数字全息图的衍射积分式(2-76)。

$$U(x_i, y_i) = \frac{z_i}{i\lambda}\iint_{\Sigma} U_h(x_h, y_h)\frac{\exp\left\{i\frac{2\pi}{\lambda}[z_i^2 + (x_i - x_h)^2 + (y_i - y_h)^2]^{1/2}\right\}}{\sqrt{z_i^2 + (x_i - x_h)^2 + (y_i - y_h)^2}}\mathrm{d}x_h\mathrm{d}y_h$$

$$\tag{7-21}$$

仅考虑物光波共轭光的衍射,设采用菲涅耳近似再现算法,其具体表达式为

$$U_{id}(x_i, y_i) = A \exp\left[-\frac{i\pi}{\lambda d}(x_i^2 + y_i^2)\right] \cdot$$

$$\iint O^*(x_h, y_h) \exp\left[i\frac{2\pi}{\lambda d}(x_h x_i + y_h y_i)\right] \exp\left[-\frac{i\pi}{\lambda d}(x_h^2 + y_h^2)\right] dx_h dy_h \quad (7-22)$$

$O^*(x, y)$ 可以表示成会聚于不同点 (x_i, y_i, d_{oi}) 处球面波的叠加，会聚点即为像点。在数学上 $O^*(x, y)$ 可以表示成像点叠加的形式：

$$O^*(x_h, y_h; x_i, y_i) = \sum_i^N B_i \exp\left[i\frac{\pi}{\lambda d_{oi}}(x_h^2 + y_h^2)\right] \cdot$$

$$\exp\left[i\frac{\pi}{\lambda d_{oi}}(x_i^2 + x_i^2)\right] \exp\left[-i\frac{2\pi}{\lambda d_{oi}}(x_h x_i + y_h x_i)\right] \quad (7-23)$$

于是式(7-22)可以表示为

$$U_{id}(x_i, y_i) = A \exp\left[-\frac{i\pi}{\lambda d}(x_i^2 + y_i^2)\right] \exp\left[i\frac{\pi}{\lambda d_{oi}}(x_{oi}^2 + x_{oi}^2)\right] \cdot$$

$$\sum_i^N B_i \iint \exp\left[-i\frac{\pi}{\lambda}\left(\frac{1}{d} - \frac{1}{d_{oi}}\right)(x_h^2 + y_h^2)\right] \cdot$$

$$\exp\left\{i\frac{2\pi}{\lambda}\left[\left(\frac{x_i}{d} - \frac{x_{oi}}{d_{oi}}\right)x_h + \left(\frac{y_i}{d} - \frac{y_{oi}}{d_{oi}}\right)y_h\right]\right\} dx_h dy_h \quad (7-24)$$

如果像点处于所选取的再现平面上，即 $d_{oi} = d$，上式为

$$U_{id}(x_i, y_i) = A \exp\left[-\frac{i\pi}{\lambda d_{oi}}(x_i^2 + y_i^2)\right] \exp\left[i\frac{\pi}{\lambda d_{oi}}(x_{oi}^2 + x_{oi}^2)\right] \cdot$$

$$\sum_i^N B_i \iint \exp\left[-i\frac{2\pi}{\lambda}\left(\frac{x_i - x_{oi}}{d_{oi}}x_h + \frac{y_i - y_{oi}}{d_{oi}}y_h\right)\right] dx_h dy_h$$

$$= A \sum_i^N B_i \delta\left(\frac{x_i - x_{oi}}{\lambda d_{oi}}, \frac{y_i - y_{oi}}{\lambda d_{oi}}\right) \quad (7-25)$$

显然，对于 $d_{oi} = d$ 的会聚点，积分结果为 δ 函数，即为像点。而 $d_{oi} \neq d$ 的会聚点，在选择平面上则形成弥散斑。

2) 聚焦度评价进行三维像重构

由上一节的分析可知，在一个确定的再现平面上，式(7-24)和式(7-25)表示再现面上的光场分布是像点和离焦像的混合分布。从图7-2可以看出位于选择平面上的像点形成的是清晰的聚焦度很好的像点；不在选择平面上的像点弥散成一个光斑。所以，对于有足够对比度的粒子场物体，当像点恰好位于选择平面时，有最大的灰度级变化；离焦像的灰度则因模糊而平均化，像点离选择平面越远，灰

度级变化越小。本算法就是在大量的再现二维光强分布中，寻找出具有最大灰度级变化的选择平面，从而确定再现三维像点的深度信息。

按照图 7-2，模拟再现一系列不同像面位置的二维光强分布，相邻像面间的深度间隔相等。可以采用矩阵形式来讨论二维光强分布。设再现 L 幅二维光强分布，每幅二维光强分布的大小为 M 行、N 列，即有 L 个 $M \times N$ 的光强分布矩阵，如图 7-3 所示。

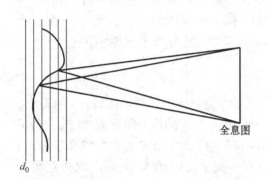

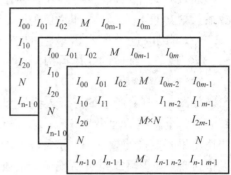

图 7-2　2D 再现光强分布平面的位置示意图　　　图 7-3　$M \times N$ 的光强分布矩阵

在模拟再现二维光强分布时，各相邻二维光强分布平面的深度间距相等，均为 Δz，以 d_0 选择平面为基准，各个二维分布平面的相对深度可表示为

$$z_k = k\Delta z \qquad k = 1, 2, \cdots, L \qquad (7-26)$$

如果将模拟再现的三维像看作是由许多个极小的区域组成的，则认为每个小区域具有近似相同的深度信息。所以可以将模拟再现的二维光强分布面分成许多个小区域，称作样本区域。假设样本区域取样点数为 $m \times n$，则每个选择平面上具有的样本序列为

$$m' = 1, 2, 3, \cdots, M'\left(= \frac{M}{m}\right)$$

$$n' = 1, 2, 3, \cdots, N'\left(= \frac{N}{n}\right) \qquad (7-27)$$

在选择的平面 z_k 上，第 (m', n') 个样本区域内聚焦度为

$$\gamma_{(m'n')z_k} = \frac{1}{m \times n} \sum_{i=1}^{m} \sum_{j=1}^{n} \left[I_{(m'n')z_k}(i, j) - \bar{I}_{(m'n')z_k}\right]^2 \qquad (7-28)$$

式中，$I_{(m'n')z_k}(i, j)$ 表示选择平面 z_k 上第 (m', n') 个样本区域内各点的光强，

$\overline{I}_{(m'n')z_k}$ 为小区域内光强分布平均值。不同的选择平面,第 (m',n') 个样本区域一一对应,可以得到 L 个第 (m',n') 样本区域内的聚焦度为

$$\gamma_{(m'n')z_1},\ \gamma_{(m'n')z_2},\ \gamma_{(m'n')z_3},\ \cdots,\ \gamma_{(m'n')z_L} \tag{7-29}$$

对这 L 个聚焦度值进行比较,找出最大的聚焦度值,并记录下其所处的再现光强分布面的幅数 k,由式(7-26)计算得到该样本区域像的相对深度。

通过对 L 个聚焦度矩阵中的所有 (m',n') 样本的对应聚焦度值进行比较,寻找最大聚焦度值的运算,即可确定每个样本区域的像的位置。至于平面坐标 (x,y),可以取这个样本区域内的平均值。这样,就得到了三维值阵 $(x_{m'},y_{n'},z_{m'n'})$,实现了三维像的立体重构。

3) 一个实验验证

如图 7-4(a)所示的三维人头模型作为数字全息图的记录物体,物体的深度为 1.5 cm。全息图的大小为 5 mm×5 mm,物体离全息图的最近距离为 20 cm。利用快速傅里叶变换的算法,进行式(7-24)的积分,得到再现实像的二维光场分布。模拟再现了 70 幅二维光强分布,光强分布平面采样间隔为 10 μm,取样点数为 $M=1\,998,N=1\,998$。相邻平面纵向间隔为 0.2 mm。计算聚焦度时,样本区域的像素点数为 6×6,所以样本区域数为 $M'=333,N'=333$,再现得到的像点间隔月 6 μm×10 μm。图 7-4(b)给出了实验结果。

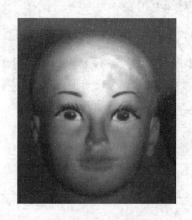

(a) 原始三维物体二维像

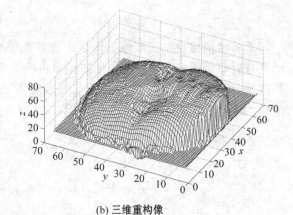

(b) 三维重构像

图 7-4　聚焦度评价三维重构实验结果

这里有两个值得注意的问题。第一个是计算聚焦度时,样本区域像素点数的选择问题。像素点数选择得太少,聚焦度会对噪声和像重叠更为敏感,从而导致错误的深度估计。对于那些低对比度的物体尤其需要较多的像素点数。最优的像素

点数要通过反复的实验获得。第二个问题是再现光强分布的幅数选择问题。再现幅数越多,得到的深度值越精细,但计算越费时。

7.2　数字全息零级和共轭像的消除

在数字全息中,零级斑和孪生像产生的噪声严重影响了重构像的质量,零级像和共轭像的消除仍是目前数字全息研究的重要课题。一种最简单的抑制零级斑和孪生像影响的方法是采用离轴数字全息技术,当显示像、孪生像和零级斑的空间频谱满足空间分离条件时,三者将相互不干扰。但离轴全息不能充分利用光电成像器件有限的像素数,记录的信息量大为减少,因此这一纪录方式将进一步降低再现像的分辨率。在3.2.2节讨论数字全息抽样问题时,证明当记录光路为同轴傅里叶变换全息时,可以得到最大信息量的记录,显然,最大信息量的记录与再现像的分离是一对矛盾。在数字全息中,图像记录器件的有限分辨率使得对信息量最大化记录的要求更为重要,因此探索同轴全息的零级像和共轭像消除问题是数字全息重要的课题之一[8]。在已经提出的很多方法中,相移数字全息是一个有效技术。

7.2.1　相移数字全息基本原理

相移数字全息技术是由 Yamaguchi 和 Zhang 提出的[9]。其基本思想是:在全息图记录过程中,通过相移装置(如波片、压电陶瓷等)在参考光路或者物光光路中引入已知相移量,人为地改变两相干波面的相对位相,利用成像器件记录相应的数字全息图,然后运用简单的四则运算对所记录的多幅全息图进行处理,直接得到原始物光波复振幅分布,以实现被记录物体的再现。

图 7-5 是典型的同轴相移数字全息记录光路,光路中加入了相移装置(PSD)。

首先利用成像器件记录相移前的全息图 I_1,然后利用相移器使参考光的位相值相对相移前的位相值分别改变 $\pi/2, \pi$ 和 $3\pi/2$,并记录相应的全息图 I_2, I_3, I_4,存储于计算机中,所记录的四幅数字全息图分别为

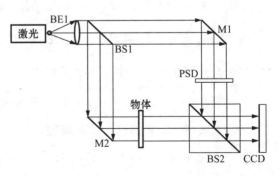

图 7-5　同轴相移数字全息的实验光路

$$I_1 = |O|^2 + |R|^2 + O(\xi, \eta)R^*(\xi, \eta) + O^*(\xi, \eta)R(\xi, \eta) \tag{7-30}$$

$$I_2 = |O|^2 + |R|^2 + O(\xi, \eta)R^*(\xi, \eta)\exp\left(-\mathrm{i}\frac{\pi}{2}\right) + O^*(\xi, \eta)R(\xi, \eta)\exp\left(\mathrm{i}\frac{\pi}{2}\right)$$

$$= |O|^2 + |R|^2 - \mathrm{i}O(\xi, \eta)R^*(\xi, \eta) + \mathrm{i}O^*(\xi, \eta)R(\xi, \eta) \tag{7-31}$$

$$I_3 = |O|^2 + |R|^2 + O(\xi, \eta)R^*(\xi, \eta)\exp(-\mathrm{i}\pi) + O^*(\xi, \eta)R(\xi, \eta)\exp(\mathrm{i}\pi)$$

$$= |O|^2 + |R|^2 - O(\xi, \eta)R^*(\xi, \eta) - O^*(\xi, \eta)R(\xi, \eta) \tag{7-32}$$

$$I_4 = |O|^2 + |R|^2 + O(\xi, \eta)R^*(\xi, \eta)\exp\left(-\mathrm{i}\frac{3\pi}{2}\right) + O^*(\xi, \eta)R(\xi, \eta)\exp\left(\mathrm{i}\frac{3\pi}{2}\right)$$

$$= |O|^2 + |R|^2 + \mathrm{i}O(\xi, \eta)R^*(\xi, \eta) - \mathrm{i}O^*(\xi, \eta)R(\xi, \eta) \tag{7-33}$$

很明显,利用式(7-30)~式(7-33)可以得到

$$O(\xi, \eta) = \frac{I_1 - I_3 + \mathrm{i}(I_2 - I_4)}{4R^*(\xi, \eta)} \tag{7-34}$$

$O(\xi, \eta)$ 和 $O^*(\xi, \eta)$ 是互为共轭的像,根据 $R(\xi, \eta)$ 设置情况(最简单的情况可以设置为平行光),计算 $O(\xi, \eta)$ 的衍射即可得到数字再现像。这样就实现了有效消除零级和共轭像的目的。

7.2.2　简化相移技术

在实际应用中,相移次数越多,对系统和元件的稳定性要求越高,产生误差的机会越多,所以上述的相移全息技术很难实现。下面介绍一种简化的相移数字全息技术,设已经拍摄了如下两幅全息图:

$$I_1 = |O|^2 + |R|^2 + O(\xi, \eta)R^*(\xi, \eta) + O^*(\xi, \eta)R(\xi, \eta) \tag{7-35}$$

$$I_2 = |O|^2 + |R|^2 - \mathrm{i}O(\xi, \eta)R^*(\xi, \eta) + \mathrm{i}O^*(\xi, \eta)R(\xi, \eta) \tag{7-36}$$

第二个全息图相对第一个有 π/2 相移。将 I_2 乘以虚数 i,得

$$\mathrm{i}I_2 = \mathrm{i}\{|O|^2 + |R|^2\} + O(\xi, \eta)R^*(\xi, \eta) - O^*(\xi, \eta)R(\xi, \eta) \tag{7-37}$$

进一步让式(7-35)和式(7-37)相加,得

$$I_1 + \mathrm{i}I_2 = (\mathrm{i}+1)(|O|^2 + |R|^2) + 2O(\xi, \eta)R^*(\xi, \eta) \tag{7-38}$$

显然,上式表明共轭像已被消除,但还有与零级有关的项 $(\mathrm{i}+1)(|O|^2 + |R|^2)$,

$|O|^2$ 是物光波强度分布，$|R|^2$ 是参考光强度分布。如果 $|O|^2$ 和 $|R|^2$ 也分别被记录，则可以计算出

$$I_{OR} = (i+1)(|O|^2 + |R|^2) \qquad (7-39)$$

结合式(7-38)和式(7-39)，可以得到

$$O(\xi, \eta) = \frac{I_1 + iI_2 - I_{OR}}{2R^*(\xi, \eta)} \qquad (7-40)$$

本方法也记录了四次：$I_1, I_2, |O|^2$ 和 $|R|^2$，但只有一次相移，大大降低了技术要求。另外，对于一个稳定的测量系统，变化的应该只有物光波 O，参考光可以设置不变，例如将参考光设置为平行光，则 $|R|^2 =$ 常数，这就意味着，简化后的相移技术并不一定需要记录 $|R|^2$。

7.2.3　基于分区计算的零级和共轭像的消除

尽管相移数字全息术是最有学术影响的方法。但由于在记录光路中需要精密的相移元件和拍摄多幅全息图，使其实用性受到影响。下面再讨论一种不需相移的消零级和共轭像的技术。

1) 原理分析

设采用与图 7-5 相同的光路记录同轴全息，光路不设置相移装置。采用菲涅耳近似，参考光分在记录面上的复振幅分布为

$$R(x, y) = A \exp\left[i2\pi\left(\frac{x^2+y^2}{2\lambda z}\right)\right] rect\left(\frac{x}{N\Delta d}\right) rect\left(\frac{y}{M\Delta d}\right) \quad (7-41)$$

式中，M, N 分别是全息图在 x 和 y 方向的像素数，Δd 是记录器件像素间隔，为讨论方便，设参考光振幅 $A = 1$。

利用成像器件依次记录全息图、参考光、物光三帧光强分布：

$$I(x, y) = |O(x, y) + R(x, y)|^2 = I_O + I_R + OR^* + O^*R \quad (7-42)$$

$$I_R(x, y) = |R(x, y)|^2 \qquad (7-43)$$

$$I_O(x, y) = |O(x, y)|^2 \qquad (7-44)$$

利用上述三个光强分布可以计算得到

$$I_c(x, y) = I(x, y) - I_R(x, y) - I_O(x, y) = OR^* + O^*R \quad (7-45)$$

上式仅剩下原始像和共轭像。现在把 $I_c(x, y)$ 分成四个分区,如图 7-6 所示。分别以每一个分区中心为原点,建立新的坐标系,新的坐标系中心坐标分别为

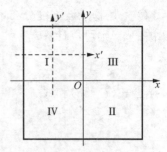

图 7-6 全息图分区及其坐标变换示意图

$$x_{Rk} = (-1)^k \frac{M\Delta d}{4} = (-1)^k x_R \quad (k = 1, 2)$$

$$y_{Rk} = (-1)^{k-1} \frac{N\Delta d}{4} = (-1)^{k-1} y_R \quad (k = 1, 2)$$

$$x_{Rk} = (-1)^{k-1} \frac{M\Delta d}{4} = (-1)^{k-1} x_R \quad (k = 3, 4)$$

$$y_{Rk} = (-1)^{k-1} \frac{N\Delta d}{4} = (-1)^{k-1} y_R \quad (k = 3, 4)$$

$$(7-46)$$

式中,$x_R = \dfrac{M\Delta d}{4}$,$y_R = \dfrac{N\Delta d}{4}$。四个分区中的参考光分布可以写成

$$R'_k(x' + x_{Rk}, y' + y_{Rk})$$
$$= A \exp\left[i2\pi \frac{(x' + x_{Rk})^2 + (y' + y_{Rk})^2}{2\lambda z}\right]$$
$$= A \exp\left(i2\pi \frac{x_R^2 + y_R^2}{2\lambda z}\right) \exp\left(i2\pi \frac{x'^2 + y'^2}{2\lambda z}\right) \exp\left[i2\pi\left(\frac{x' x_{Rk} + y' y_{Rk}}{\lambda z}\right)\right]$$
$$= R'(x', y') \exp\left[i2\pi\left(\frac{x' x_{Rk} + y' y_{Rk}}{\lambda z}\right)\right] \quad (k = 1, 2, 3, 4) \qquad (7-47)$$

式中,$R'(x', y') = A \exp\left(i2\pi \dfrac{x_R^2 + y_R^2}{2\lambda z}\right) \exp\left(i2\pi \dfrac{x'^2 + y'^2}{2\lambda z}\right)$,式(7-45)在四个分区中的分布分别为

$$I_{ck}(x, y) = I'_{ck}(x' + x_{Rk}, y' + y_{Rk}) = O'_k R'^*_k + O'^*_k R'_k \quad (k = 1, 2, 3, 4)$$

$$(7-48)$$

式中,O'_k,O'^*_k 是四个分区的物光和对应的共轭光。

现在讨论各子复数全息图的空间频谱分布,设 $\mathcal{R}'(\xi, \eta) = \mathcal{F}\{R'(x', y')\}$,$\mathcal{F}$ 表示傅里叶变换运算,根据傅里叶变换性质,则 R'_k 和 R'^*_k 的傅里叶变换为

$$\mathcal{R}'_k(\xi, \eta) = \mathcal{F}\left[R'_k(x' + x_{Rk}, y' + y_{Rk})\right] = \mathcal{R}'\left(\xi - \frac{x_{Rk}}{\lambda z}, \eta - \frac{y_{Rk}}{\lambda z}\right)$$

$$\mathscr{R}'^*_k(\xi,\,\eta) = \mathscr{F}\left[\,R'^*_k(x'+x_{Rk},\,y'+y_{Rk})\right] = \mathscr{R}'^*\left(\frac{x_{Rk}}{\lambda z}-\xi,\,\frac{y_{Rk}}{\lambda z}-\eta\right)$$

因此,式(7-48)的傅里叶变换为

$$
\begin{aligned}
\mathscr{I}_k(\xi,\,\eta) &= \mathscr{F}\left[\,I'_{Ck}(x'+x_{Rk},\,y'+y_{Rk})\right]\\
&= \mathscr{F}\left[\,O'_k(x',y')\right]\exp[\mathrm{i}2\pi(\xi x_{Rk}+\eta y_{Rk})] * \mathscr{R}'^*_k(\xi,\,\eta)+\\
&\quad \mathscr{F}\left[\,O'^*_k(x',y')\right]\exp[-\mathrm{i}2\pi(\xi x_{Rk}+\eta y_{Rk})] * \mathscr{R}'^*_k(\xi,\,\eta)\\
&= \mathscr{F}\left[\,O'_k(x',y')\right]\exp[\mathrm{i}2\pi(\xi x_{Rk}+\eta y_{Rk})] * \mathscr{R}'^*\left(\frac{x_{Rk}}{\lambda z}-\xi,\,\frac{y_{Rk}}{\lambda z}-\eta\right)+\\
&\quad \mathscr{F}\left[\,O'^*_k(x',y')\right]\exp[-\mathrm{i}2\pi(\xi x_{Rk}+\eta y_{Rk})] * \mathscr{R}'\left(\xi-\frac{x_{Rk}}{\lambda z},\,\eta-\frac{y_{Rk}}{\lambda z}\right)
\end{aligned}
$$

$$(7-49)$$

例如对于 I 区,上式可进一步写成

$$
\begin{aligned}
\mathscr{I}_1(\xi,\,\eta) &= \mathscr{F}\left[\,I'_1(x'+x_{R1},\,y'+y_{R1})\right]\\
&= \mathscr{F}\left[\,O'_1(x',\,y')\right]\exp[\mathrm{i}2\pi(-\xi x_R+\eta y_R)] * \mathscr{R}'^*\left(-\frac{x_R}{\lambda z}-\xi,\,\frac{y_R}{\lambda z}-\eta\right)+\\
&\quad \mathscr{F}\left[\,O'^*_k(x',\,y')\right]\exp[-\mathrm{i}2\pi(-\xi x_R+\eta y_R)] * \mathscr{R}'\left(\xi+\frac{x_R}{\lambda z},\,\eta-\frac{y_R}{\lambda z}\right)
\end{aligned}
$$

$$(7-50)$$

物光频谱及其共轭光频谱分别被参考光调制到对称的高频区,如图 7-7 所示,从而可以实现物光和共轭光的分离。

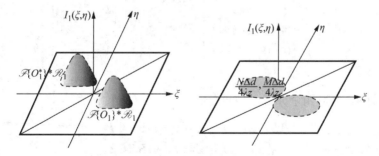

图 7-7 分区全息图空间频谱分布及谱分离条件

结合式(7-50)和图 7-7,可以看出,谱分离的条件是

$$\rho_{o\max} \leqslant \frac{\Delta d}{4\lambda z}\sqrt{N^2+M^2} \qquad (7-51)$$

另外三个分区的频谱如图 7-8 所示。

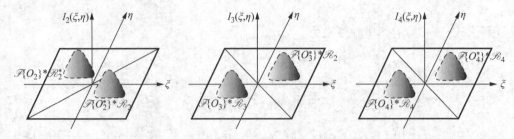

图 7-8　分区 Ⅱ,Ⅲ,Ⅳ 全息图空间频谱分布

2) 共轭像消除算法

首先,定义空间矩形数组提取矩阵,用于分别提取式(7-45)的四个分区,它们的形式是

$$\boldsymbol{RECT}_1 = \begin{bmatrix} 1 & \cdots & 1 & 0 & \cdots & 0 \\ 1 & \cdots & 1 & 0 & \cdots & 0 \\ 1 & \cdots & 1 & 0 & \cdots & 0 \\ 0 & \cdots & 0 & 0 & \cdots & 0 \\ 0 & \cdots & 0 & 0 & \cdots & 0 \\ 0 & \cdots & 0 & 0 & \cdots & 0 \end{bmatrix} \quad \boldsymbol{RECT}_2 = \begin{bmatrix} 0 & \cdots & 0 & 0 & \cdots & 0 \\ 0 & \cdots & 0 & 0 & \cdots & 0 \\ 0 & \cdots & 0 & 0 & \cdots & 0 \\ 0 & \cdots & 0 & 1 & \cdots & 1 \\ 0 & \cdots & 0 & 1 & \cdots & 1 \\ 0 & \cdots & 0 & 1 & \cdots & 1 \end{bmatrix}$$

$$\boldsymbol{RECT}_3 = \begin{bmatrix} 0 & \cdots & 0 & 1 & \cdots & 1 \\ 0 & \cdots & 0 & 1 & \cdots & 1 \\ 0 & \cdots & 0 & 1 & \cdots & 1 \\ 0 & \cdots & 0 & 0 & \cdots & 0 \\ 0 & \cdots & 0 & 0 & \cdots & 0 \\ 0 & \cdots & 0 & 0 & \cdots & 0 \end{bmatrix} \quad \boldsymbol{RECT}_4 = \begin{bmatrix} 0 & \cdots & 0 & 0 & \cdots & 0 \\ 0 & \cdots & 0 & 0 & \cdots & 0 \\ 0 & \cdots & 0 & 0 & \cdots & 0 \\ 1 & \cdots & 1 & 0 & \cdots & 0 \\ 1 & \cdots & 1 & 0 & \cdots & 0 \\ 1 & \cdots & 1 & 0 & \cdots & 0 \end{bmatrix}$$

$$(7-52)$$

通过如下计算,提取四个分区的信息分布:

$$I_{C1}(x, y) = I_C(x, y)\boldsymbol{RECT}_1$$
$$I_{C2}(x, y) = I_C(x, y)\boldsymbol{RECT}_2$$
$$I_{C3}(x, y) = I_C(x, y)\boldsymbol{RECT}_3$$
$$I_{C4}(x, y) = I_C(x, y)\boldsymbol{RECT}_4 \qquad (7-53)$$

然后分别对式(7-53)进行傅里叶变换,得到式(7-49)的分布。图 7-7 或图 7-8 表明,可以从各个频谱中提取所需的物光空间频谱或其共轭空间频谱,定义

TRI_1, TRI_2, TRI_3 和 TRI_4 分别是提取右下、左上、左下和右上三角矩阵的函数：

$$TRI_1 = \begin{bmatrix} 0 & 0 & \cdots & 0 & 0 \\ 0 & 0 & \cdots & 0 & 1 \\ 0 & 0 & \cdots & 1 & 1 \\ 0 & 0 & 1 & 1 & 1 \\ 0 & 1 & \cdots & 1 & 1 \end{bmatrix}, TRI_2 = \begin{bmatrix} 1 & 1 & \cdots & 1 & 0 \\ 1 & 1 & \cdots & 0 & 0 \\ 1 & 1 & \cdots & 0 & 0 \\ 1 & 0 & 0 & 0 & 0 \\ 1 & 0 & \cdots & 0 & 0 \end{bmatrix}$$

$$TRI_3 = \begin{bmatrix} 0 & 0 & \cdots & 0 & 0 \\ 1 & 0 & \cdots & 0 & 0 \\ 1 & 1 & \cdots & 0 & 0 \\ 1 & 1 & 1 & 0 & 0 \\ 1 & 1 & \cdots & 1 & 0 \end{bmatrix}, TRI_4 = \begin{bmatrix} 0 & 1 & \cdots 1 \cdots & 1 & 1 \\ 0 & 0 & \cdots & 1 & 1 \\ 0 & 0 & \cdots & 1 & 1 \\ 0 & 0 & 0 & 0 & 1 \\ 0 & 0 & \cdots & 0 & 0 \end{bmatrix}$$

$$(7-54)$$

矩阵行列数分别是 $M \times N$。通过下述运算可以得到四个分区物光共轭空间频谱分别为

$$O_{R1}(\xi, \eta) = \mathscr{F}\{I_{C1}(x, y)\}TRI_1 = \mathscr{I}_1(\xi, \eta)TRI_1$$
$$O_{R2}(\xi, \eta) = \mathscr{F}\{I_{C2}(x, y)\}TRI_2 = \mathscr{I}_2(\xi, \eta)TRI_2$$
$$O_{R3}(\xi, \eta) = \mathscr{F}\{I_{C3}(x, y)\}TRI_3 = \mathscr{I}_3(\xi, \eta)TRI_3$$
$$O_{R4}(\xi, \eta) = \mathscr{F}\{I_{C4}(x, y)\}TRI_4 = \mathscr{I}_4(\xi, \eta)TRI_4 \qquad (7-55)$$

事实上，利用式(7-55)得到的频谱是各个分区物光波频谱和共轭参考光波频谱的卷积，即 $O_{Rk}(\xi, \eta) = O_k(\xi, \eta) * \mathscr{R}_k^*(\xi, \eta)$。各个分区子全息图平面物光波的分布可以通过下式获取：

$$O_1(x, y) = \mathscr{F}^{-1}\{O_{R1}(\xi, \eta)\}R_1(x, y)$$
$$O_2(x, y) = \mathscr{F}^{-1}\{O_{R2}(\xi, \eta)\}R_2(x, y)$$
$$O_3(x, y) = \mathscr{F}^{-1}\{O_{R3}(\xi, \eta)\}R_3(x, y)$$
$$O_4(x, y) = \mathscr{F}^{-1}\{O_{R4}(\xi, \eta)\}R_4(x, y)$$

$$(7-56)$$

最后，根据全息图的类型，从物光波中可以再现出各个分区像的复振幅分布，将各个分区像的复振幅进行叠加，可得到完整的再现像。另外，由于傅里叶变换是线性变换，可以将各个分区频谱直接叠加，再对整个频谱进行傅里叶变换，也可得到完整的再现像。图 7-9 给出了算法的流程。

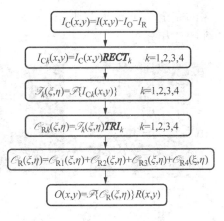

图 7-9　全息图分区和再现像的
提取算法流程

3) 一个验证实验

采用图 7‐10 所示的像面数字全息进行实验,实验所用 CCD 像素尺寸为 $8.6\ \mu m \times 8.3\ \mu m$,有效像素数为 $1\ 024 \times 868$,光敏面积为 $6.4\ mm \times 4.8\ mm$,速度为 16 帧/秒。通过计算机控制快门 1 和快门 2 与 CCD 曝光同步,依次记录参考光光强、物光光强和全息图。虽然这里记录了三次,但因为仅仅是控制快门和摄像同步,没有任何相移或其他移动操作,所以既简单,又快速。

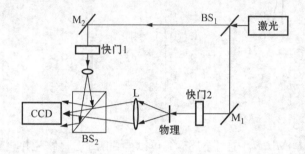

图 7‐10　同轴像面数字全息实验光路

利用位相物体(鉴别率板)进行实验,图 7‐11(a)是所记录的全息图,图 7‐11(b)是原全息图的空间频谱,图 7‐11(c)是去除零级项以后的空间频谱。此时原始像的空间频谱和共轭像的空间频谱还是混在一起的。图 7‐12 是将去除零级项以后的"全息图"数据分成四个分区的示意图。图 7‐13 是四个分区的全息图的空间频谱,可以看出,每一个频谱两个共轭分布沿着数组的对角线对称分布。图 7‐14 是抽取了图 7‐13 的三角矩阵以后的结果,它们分别对应了待再现像的空间频谱,图 7‐15 是将图 7‐14 的四个分区频谱进行相加后,得到待再现像的完全空间频谱。图 7‐16 是对图 7‐15 的空间频谱进行傅里叶变换后,得到的位相分布。

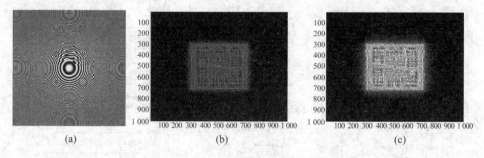

(a)　　　　　　　　(b)　　　　　　　　(c)

图 7‐11　(a) 数字全息图;(b) 全息图空间频谱;(c) 消除零级项后空间频谱

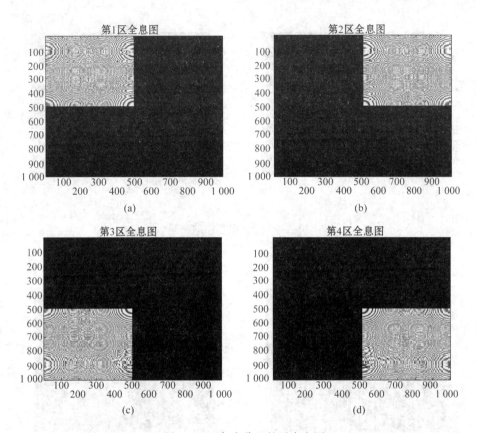

图 7 - 12　各个分区的子全息图

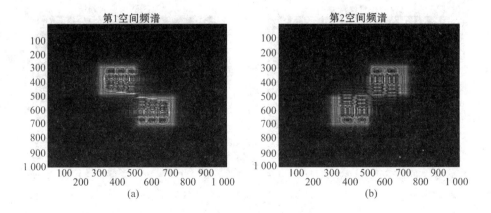

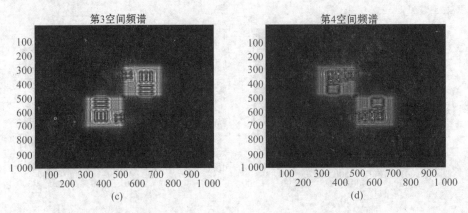

图 7 - 13   各个分区全息图的空间频谱

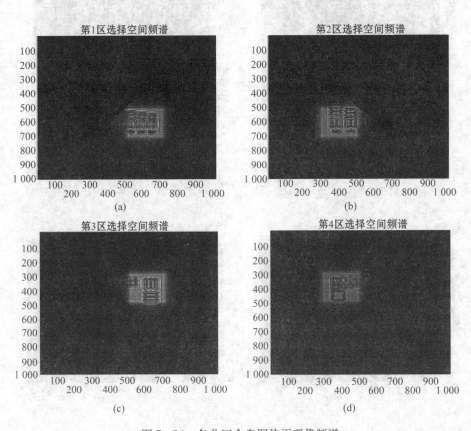

图 7 - 14   各分区全息图待再现像频谱

物光波完整空间频谱

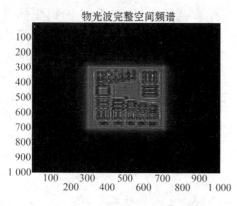

图 7-15　待再现像的空间频谱

物体相位像再现

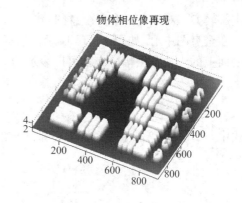

图 7-16　再现像位相分布

7.3　大视角数字全息图

数字全息最大的特点是可以对三维或位相物体的结构信息进行定量分析,但是由于记录器件有限的空间带宽积,使得全息图的高频信息不能被有效地记录,对于面形检测而言,分辨率与视角相对应,因而重构像视角被限制。增大再现视角和信噪比的一个有效的方法是综合孔径技术[12,13],即记录物体多幅不同波矢量空间分量的子全息图,然后对各子全息图的再现光场进行复振幅叠加或强度叠加得到再现像。下面介绍两种综合孔径获得大视角数字全息的技术。

7.3.1　空域拼接大视角数字全息

所谓空域是相对于频域而言的。空域拼接大视角数字全息和 6.8 节实现大视角计算全息图类似,其要点是按照图 7-17 所示光路记录多幅数字全息图。每次记录全息图时,必须调整记录器件的位置和参考光入射角,以保证各个视角的光波都能满足记录条件。下面以点全息为例来分析其原理。

设所有子全息图都围绕物体中心 A_0 点且距离为 z_0 处记录,设记录器件对于 A_0 点的张角为 Ω,则相邻子全息图依

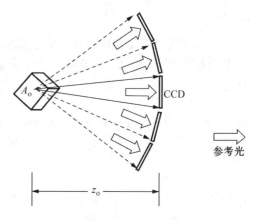

图 7-17　综合孔径大视角数字全息

次旋转 Ω。对于每一个子全息图,建立一个坐标系,全息图平面为 xy 平面,坐标原点在全息图中心,如图 7-18 所示。这样对于每一个全息图,物点 A_o 在全息记录平面上的光波复振幅分布都可以表示为

$$u_A(x_n,\ y_n) = a\exp\left[\mathrm{i}\,\frac{2\pi}{\lambda}\sqrt{x_n^2+y_n^2+z_o^2}\right] \tag{7-57}$$

式中,x_n,y_n 是第 n 个全息图坐标系中的坐标, $n=0,\pm1,\pm2,\pm3,\cdots$

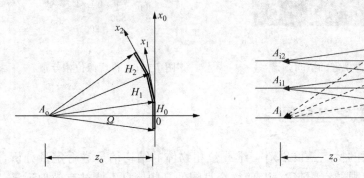

图 7-18　子全息图和物体相对位置　　　　图 7-19　子全息图再现像点位置

　　再现时,将所有子全息图拼接到一个平面上,如果模拟再现是理想的,则每一子全息图都再现对应的像点,不同的子全息图再现的位置如图 7-19 所示。在再现坐标系中,每一个像点对应再现平面上的光波复振幅为

$$u_{A_{in}}(x,\ y) = a\exp\left[-\mathrm{i}\,\frac{2\pi}{\lambda}\sqrt{(x-nL_{ccd})^2+y^2+z_o^2}\right]$$

$$\frac{L_{ccd}}{2}+(n-1)L_{ccd} \leqslant x \leqslant \frac{L_{ccd}}{2}+nL_{ccd} \tag{7-58}$$

式中,L_{ccd} 是每一个全息图在 x 方向上的长度。我们希望任一个子全息图再现的光波都应该会聚到 A_i 点,对于第 n 个子全息图,会聚到 A_i 点的光波复振幅分布要求为

$$u_{A_i}(x,\ y) = a\exp\left[-\mathrm{i}\,\frac{2\pi}{\lambda}\sqrt{x^2+y^2+z_o^2}\right]$$

$$\frac{L_{ccd}}{2}+(n-1)L_{ccd} \leqslant x \leqslant \frac{L_{ccd}}{2}+nL_{ccd} \tag{7-59}$$

比较式(7-58)和式(7-59),对于第 n 个子全息图模拟再现得到的像光波 $u_{A_{in}}(x,\ y)$ 进行如下运算,即可得到

$$u_{A_i}(x, y) = \frac{u_{A_{in}}(x, y)\exp\left(-\mathrm{i}\dfrac{2\pi}{\lambda}\sqrt{x^2+y^2+z_o^2}\right)}{\exp\left[-\mathrm{i}\dfrac{2\pi}{\lambda}\sqrt{(x-nL_{ccd})^2+y^2+z_o^2}\right]}$$

$$\frac{L_{ccd}}{2}+(n-1)L_{ccd} \leqslant x \leqslant \frac{L_{ccd}}{2}+nL_{ccd}$$

7.3.2　频域拼接大视角数字全息

利用相干图像处理系统记录数字全息图,在空间频谱面设置可移动的滤波孔,随着孔径的移动,记录不同谱段的子全息图。再现时,首先对子全息图进行数字傅里叶变换,重构对应的频谱段,并对频谱段进行拼接形成完整的物光频谱,最后对整个频谱再次进行傅里叶变换,从而获得像的重构。根据傅里叶变换的相移性质,如果全息图在记录过程中发生了位相移动,其频谱将发生空间位移,这样可以直观地在谱面上反映出来,便于进行拼接修正。

1) 记录光路分析

在图 7 - 20 所示的成像系统中,物体位于透镜 L1 的前焦面,SF 是空间频谱面也是透镜 L1 和 L2 的共焦面,记录平面位于 L2 的后焦面上,它类似于滤波成像的 4F 系统。设物面、SF 面和记录平面 xy 坐标的下标分别为 o,sf 和 i,物光波复振幅为 $u_o(x_o, y_o)$,在 SF 平面上的光场分布为

$$U_o(\xi_1, \eta_1) = \mathscr{F}\left[u_o(x_o, y_o)\right] \tag{7-60}$$

式中,$\xi_1 = \dfrac{x_{sf}}{\lambda f_1}$,$\eta_1 = \dfrac{y_{sf}}{\lambda f_1}$。

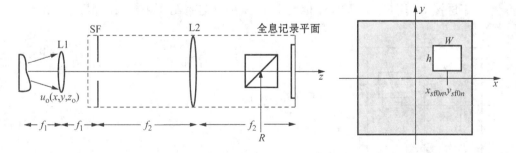

图 7 - 20　全息图记录示意图　　　　图 7 - 21　矩形孔滤波器示意图

在频谱面上放置矩形孔滤波器,其中心保持与透镜 L2 光轴同轴,虚框内系统

可以整体平移(图 7 - 21)。设矩形孔尺寸为 $w \times h$，随着平移，中心位置变化为

$$x_{\text{sf}0n} = nw, \ y_{\text{sf}0m} = mh, \ n = 0, \pm 1, \pm 2, \cdots, \pm N, \ m = 0, \pm 1, \pm 2, \cdots, \pm M$$

当频谱面上所有频谱分量都覆盖时，窗口移动的次数为 $(2N+1)(2M+1)$。矩形窗口对应的频率窗口函数为

$$Fw_{nm}(\xi_1 - \xi_{10n}, \ \eta_1 - \eta_{10m}) = \text{rect}\left(\frac{\xi_1 - \xi_{10n}}{\xi_{1w}}\right)\text{rect}\left(\frac{\eta_1 - \eta_{10m}}{\eta_{1h}}\right) \quad (7-61)$$

式中，$\xi_{1w} = \dfrac{w/2}{\lambda f_1}$，$\eta_{1h} = \dfrac{h/2}{\lambda f_1}$，$\xi_{10n} = \dfrac{x_{\text{sf}0n}}{\lambda f_1}$，$\eta_{10m} = \dfrac{y_{\text{sf}0m}}{\lambda f_1}$，$\xi_{1w}$，$\eta_{1h}$ 和 ξ_{10n}，η_{10m} 分别为矩形频率窗口大小及其中心频率。

该区域内的频谱分布可以表达为

$$U_{nm}(\xi_1, \ \eta_1) = U_o(\xi_1, \ \eta_1)Fw_{nm}(\xi_1 - \xi_{10n}, \ \eta_1 - \eta_{10m}) \quad (7-62)$$

由于 L1 和 L2 的焦距不同，相对于由 L2 形成的傅里叶变换系统，上式应该写成

$$U_{nm}(\xi_2, \ \eta_2) = U_o(\xi_2, \ \eta_2)Fw_{nm}(\xi_2 - \xi_{20n}, \ \eta_2 - \eta_{20m})$$

$$\xi_2 = \frac{x_{\text{sf}}}{\lambda f_2}, \ \eta_2 = \frac{y_{\text{sf}}}{\lambda f_2}; \ \xi_{2n0} = \frac{x_{\text{sf}n0}}{\lambda f_2}, \eta_{2m0} = \frac{\lambda_{\text{sf}m0}}{\lambda f_2} \quad (7-63)$$

虚线框内所包含的是一可整体移动的傅里叶变换全息系统，随着移动，谱面的不同频谱分量的全息图可以被记录。设整个频谱可以分解成 $(2N+1)(2M+1)$ 个不重叠的密接窗口，则谱面整个频谱分布可以写成

$$U(\xi_2, \ \eta_2) = \sum_{-N}^{N} \sum_{-M}^{M} U_o(\xi_2, \ \eta_2)Fw_{nm}(\xi_2 - \xi_{20n}, \ \eta_2 - \eta_{20m}) \quad (7-64)$$

相对于透镜 L2 而言，SF 平面坐标发生了平移，新坐标与原坐标关系为

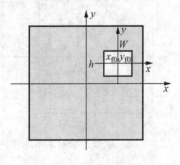

图 7 - 22 频谱窗口示意图

$$x'_{\text{sf}} = x_{\text{sf}} - x_{\text{sf}0n}, \ y'_{\text{sf}} = y_{\text{sf}} - y_{\text{sf}0n}$$

如图 7 - 22 所示，将上式代入式(7 - 63)，得到

$$U_{nm}(\xi'_2, \ \eta'_2) = U_o(\xi'_2 + \xi_{20n}, \ \eta'_2 + \eta_{20m})Fw(\xi'_2, \ \eta'_2) \quad (7-65)$$

式中，$\xi'_2 = \dfrac{x'_{\text{sf}}}{\lambda f_2}$，$\eta'_2 = \dfrac{y'_{\text{sf}}}{\lambda f_2}$，此时，$x'_{\text{sf}}$，$y'_{\text{sf}}$ 坐标原点就是窗口的中心，窗口函数应该为

$$Fw(\xi_2', \eta_2') = \text{rect}\left(\frac{\xi_2'}{\xi_{2w}}\right)\text{rect}\left(\frac{\eta_2'}{\eta_{2h}}\right)$$

并且

$$\xi_{2w} = \frac{w/2}{\lambda f_2}, \quad \eta_{2h} = \frac{h/2}{\lambda f_2} \tag{7-66}$$

记录时整体移动虚框内的系统,移动间隔为:在 x 方向为 w,在 y 方向为 h。每移动一次记录一幅全息图,被记录的第 (n, m) 个全息图的物光波信息为

$$u_{inm}(x_i, y_i) = \mathscr{F}\{U_o(\xi_2 + \xi_{20n}, \eta_2 + \eta_{20m})Fw(\xi_2', \eta_2')\} \tag{7-67}$$

全息图分布为

$$I(x_i, y_i) = |u_{inm}(x_i, y_i)|^2 + |R|^2 + Ru_{inm}^*(x_i, y_i) + R^* u_{inm}(x_i, y_i)$$

对上式乘以参考光 R,并对其进行傅里叶逆变换,即可得到物光波被记录的频谱。

$$U_{nm}(\xi_2', \eta_2') = U_o(\xi_2' + \xi_{20n}, \eta_2' + \eta_{20m})Fw(\xi_2', \eta_2') \tag{7-68}$$

对于所有的滤波窗口,上式的频谱分量都是处于坐标中心的。为了再现原物体的象,必须对上式进行重新拼接。拼接原理就是将上述频谱坐标平移 $-x_{sf0n}$,$-y_{sf0m}$,新的坐标为

$$x_{sf}'' = x_{sf}' + x_{sf0n} = x_{sf}, \quad y_{sf}'' = y_{sf}' + y_{sf0n} = y_{sf}$$

显然,移动后式(7-68)变为

$$U_{nm}(\xi_2, \eta_2) = U_o(\xi_2, \eta_2)Fw(\xi_2 - \xi_{20n}, \eta_2 - \eta_{20m})$$

对所有窗口频谱进行拼接,重现 SF 平面的原频谱分布式(7-64):

$$U(\xi_2, \eta_2) = \sum_{-N}^{N}\sum_{-M}^{M}U_{nm}(\xi_2, \eta_2) = \sum_{-N}^{N}\sum_{-M}^{M}U_o(\xi_2, \eta_2)Fw(\xi_2 - \xi_{20n}, \eta_2 - \eta_{20m})$$

对上式再次进行傅里叶变换即可得到重构像。

2) 滤波窗口大小的选取

滤波窗口大小的选择应该保证其所形成的全息图能够被记录器件有效地记录。设参考光为平行于 xz 平面的平行光且与 z 轴夹角为 θ,则形成的全息图最大空间频率为

$$f_x = \xi_{2w} + \frac{\sin\theta}{\lambda} = \frac{w/2}{\lambda f_2} + \frac{\sin\theta}{\lambda} \tag{7-69}$$

设记录器件像素间隔为 d,按照抽样定理,抽样频率至少为干涉条纹频率的两倍,即要求

$$\frac{1}{d} > 2\left(\frac{w/2}{\lambda f_2} + \frac{\sin\theta}{\lambda}\right) \tag{7-70}$$

或者对滤波孔的要求为

$$w \leqslant 2\lambda f_2\left(\frac{1}{2d} - \frac{\sin\theta}{\lambda}\right) = \left(\frac{\lambda}{d} - 2\sin\theta\right)f_2 \tag{7-71}$$

滤波孔的最小值是零,所以要求参考光入射角为

$$\sin\theta \leqslant \frac{\lambda}{2d} \tag{7-72}$$

上述讨论没有考虑再现时零级光与再现像的分离条件,如果采用相移技术,分离条件可以不考虑。就一般情况而言,讨论分离条件还是很重要的。根据式(7-71)的要求设置滤波孔径,结合式(7-66),则物光的频谱宽度为

$$\xi_{2w} = \frac{w}{2\lambda f_2} = \frac{\left(\frac{\lambda}{d} - 2\sin\theta\right)}{2\lambda} = \frac{1}{2d} - \frac{\sin\theta}{\lambda} \tag{7-73}$$

根据零级光和再现像分离条件 $\dfrac{\sin\theta}{\lambda} \geqslant 3\xi_{2w} = 3\left(\dfrac{1}{2d} - \dfrac{\sin\theta}{\lambda}\right)$,解之得

$$\sin\theta \geqslant \frac{3\lambda}{8d} \tag{7-74}$$

结合式(7-72),最后得到对参考光的要求为

$$\frac{\lambda}{2d} \geqslant \sin\theta \geqslant \frac{3\lambda}{8d} \tag{7-75}$$

利用式(7-71),可以求得对滤波孔径的限制为

$$0 \leqslant w \leqslant \frac{1}{4}\frac{\lambda}{d}f_2 \tag{7-76}$$

窗口的高度 h 方向不存在参考光问题,所以从参照式(7-67),可得

$$0 \leqslant h \leqslant \frac{\lambda}{d}f_2 \tag{7-77}$$

3）实验原理验证

根据图 7－20 所示的原理设计实验光路如图 7－23 所示，虚线框内系统固定在一维数控精密移动平台上。实验中使用 He－Ne 激光，波长为 632.8 nm，功率约为 60 mW。L_1 和 L_2 为双胶合傅里叶变换透镜，焦距分别为 50 mm 和 180 mm，孔径分别为 30 mm 和 50 mm，组成的相干图像处理系统的放大倍率约为 3.6 倍。BS1，BS2 和 BS3 为分束镜，M1，M2 为反射镜。CCD 是由 PointGrey 公司生产的Grasshopper－50S5 型，像素数为 1 024×1 024，像元大小为 3.45 μm×3.45 μm。数控精密移动平移台的型号是 Zolix TSA 300－B，分辨率为 2.5 μm，重复定位精度<3 μm，运动平行度和运动直线度分别为<10 μm/100 mm 和<15 μm/100 mm。

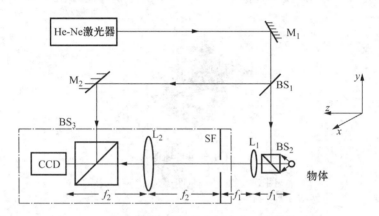

图 7－23　实验光路虚线框部分固定在二维数控平台上

利用本系统分别对光滑的缝纫针表面和微透镜阵列表面进行测量。在空间频谱面 SF 上光场分布区域约为 15 mm×15 mm，实验时，在 SF 上放置 5 mm×5 mm 的矩形选谱孔。在二维数控平台控制下整体移动虚线框内的成像记录系统。对于缝纫针表面，其空间频谱沿一维方向伸展，因此虚线框内系统只需沿光谱分布的一维方向移动，移动间隔为 5 mm，移动 3 次即可将谱面的分布选完。对于微透镜阵列，其空间频谱沿二维方向扩展，因此选谱的次数为 3×3 次。

图 7－24 是每一个子全息图再现象的面形分布，可以看出，检测到面形高度都低于 1.6 μm，图 7－25 是多个子全息图频谱合成及其再现象的面形分布。图 7－20 是微透镜阵列子全息图再现像的面形，图 7－20(a) 和图 7－20(c) 分别是偏离中心的谱对应的子全息图再现的面形，很明显只能得到对应的侧面信息，图 7－20(b) 是中间频谱子全息图的再现面形分布，可以看出由于再现的面形深度比较小，各个微透镜显示出不是相接的。图 7－27 为最后拼接的频谱和最后再现像。

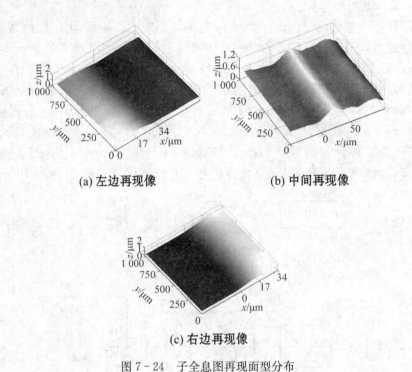

(a) 左边再现像　　　　　　　　(b) 中间再现像

(c) 右边再现像

图 7-24　子全息图再现面型分布

(a) 拼接的空间频谱 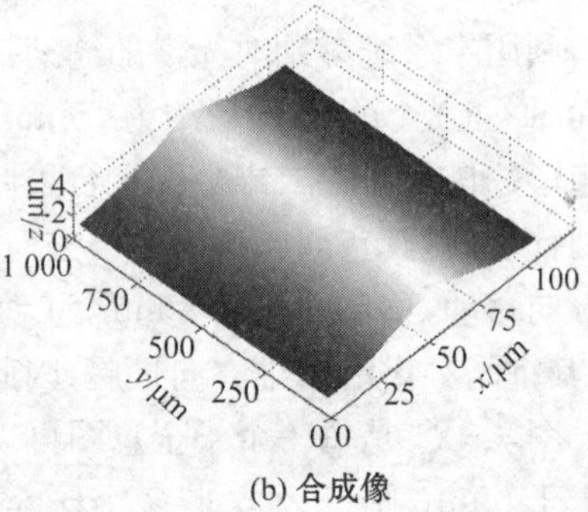　　　　　　　(b) 合成像

图 7-25　频谱合成及其再现象的面形分布

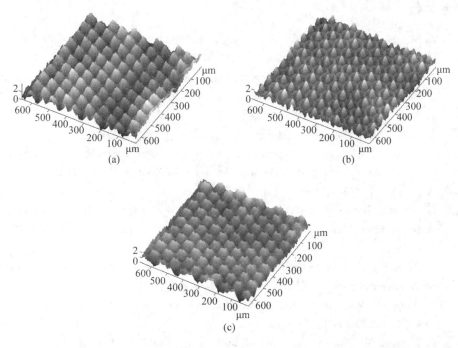

图 7 - 26　子全息图再现面型分布

（a）偏离中心的谱对应的子全息图再现的面形；（b）中间谱对应的子全息图再现的面形；
（c）偏离中心的谱对应的子全息图再现的面形

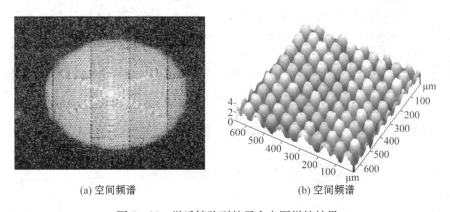

(a) 空间频谱　　　　　　　(b) 空间频谱

图 7 - 27　微透镜阵列的子全息图拼接结果

参考文献

［1］ A. M. Schofleld, Y. Zhu. Fast phase unwrapping algorithm for interferometric applications[J]. Opt. Lett. , 2003, 28(14): 1194－1196.

［2］ B. Gutmann, H. Weber. Phase unwrapping with the branch-cut method: role of phase-fleld direction[J]. Appl. Opt. , 2000, 39(26): 4802－4816.

［3］ 王新,贾书海. 数字散斑位相图去包裹新算法[J]. 光学学报,2006,26(5): 663－668.

［4］ 彭翔,邱文杰,韦林彬,等. 位相解码的时空重建算法[J]. 光学学报,2006,26(1): 43－48.

［5］ E. Cuche, P. Marquet, C. Depeursinge. Simultaneous amplitude-contrast and quantitative phase-contrast microscopy by numerical reconstruction of Fresnel off-axis holograms[J]. Appl. Opt. , 1999, 38(34): 6994－8001.

［6］ L. Ma, H. Wang, Y. Li, et al. . Numerical reconstruction of digital holograms for three-dimensional shape measurement[J]. J. Opt. A: Pure Appl. Opt. , 2004, 6: 396－400.

［7］ T. Nomura, M. Imbe. Single-exposure phase-shifting digital holography using a random-phase reference wave[J]. Opt. Lett. , 2010, 35(13): 2281－2283.

［8］ Y. Dong, J. Wu. Space-shifting digital holography with dc term removal[J]. Opt. Lett. , 2010, 35(8): 1287－1289.

［9］ C. Yamaguchi. Phase-shifting digital holography[J]. Opt. Lett. , 1998, 22 (16): 1267－1280.

［10］ P. Qiu, H. Wang, H. Jin et al. . Study on the simplified phase-shifting digital holographic microscopy[J]. Optik, 2010, 121(14): 1251－1256.

［11］ L. Ma, H. Wang, Y. Li, et al. . Partition calculation for zero-order and conjugate image removal in digital in-line holography[J]. Opt. Express, 2012, 20(2): 1805－1815.

［12］ M.-L. Lluís, J. Bahramm. Synthetic aperture single-exposure on-axis digital holography[J]. Opt. Express, 2008, 16(1): 161－169.

［13］ V. Micól, Z. Zalevsky, C. Ferreiral, et al. . Super resolution digital holographic microscopy for three-dimensional samples[J]. Opt. Express, 2008, 16 (23): 19260－19280.

［14］ 邓丽军,王辉,马利红. 基于滤波成像的大视角数字全息技术[J]. 光子学报,2010,39(12): 2167－2183.

第8章　三维物体数据获取及其显示

计算全息所用的数字化物体可以是二维体视图序列,也可以是三维扫描或建模数据,和二维体视图相比,三维扫描数据可以表现更多的三维视觉信息。三维物体在计算机中的表示主要有两种形式:第一种是点云形式[1, 2],即把三维物体看成是离散的数据点集合,这是目前计算全息中常用的物体表示形式。第二种是多边形面片形式[3],即把三维物体看成是多边形(通常是三角形)面片的集合。计算全息制作算法也相应分为基于点云和基于多边形面片的算法。其中基于多边形面片的算法目前不够成熟,比如在物体真实感的表现上还有待完善。而基于点云的算法较成熟,研究得较深入。只要采样点足够密,由于全息图衍射的低通滤波性质及人眼的分辨率限制,离散点可以还原为连续曲面,它可以很好地表现三维物体的形貌及反射(透射)特性。

8.1　面结构光照明三维测量原理

要制作实际场景的计算全息图,首先需要将三维场景数字化。常见宏观物体三维数字化的方法有双目视觉方法及各种结构光照明三维测量方法。双目视觉方法是根据仿生学原理构造类似于人类双眼视觉的功能,从两个不同视角方向的二维图像中确定距离信息。系统用两个照相机从两个不同角度获取物体的两幅图像。如同人的两只眼睛一样,计算机通过提取物点在两幅图像上的对应位置并计算其视差,得到物体的三维信息。双目立体视觉的优点在于其适应性,可以在多种条件下灵活地测量景物的三维信息。例如,在航空测量领域,双目立体视觉利用飞行器携带的高性能相机沿航向摄取序列图像,获得地形信息。但双目立体视觉有两个缺点:① 提取对应点需要大量的数据运算。不过,近来由于在高速信号处理器硬件研究方面取得迅速进展和并行处理技术的发展,使得应用通用的并行处理器来解决双目立体视觉处理中的计算问题成为可能;② 对物体纹理特征的过分依赖性。丰富的纹理特征可以降低对应点匹配的多义性,双目立体视觉不适用于表面缺乏纹理特征的物体距离信息的提取。当被测目标的结构信息过分简单或过分复杂以及被测物上各点反射率没有明显差异时,这种相关运算变得十分复杂和困难。

　　结构光照明的方法[4, 5]是目前三维场景数字化中主要采用的方法。由于三维面形对结构光场的空间或时间进行了调制，从携带有三维面形信息的观察光场中通过适当的方法可以解调出三维面形数据。根据三维面形对结构光场调制方式的不同，主动三维传感方法分为时间调制与空间调制两大类。飞行时间法是典型的时间调制方法，主要基于光脉冲在空间的飞行时间来确定物体的面形。空间调制方法基于物体面形对结构光场的强度、对比度、相位等参数的影响来确定物体面形，包括基于三角测量原理的编码图案投影三维测量技术；光栅投影三维测量技术（如莫尔轮廓术、空间相位检测、傅里叶变换轮廓术、相位测量轮廓术等）；点激光三角测量法和线结构光投影测量法；基于光强对比度变化特征的调制度测量轮廓术等垂直测量方法。这里主要介绍基于三角测量原理的面结构光照明三维测量原理。

　　图 8-1 是面结构光照明三维测量系统原理示意图。由投影仪投出图案，照明被测物体表面，摄像机拍摄被图案照明的物体表面；通过一定的方法从拍摄的图像中恢复出照明信息就可以得到与图像点对应的投影仪图像中点的坐标；最后根据三角测量原理得到物体表面采样点的空间坐标。

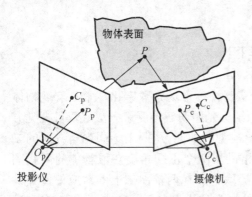

图 8-1　三维测量系统示意图

图 8-2　正弦条纹图案

　　如图中投影图像上的 P_p 点照射到物体表面的 P 点，被摄像机拍摄后成像于 P_c 点。图 8-2 为用正弦条纹图案对 P_p 点水平坐标进行编码的例子。图像的光强分布为

$$I_p(x_p, y_p) = a + b\cos(2\pi f_{0p}x_p) = a + b\cos[\varphi(x_p)] \qquad (8-1)$$

式中，a 为常数，保证光强非负；b 为条纹对比度；f_{0p} 为投影条纹频率。条纹的相位 $\varphi(x_p)$ 与投影图像坐标 x_p 呈线性关系，因此只要在拍摄的图案中求解出 P_c 点的相位（即解码）就得到了与其对应的 P_p 点的图像坐标。

　　拍摄到的图像光强可表示为

$$I_c(x_c, y_c) = R(x_c, y_c)\{I_a(x_c, y_c) + a + b\cos[2\pi f_{0c}x_c + \phi(x_c, y_c)]\}$$
$$= a'(x_c, y_c) + b(x_c, y_c)\cos[\varphi(x_c, y_c)] \tag{8-2}$$

式中，$R(x_c, y_c)$ 为物体表面反射率，$I_a(x_c, y_c)$ 为背景光强，$\phi(x_c, y_c)$ 为正弦条纹受物体表面形貌调制的相位变化。通过变换法（如傅里叶变换）或相移法求出 (x_c, y_c) 点的相位 $\varphi(x_c, y_c)$ 就得到其对应点的水平坐标，要得到垂直坐标必须再投影水平方向的正弦图案。在只对投影仪图像平面的一个坐标编码时，可以根据下式计算得到物体采样点的三维坐标[6]。

$$\begin{cases} z_w(u, v) = \sum_{n=0}^{N} k_n(u, v)\Delta u_p^n(u, v) \\ x_w(u, v) = a_1(u, v) + b_1(u, v)z_w(u, v) \\ y_w(u, v) = a_2(u, v) + b_2(u, v)z_w(u, v) \end{cases} \tag{8-3}$$

式中，u, v 是摄像机像素坐标，Δu_p 是被测表面与参考平面的投影仪像素坐标差（在正弦条纹投影时可用相位差代替），a_1, a_2, b_1, b_2, k_n 为与摄像机像素坐标有关的常数。通常 N 取 5 就可以得到足够的精度。

在计算全息制作中，除了物点三维坐标外还需要物点的颜色信息（物体表面纹理）。通常采用外加相机或直接从三维测量用相机拍摄被测物照片。前者需要与三维数据配准，结构或算法复杂些。后者拍到的照片本身就与三维数据配准了。但出于三维测量精度考虑，通常采用黑白相机进行三维测量。获取彩色纹理可采用滤色片分 3 次拍摄。这里介绍一种采用彩色数字投影仪的黑白相机获取彩色纹理的方法[7]。由色度学原理，所有的颜色可以由红、绿、蓝三种颜色混合得到，用公式表示为

$$C(C) \equiv R(R) + G(G) + B(B) \tag{8-4}$$

式中，(C) 代表被匹配颜色的单位，$(R), (G), (B)$ 分别表示产生混合色的红、绿、蓝三原色的单位。

由式(8-4)可知黑白摄像机获取彩色纹理有两种方式。一种是在拍摄过程中，依次在摄像机前加红、绿、蓝三种滤色片，分别测得物体表面反射光中三原色光的强度值，分别除以单位颜色代表的光强度从而获得 R, G, B 值。这种方式结构比较复杂，控制麻烦。另一种结构是，依次投射相同数量的红、绿、蓝三色光到物体表面，分别测量物体表面反射的光强，通过计算获得 R, G, B 值。目前商用的投影仪都是彩色数字式的，它可以根据需要投射不同强度的单色光，因此我们采用第二种结构，这样可以充分利用投影仪的功能，系统简单、使用灵活。

采用的光强到 R, G, B 的计算方法是：先通过投影仪投出某一灰度值的白光

到标准白板上,用摄像机测量反射光强,然后分别投出相同数量的红、绿、蓝单色光到标准白板上,测量反射光强。在颜色线性传递情况下,接收到的三原色光的数量应该是相同的,因此分别将这三个反射光强除以白光的反射光强,得到红、绿、蓝单色光光强到 R,G,B 的比例系数。设 l_w,l_{R0},l_{G0},l_{B0} 分别为白光、红、绿、蓝单色光的反射光强,则比例系数 k_R,k_G,k_B 可表示为

$$k_R = l_w / l_{R0}$$
$$k_g = l_w / l_{G0}$$
$$k_b = l_w / l_{B0} \tag{8-5}$$

光强到 R,G,B 的转换关系可表示为

$$R = k_R l_R$$
$$G = k_G l_G$$
$$B = k_B l_B \tag{8-6}$$

式(8-6)在暗室环境下适用,如果在办公环境下或其他地方,由于存在外界光照,摄像机获取的反射光强存在背景,不能直接用它们计算。应该先测量背景光强,再将测得的三元色反射光强减去背景,然后用式(8-6)计算。

由式(8-6)可以计算得到物体表面的彩色纹理信息。除此之外,还要将彩色纹理映射到物体的三维表面上。由结构光照明三维测量原理可知,摄像机上拍摄的图像是物体表面到像素平面的透视投影,对应物体表面的三维坐标也是由相同的像素携带的信息(如相位测量轮廓术中的相位)恢复。因此物体表面的彩色纹理与三维坐标是一一对应的。

8.2 动态场景的三维信息获取

在采集实际场景的三维信息时,经常需要采集形貌动态变化的三维物体。这就需要高速三维测量方法,使得在采集时间内形貌基本保持不变。实现高速测量主要有两类方法。一类是投影一幅图案,如正弦条纹,采用傅里叶变换法[8,9](FTP)、小波变换法或其他分析方法求解变形条纹的相位。另一类方法是投影多幅图案,如正弦条纹,采用相移法求解变形条纹相位。这类方法的研究主要有:Huang 等[10]提出的用颜色将三幅有相移的正弦光栅编码到一幅彩色图案中,利用相移法求解相位;陈文静等[11]提出的用颜色编码两幅 π 相移的正弦光栅,利用傅里叶变换法求解相位(π 相移 FTP)。这两种方法测量黑白物体取得了较好的测量结果,但是其测量精度受物体表面颜色影响较大。Guan 等[12]提出采用频率编码

多幅光栅,实现动态物体实时测量。由于测量系统的信息量是有限的,每幅光栅的对比度会下降,导致测量精度下降。同时,由于采用了滤波,测量的分辨率也将下降。Huang 等[13]提出利用数字微镜器件高速投射三幅有相移的正弦光栅,实现高速、高分辨率测量。Zhang 等[14]对上述方法进行改进,在光栅中编码一个小圆点作为标记,实现绝对坐标测量,并取得了较好的结果。但是实际场景常常由空间孤立物体构成,其相位展开无法进行。为实现孤立物体三维面形的高速采集,文献[15,16]提出了采用 π 相移加一幅编码图案的方法。

8.2.1　π 相移 FTP 原理

π 相移 FTP 是对 FTP 的改进,由于消除了背景光的影响,它扩展了 FTP 的测量范围。拍摄的变形条纹为

$$I_1(x, y) = I_a(x, y) + a(x, y) + b(x, y)\cos[2\pi f_0 x + \phi(x, y)] \quad (8-7)$$

$$I_2(x, y) = I_a(x, y) + a(x, y) - b(x, y)\cos[2\pi f_0 x + \phi(x, y)] \quad (8-8)$$

式中,$I_a(x, y)$ 与环境光照有关,$a(x, y)$ 与条纹平均亮度有关,$b(x, y)$ 为条纹的对比度,f_0 为条纹的频率,$\phi(x, y)$ 为高度 $h(x, y)$ 对条纹的相位调制量。式(8-7)减去式(8-8)可得

$$I(x, y) = I_1(x, y) - I_2(x, y) = 2b(x, y)\cos[2\pi f_0 x + \phi(x, y)]$$
$$(8-9)$$

对式(8-9)作傅里叶变换得

$$\widetilde{I}(f, y) = Q(f - f_0, y) + Q^*(f + f_0, y) \quad (8-10)$$

式中,$Q(f, y)$ 为 $q(x, y) = b(x, y)\exp[i\phi(x, y)]$ 的傅里叶变换。对式(8-10)进行滤波,滤除 $Q^*(f, y)$ 并作逆傅里叶变换可得

$$\hat{I}_0(x, y) = b(x, y)\exp[i2\pi f_0 x + i\varphi(x, y)] \quad (8-11)$$

求出式(8-11)的辐角就得到了变形条纹的相位分布。在 π 相移 FTP 中,可以方便地求出物体表面的纹理。将式(8-7)与式(8-8)相加,可得被测物体的照片

$$T(x, y) = I_1(x, y) + I_2(x, y) \quad (8-12)$$

8.2.2 编码原理

为了测量空间孤立物体的形貌,采用绝对相位测量方法。利用全场空间编码图案来确定正弦条纹的级次,获得变形条纹的绝对相位。图8-3是该图案的例子,它由一系列竖条构成。竖条的宽度与正弦条纹的周期相同。一共采用三个灰度级(0对应黑,1对应灰,2对应白)对竖条进行编码。

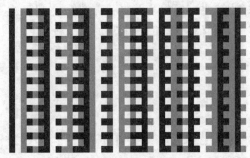

CABDEFCADEBDFCBADFABEFDCEACDBFECDAEBCFBCE

图8-3 编码图案例子

编码规则为:沿竖条方向灰度无变化,分为一类编码,三个灰度级对应三个码;沿竖条方向灰度二值变化,分为另一类码,三个灰度级两两组合对应三个码。因此,一共可以编六个码。为实现全场编码,采用这六个码构造伪随机序列。将与这六个码对应的竖条以伪随机序列的顺序进行排列,构造出编码图案。伪随机序列满足两点要求:① 在序列中任意具有规定长度(窗口宽度)的子序列唯一;② 在这些子序列中无重复代码。例如用A~F表示六个代码,序列"ABDECFADBEFDBECDABFECBDEFBDCEABCDAECFBDE"中任意长度为4的相邻代码构成的子序列是唯一的,而且子序列中无重复代码。采用在有向图中搜索哈密顿回路的方法构造伪随机序列[17]。

8.2.3 解码算法

由于拍摄的编码图案受到环境光照、物体表面反射率等的影响,直接进行解码比较困难。因此,在解码前首先要对其进行预处理。编码图案光强可表示为

$$I_3(x, y) = I_a(x, y) + I_p(x, y) \tag{8-13}$$

式中,$I_p(x, y)$与投影图案亮度有关。式(8-12)包含了环境光照、投影仪光照和物体表面反射率。要正确解码,必须去除环境光和物体表面反射率的影响。由式(8-7)、式(8-8)、式(8-11)和式(8-13)可得仅与编码图案亮度成比例的分布:

$$I_c(x, y) = \frac{2I_3(x, y) - I_1(x, y) - I_2(x, y)}{2 \mid \hat{I}_0(x, y) \mid} \tag{8-14}$$

对这一分布进行三值量化后即可以进行解码。具体解码方法如下：首先找出截断相位图中相位跳变绝对值大于 π 的点。通常这些点连成线，称之为跳变线。图 8-4 为三值量化后的编码图案例子，其中的亮线就是跳变线对应的位置。然后在编码图案中沿跳变线对应的位置检测像素的灰度值及其变化情况，根据编码规则就可以得到对应的代码。由于实际测量系统是一个低通系统，在两种灰度的边界附近存在缓变区域。对于用相邻灰度编码（如 1,2 和 2,3）的竖条三值化后不会出现第三种

图 8-4 跳变线在竖条中的位置

灰度；而对于用有间隔的灰度编码（如 1,3）的竖条三值化后则会出现第三种灰度，即中间灰度。根据这一特点，通过统计跳变线对应的位置上各种灰度的点数所占比例，就能实现解码。最后将水平方向空间相邻的三条跳变线上的代码组成子序列，在伪随机序列中搜索其位置 k。这样就得到了对应条纹的级次，则该周期条纹的绝对相位可以用下式求出。

$$\phi_a(x, y) = \phi_w(x, y) + 2k\pi \tag{8-15}$$

8.2.4 高速三维测量实验及结果

常见的 DLP 投影仪采用顺序颜色的方式实现彩色图像投影，即在时间上按顺序投影红、绿、蓝三色图像，利用视觉暂留现象使观测者看到彩色图像。投影仪实际投影图像的速度是一幅彩色图像刷新速度的三倍。可以对 DLP 投影仪进行改装，去掉色轮并用白光 LED 作为光源。这样，投影仪最快每秒可以投出 360 幅灰度图像。然后设计了同步电路，在投影仪投出对应于红、绿、蓝三色的图像时发出同步信号，控制摄像机采集。采用的伪随机序列为"ABDECFACDCEFBEADFEBCAEDAFDBFCBADEFCABEDCF"，窗口宽度为 3。

首先测量了人脸表情变化过程。测量时要求被测对象作面部表情变化和动作，同时记录其三维形貌。三维数据记录速度为 60 fps，分辨率为 640×480。图 8-5 为用三维网格表示的其中八个时刻的三维形貌。然后测量了泡沫板在压力下断裂的过程。三维数据记录速度为 120 fps，分辨率为 320×240。图 8-6 为其中七个时刻泡沫板的三维形貌。图 8-7 为板中一条线上的高度变化过程。由测量结果可见，该系统可以很好地记录缓慢变化的动态过程。

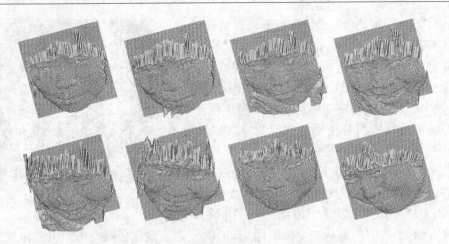

图 8-5　人脸表情变化过程三维恢复结果

图 8-6　泡沫板断裂过程测量结果

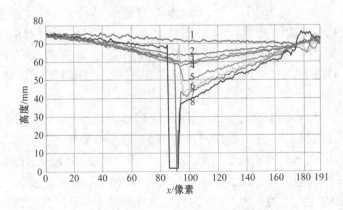

图 8-7　泡沫板上一行的高度变化过程

最后测量了由若干空间孤立物体构成的场景。图 8-8 为场景照片和三维恢复结果,分辨率为 640×480。由实验结果可知,只要有足够多的条纹(本例中至少3 个周期)投影到孤立物体上,就可以获得其三维形貌和空间位置。图中背景到头像后部的距离约 690 mm,测量的总景深约 750 mm。背景实际已经部分离焦模糊,即使在这种状态下还可以正确恢复代码。可见提出的编码方案有较强的鲁棒性。

(a)　　　　　　　　　　　　　　　　(b)

图 8-8　孤立物体测量结果

(a) 场景彩色照片;(b) 测量结果

8.3　计算机建模场景三维数据获取

在制作虚拟三维物体计算全息图时,首先采用三维建模软件(如 3DMAX 等)进行建模,然后从数字模型中提取计算全息所需数据。在该类方法中,主要需解决两个问题:一是采样点间距选取;二是场景的隐藏面消除。首先讨论采样点间距选取问题。

8.3.1　采样间距选取

对于由 3DCG 获取的三维数据,必须设置物体显示的实际大小。即由于用一系列采样点来表示物体表面,样点之间的横向距离和纵向距离与成像系统的传输函数有关,如果距离太大,观察者会看到离散的再现样点,如果距离太小,数据点增加会导致计算量的增加。

在成像系统出瞳足够大时,再现像的横向分辨率与人眼瞳孔直径及再现像与人眼距离之间的关系为[18]

$$\sigma = 2\frac{\lambda d_i}{D} \qquad (8-16)$$

式中，λ 为再现光波长，d_i 为再现像与人眼距离，D 为人眼瞳孔直径。由上式可知，为使再现像成连续曲面，两相邻物点之间的横向距离应满足

$$\Delta x = \Delta y \leqslant 2\frac{\lambda d_i}{D} \qquad (8-17)$$

文献[18]还指出，两纵向相邻物点之间不可分辨距离应满足

$$\Delta z \leqslant 4\frac{\lambda d_i^2}{D^2} \qquad (8-18)$$

8.3.2 建模数据隐藏面消除原理

场景的隐藏面消除是要解决的另一个主要问题。所谓隐藏面就是指在某一视角中，被位于前面的曲面挡住视线的曲面，它在当前视角中是不可见的，应该被消除，否则会造成再现场景混淆[19]。下面以在观察方向上前后重叠的两个物体 O_1，O_2 为例分析，如图 8-9 所示。设紧靠 O_1 右边的面上两物体波前分别为 $U_1(x, y) = O_1(x, y)\exp[\mathrm{i}\phi_1(x, y)]$ 和 $U_2(x, y) = O_2(x, y)\exp[\mathrm{i}\phi_2(x, y)]$，则观察者所看到的光强分布为

图 8-9 观察方向重叠的物体

$$\begin{aligned} I(x, y) &= |U_1(x, y) + U_2(x, y)|^2 \\ &= O_1^2(x, y) + O_2^2(x, y) + 2O_1(x, y)O_2(x, y) \cdot \\ &\quad \cos[\phi_1(x, y) - \phi_2(x, y)] \end{aligned} \qquad (8-19)$$

对观察者来说，式(8-19)的第一项是有用信号，而后面两项是噪声。再现像的信噪比可以表示为

$$SNR(x, y) = \left|\frac{1}{A^2(x, y) + 2A(x, y)B(x, y)}\right| \qquad (8-20)$$

式中，$A(x, y) = \dfrac{O_2(x, y)}{O_1(x, y)}$，$B(x, y) = \cos[\phi_1(x, y) - \phi_2(x, y)]$。式(8-20)分母可表示为

$$f(A) = A^2(x, y) + 2A(x, y)B(x, y) = [A(x, y) + B(x, y)]^2 - B^2(x, y)$$

$$(8-21)$$

式(8-21)是关于 $A(x, y)$ 的抛物线方程,其图像如图 8-10 所示。当 $B(x, y) > 0$ 时图像对称中心在左半平面,$B(x, y) < 0$ 时图像对称中心在右半平面。由式(8-20)可知,$f(A)$ 越小,信噪比越高。由于 $A(x, y) > 0$,从图 8-10 可以看出:① 无论 $B(x, y)$ 取何值,$A(x, y)$ 越靠近 0,即 $O_1(x, y)$ 比 $O_2(x, y)$ 越大,信噪比越高;② 当 $B(x, y) < 0$ 时,$A(x, y)$ 越靠近 $2|B(x, y)|$,信噪比越高。对于复杂场景,①通常不能满足;对于②,根据计算全息原理可知,由于 $B(x, y)$ 在空间分布是随机的,所以更不容易满足。总之,在复杂场景中无法满足高信噪比条件,因此在制作复杂场景计算全息图时,必须进行消隐才能保证再现象的质量。

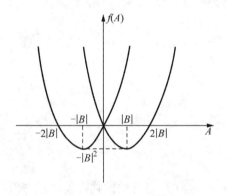

图 8-10　$f(A)$图像

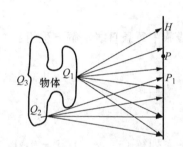

图 8-11　全息面复振幅贡献情况

如图 8-11 所示,位于物体前表面上的 Q_1 点发出的光可以照到全息面 H 上的任一点,Q_2 点发出的光由于被遮挡只能照到 H 上 P_1 点以下部分,而位于物体后表面上的 Q_3 点发出的光根本无法照到 H 上。对于场景来说,并非所有点发出的光都能照到全息面上参与全息图的形成,而且并非每一点发出的光都能照到整个全息面。因此,在计算全息图制作之前首先要确定场景中哪些点对全息图有贡献,每一个有贡献的点能照的全息面范围。根据计算全息原理,可以设想全息面上每一个采样点与场景中的每一个采样点之间存在一系列的虚拟光线,如图 8-11 中 Q_1,Q_2 发出的射线段。通过研究它们的特点可以得到计算全息图隐藏面消除的基本原理。下面以全息面上的采样点为出发点进行研究,由于光路可逆,可以认为由全息面上的采样点发出光线照亮场景,如图 8-12 所示,P 点发出的虚拟光线照到物体的每一点。我们研究线段 PQ 的情况,在 PQ 上只有唯一的点 Q_1 被真正照亮。从几何上来看 PQ 线段上 Q_1 点到 P 距离最近,对其他线段的分析有同样的结果。因此,可以得到求全息面上任一点 P 所对应的可见物点集方法:由 P 点发出

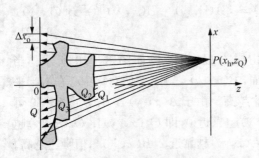

图 8-12　隐藏面消除基本原理

一系列射线,求出每条射线与场景的所有交点,再在每条射线上求距离 P 点最近的交点,求出的这些交点就是 P 所对应的有效(可见)物点集。下面用一维情况说明本方法的数学原理。

设距离全息图最远的与全息图平行的场景平面为 Q_0 平面,物点取样间隔为 Δx_o,场景可以描述为 $z = f(x)$。如果在 Q_0 平面上某物点的坐标为 x_{Q01},则在这个平面上其他可能存在的物点坐标应该为 $x_{Q0i} = x_{Q01} + i\Delta x_o$, $i = 0, 1, 2, 3, \cdots$

将这些点与 P 点连成直线,形成一直线族:

$$x = \frac{x_h - x_{Q0i}}{z_{Q0}} z + x_{Q0i} \tag{8-22}$$

对直线族中每条直线求解方程组:

$$\begin{cases} x = \dfrac{x_k - x_{Q_{0i}}}{z_{Q_0}} z + x_{Q_{0i}} \\ z = f(x) \end{cases} \tag{8-23}$$

得到一系列解 (x_{oj}, z_{oj}), $j = 0, 1, 2, 3, \cdots$ 对应 P 点有效的物点就在这些解中。然后计算这些点和 P 点的距离:

$$d_{ji} = \sqrt{(x_{oj} - x_h)^2 + (z_{oj} - z_{Q0})^2} \tag{8-24}$$

　　在这条直线上 d_{ji} 值最小的物点,就是我们要找的有效物点。对每条直线都进行上述计算,得到一系列 d_{ji} 值最小的物点,它们的集合就是 P 所对应的有效物点集。在数字全息图计算中对全息面上的所有采样点都要先求对应它的有效点集,然后计算复振幅。这样就实现了全息图隐藏面的消除。

　　图 8-13(a)所示的有底台阶物体为模拟用的物体。参数如下:$z = 300\ \text{mm}$,$z_0 = 20\ \text{mm}$,突出部分宽 $10\ \text{mm}$,底部两边延伸部分各宽 $5\ \text{mm}$,物点光强都相同。全息面在 xy 平面上,全息图尺寸为 $1\,024 \times 1\,024$ 点,中心位于原点,参考光为平行光,入射角 $5°$;再现光与记录时的参考光共轭,再现时像面在距离全息面 $300\ \text{mm}$ 处(即台阶顶部在像面上)。图 8-13(b)为未作消隐时的再现像,图 8-13(c)为消隐后的再现像。对比两图可以看出,消隐后再现像清晰,层次分明;而未作消隐的再现像由于底部和突出部分光波干涉,前后层次无法分辨。

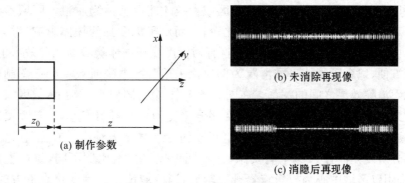

(b) 未消除再现像

(c) 消隐后再现像

(a) 制作参数

图 8-13 计算机模拟结果

8.3.3 计算全息隐藏面消除快速算法

如果直接按上述方法对全息面上每点都进行隐藏面消除,由于全息面上采样点数目庞大(10^8 点量级以上),使得数据处理速度缓慢。尤其对于大视角全息图(采样点 10^{11} 点量级以上)的计算,按照目前的计算机速度水平,这种方法是不现实的。为提高计算速度,可以根据人眼观察场景的特点来进行消隐工作,对于直接观察的全息图,人眼是透过全息图的局部看到场景,如图 8-14 的 AB。根据这一特点,可以进行快速消隐。文献[20]提出的消隐快速算法原理为:将全息面分成若干个相邻的小区域,每个区域对应特定观察方向的视觉可分辨尺度;然后只对区域中心点采用 8.3.2 节提出的方法进行隐藏面消除,得到对应该区域的一组消隐后的场景数据,以此数据作为该区域所有采样点的有效物点集来计算复振幅分布。如图 8-15 所示,AB 为全息面上的一个区域,在确定 AB 上每一点的有效物点集时,只确定对应中心点 C 的有效物点集,将它作为 AB 上所有点的有效物点集,这样就大大提高了消隐速度。

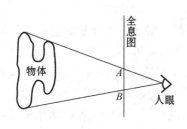

图 8-14 人眼透过全息图观察场景

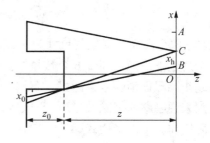

图 8-15 制作参数与隐藏面关系

采用分区消隐后,要选择合适的区域参数才能保证消隐质量。区域参数的不同选择对于深度变化缓慢场景影响比较轻,而对于深度骤变物体影响最严重。由于实际场景比较复杂,这里讨论参数选择对深度骤变物体隐藏面消除效果的影响。为讨论方便,以台阶物体—维情况为例讨论采用分区消隐时数字全息图制作参数与隐藏面消除效果之间的关系。在图 8-15 中,全息图位于 x 轴上,设区域 AB 的半宽度为 x_h,物体下方两条实线所夹部分宽度为 x_0。由于物体上方所发光波对 AB 上复振幅贡献情况与下方类似,这里仅讨论物体下方情况。在激光全息中 x_0 对应部分所发光波在 AB 上有贡献,但不同位置处贡献比例不同,越往上贡献越少;而采用以区域中心为投影点透视投影后,当区域位于高度变化点上方时,这部分对区域的贡献被忽略。由于人眼的分辨率是有限的,只要被忽略部分人眼无法分辨就可以满足要求。由图 8-15 的几何关系可得

$$x_0 = \frac{z_0}{z} x_h \tag{8-25}$$

而人眼的角分辨率为 $1'(2.9 \times 10^{-4} \text{ rad})$,则人眼横向分辨率 d 可表示为

$$d = (z + z_0) \times 2.9 \times 10^{-4} \tag{8-26}$$

由式(8-25)和式(8-26),人眼观看无失真的区域半宽度 x_h 与深度 z_0、距离 z 的关系为

$$x_h \leqslant \frac{z(z + z_0)}{z_0} \times 2.9 \times 10^{-4} \tag{8-27}$$

下面讨论两种消隐方法的计算量情况。设物体显示分辨率为 $M \times N$ 点,全息图尺寸为 $I \times J$ 点,区域尺寸为 $I' \times J'$ 点,由于只对区域中心点进行消隐,则分区中心消隐和全局逐点消隐的计算量之比为

$$\eta \cong \frac{M \times N \times I \times J / (I' \times J')}{M \times N \times I \times J} = \frac{1}{I' \times J'} \tag{8-28}$$

例如:取全息面子区域的尺寸为 $1\,024 \times 768$ 点。则采用本方法的隐藏面消除速度比全局逐点消隐提高了 6 个数量级。由上述分析可知,采用分区中心消隐法时,区域越小隐藏面消除效果越好,但处理速度越慢,而且区域小到一定程度时,对人眼观察来说隐藏面消除效果不变;区域越大隐藏面消除效果越差,但处理速度越快。实际制作时可以采用式(8-27)给出的极限参数计算,也可以在降低显示要求的情况下采用大区域,提高计算速度。

为验证分区消隐时制作参数与消隐效果的关系,我们用图 8-15 中的一维有

底台阶物体进行了模拟,参数如下:$z = 300\,\text{mm}, z_0 = 20\,\text{mm}$,突出部分宽 10 mm,底部两边各宽 5 mm,全息图的区域宽度为 3.072 mm,用区域中心在 $x = -5\,\text{mm}$ 处消隐后获得的同一组数据计算了两块区域,一块就是进行消隐的区域,另一块区域中心在 $x = 5\,\text{mm}$ 处。数字再现程序再现的结果见图 8 - 16,用与记录参考光共轭的再现光再现,像面在 300 mm 处。图 8 - 16(a)为中心在 $x = -5\,\text{mm}$ 处区域再现像,在图中可以看到隐藏面完全消除,数据也没有缺失,说明采用中心消隐是有效的。图 8 - 16(b)为中心在 $x = 5\,\text{mm}$ 处区域再现像,左边圆圈中为隐藏面与可见面混叠部分,这部分像质变差;右边圆圈中为数据被不正确消除后留下的空洞。说明在一个太大的区域里用中心消隐后的数据制作全息图,再现像质量会变差。

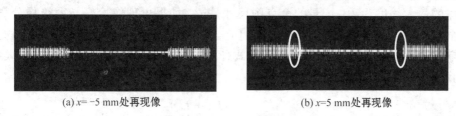

(a) $x = -5\,\text{mm}$ 处再现像　　　　　(b) $x = 5\,\text{mm}$ 处再现像

图 8 - 16　模拟结果

8.4　数字化全息三维显示

三维显示最终必须以光作为信息载体,不论是计算全息还是数字全息,最后获得的全息图都可以利用光学方法进行三维显示。数字化全息三维信息再现过程都可以用图 8 - 17 表示。

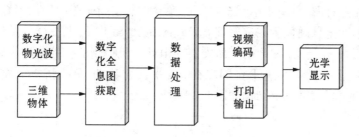

图 8 - 17　数字化全息三维显示过程

8.4.1　全息打印机

如果是静态三维显示,一般把数字化的全息图输出为透射型的图片,即输出到

振幅型或位相型的感光胶片上。早期做法是将数字化的全息图通过绘图仪或打印机输出到纸张上，然后透过照相，将全息图条纹结构缩小到微米量级。第 6 章已经通过例子说明，对于大视场和大视角数字化全息图，这种照相缩微的方法是难以实施的。利用电子束刻蚀技术、飞秒激光曝光技术可以得到高质量的数字化全息图，但成本很高。目前专门用于数字化全息图直写缩微装置的研究引起了普遍关注[21]。将数字化全息图缩微输出到感光材料上的装置称作全息打印机，它在全息图的模压和印刷技术中具有重要的应用价值。

数字化全息打印机技术的难点在于如何输出高空间分辨率的图像。我们已经知道，全息图的分辨率与物体的大小及参考光和物光的夹角有关。假设一个物体的最大线度为 L_o，记录的全息图尺寸是 L_h，如果再现像恰好与零级像分离，对全息图要求的分辨率最小。以菲涅耳全息为例，假设全息图空间频率为物光波空间频率的两倍，根据式(3-27)和式(3-34)，可以证明此时全息图的最大空间频率为

$$f_{hmax} = \frac{1}{\lambda} \frac{(L_o + L_h)}{Z_o} \tag{8-29}$$

式中，λ 为记录波长，Z_o 是物体和全息图的距离。假设物体的大小为 100 mm×100 mm，全息图的大小为 100 mm×100 mm，模拟记录波长为 600 nm，物体与全息图的距离是 300 mm。由上式可以得到 $f_{hmax} = 550$ 线对 /mm。为了使得全息图能够有较好的显示效果，全息图的空间频率一般达到 600 线对/mm。

在计算全息图缩微直写系统中，一般利用空间光调制器(SLM)作为全息图显示器件。由于空间光调制器的空间带宽积有限，所以必须将整幅计算全息图分成若干个单元全息图，每一个单元全息图的像素数与空间光调制器像素数匹配，按顺序逐幅将单元全息图显示在透射型 SLM 上，通过 SLM 的光被全息图调制进入光学缩微照相系统。记录图像的介质安装在由计算机控制的数控步进平台上。随着单元全息图逐个输入，步进平台同步在 xy 平面上移动，最后拼接成整幅全息图。计算全息图直写缩微系统结构如图 8-18 所示。

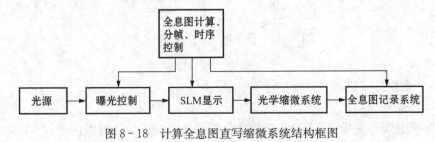

图 8-18 计算全息图直写缩微系统结构框图

为了能够达到全息图显示要求的分辨率,输出系统各个元件和单元的性能是关键的因素。设 SLM 的透光窗口尺寸为 $l \times h$,像素数为 $m_{pix} \times n_{pix}$,那么它的空间频率为

$$f_l = \frac{m_{pix}}{2l_1}, \qquad f_h = \frac{n_{pix}}{2h_1} \qquad (8-30)$$

经过缩微以后,为了能够达到式(8-29)要求的空间频率,光学成像的放大(缩小)率应该为

$$|M| = f_l/f_{hmax} \text{ 或 } |M| = f_h/f_{hmax} \qquad (8-31)$$

取其中值较小的 $|M|$。

1) 基于 DMD 计算全息图缩微直写输出系统设计

图 8-19 是一个全息图打印系统的例子,本系统利用数字微镜器件(DMD)作为全息图显示器件。目前商用的 DMD 像素数一般为 $1\,024 \times 768$, $l = 11.176$ mm, $h = 8.382$ mm,空间频率为 45 线对/mm。根据要求,最后缩微的全息图的空间频率要大于 600 线对/mm,为了充分保证全息条纹不被欠采样,采用 4 个像素表达一对全息图条纹,即缩微后的全息图空间频率为 $1\,200$ 线对/mm,因此放大(缩小)倍数为 $|M| = 45/1\,200 \approx 1/27$,缩微后单元全息图最大尺寸约为 0.31 mm $\times 0.42$ mm。

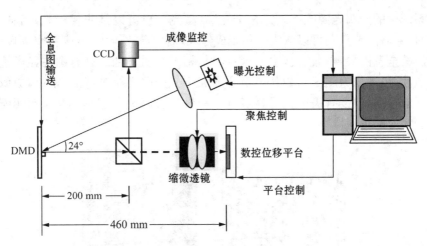

图 8-19 数字化全息图直写系统原理

图 8-20 是浙江师范大学研制的数字全息图缩微输出系统[22],图 8-21 是利用本系统直写的彩色全息图再现像。日本吉川浩根据本系统原理于 2009 年也做了类似的工作[23]。

图 8-20　全息图缩微输出系统

图 8-21　计算机制彩色全息图再现像

　　系统中的照明光源既可以是相干光源(激光),也可以是非相干光。利用激光照明时,缩微的全息图可以认为是相干成像,因而焦深比较大,减少精密成像压力,但输出的全息图噪声比较大,图 8-22(a)是相干照明得到的全息图在显微镜下放大的照片,再现像为图 8-22(b)。利用非相干光照明系统时,焦深很小,成像对位精度要求很高,但没有噪声。图 8-23(a)和图 8-23(b)分别是非相干照明缩微全息图和对应的再现像。

(a)　　　　　　　　　(b)

图 8-22　相干照明缩微全息图(局部)(a)及其再现像(b)

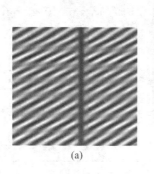
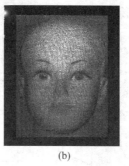

(a)　　　　　　　　　(b)

图 8 - 23　非相干照明缩微全息图(局部)(a)及其再现像(b)

2) 拼接精度的要求

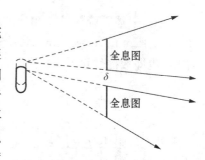

由于本系统是采用拼接方式逐幅曝光来完成整个全息图制作的,这样每一个单元全息图连接处间隙的精度直接影响最后的再现效果。相邻两个全息图再现的过程如图 8 - 24 所示,由于全息图相距一段距离 δ,两个再现像将不重合,再现像也将错开 δ 距离。假设某一物点的整幅全息图某一方向需要拼接 N 次,则再现像的模糊长度可以达到 $\Delta = (N-1)\delta$, 如果 Δ 大于人眼的空间分辨率,将产生像模糊。设人眼在一定距离处观

图 8 - 24　单元全息图的位移与像模糊

察物体的空间最小分辨距离为 ε_{e}。为了不产生像模糊,要求 $\Delta < \varepsilon_{\mathrm{e}}$, 即

$$\delta \leqslant \frac{\varepsilon_{\mathrm{e}}}{N-1} \qquad (8-32)$$

由上述 SLM 尺寸和对缩微系统的放大率的要求知道,进行分幅后,每个单元全息图的大小为

$$l_{\mathrm{hr}} \times h_{\mathrm{hr}} = \frac{l_1}{M} \times \frac{h_1}{M} \qquad (8-33)$$

设某一物点对应的全息图大小为 $L_{\mathrm{h}} \times H_{\mathrm{h}}$,则分帧数为

$$N_{\mathrm{Lh}} \times N_{\mathrm{Hh}} = \frac{L_{\mathrm{h}}}{l_{\mathrm{hr}}} \times \frac{H_{\mathrm{h}}}{h_{\mathrm{hr}}} \qquad (8-34)$$

下面以彩虹全息为例,说明拼接精度与像点模糊的关系。对于彩虹全息,一个物点形成的全息图是所谓的"线全息图",如图 8 - 25 所示,设狭缝长度为 100 mm,宽为 3 mm,观察距离为 300 mm,物点与全息图最大距离为 50 mm,通过几何计算,

可以得到其能够形成的线全息图最大尺寸约为 15 mm×0.42 mm。

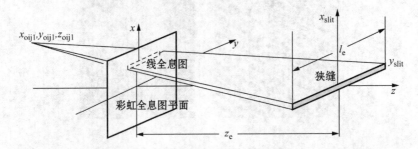

图 8-25　彩虹全息中物点、狭缝、线全息图及其对应的片状光束之间的关系

根据上述系统的设计，缩微成像的放大率为 $|M|=1/27$，每一单元全息大小约为 0.31 mm×0.42 mm。由此得到线全息图的分帧数为 48×1。对全息图拼接精度（也即数控位移平台精度）要求为

$$\delta \leqslant \frac{\varepsilon_e}{47}$$

人眼的空间最小分辨距离 ε_e 因人而异，同时与观察物体的距离以及物体的亮度有关。一般情况下，人眼在 300 mm 处观察物体时最小分辨距离约为 0.1 mm。这样，数控平台精度要求为 $\delta \leqslant 2.1 \times 10^{-3}$ mm = 2.1 μm。目前精密数控平台完全可以达到这样的精度。

8.4.2　全息影视系统

数字化全息的动态显示也称作全息影视（Holo-video），实时动态全息显示所遇到的最大问题是信息量问题。全息三维显示所需要的巨大信息量，一方面使得全息图的计算速度很难达到实时显示的要求；另一方面是受目前市场光电显示器件的限制，无法获得大尺寸和大视场角的三维图像。关于全息信息量，在第 3 章已经进行了详细的分析，这里给出动态全息显示对信息量大小要求的一个例子：要想获得尺寸为 300 mm×300 mm 视场，水平与垂直视差角均为 30°的三维图像，根据式（3-32）可以计算出在再现波长为 550 nm 时，需要的带宽积至少为 10^{11}，为了以每秒 60 幅的速度 8 bit 分辨更新这样一个图像，至少需要 48 Tb/s 的数据速率。该带宽已大大超出目前处理和显示技术的能力。尽管如此，由于计算全息三维显示的诱人前景，还是激发了很多科学工作者进行了大量的基础性研究。

最早成功实现全息三维投影显示的是美国麻省理工学院媒体实验室空间光学

成像实验小组，它们提出用声光调制器（AOM）作为空间光调制器重构全息三维图像的显示系统是第一个真 3D 动态全息显示系统，如图 8－26 所示，图 8－27 是这个系统显示的汽车模型计算全息图再现像。基本原理是将数字化全息图输出为一维数字流的电子全息信号，将电子全息信号输入声光调制器（AOM）[24]，AOM 将电子全息信号转变成沿晶体传播的超声剪切波。当波传播时，弹性剪切较大的区域呈现折射率调制。相对于声波，光束以布拉格角通过并从晶体出来带有相对位相差，它正比于沿晶体长度上的剪切波振幅。该复杂的位相差分布将计算机产生的全息图数据传递给光束。据报道，该系统可以显示尺寸为 80 mm×60 mm×80 mm、视场角为 24°的三维图像[25]。但是由于声光调制器是一个一维装置，必须通过扫描镜来获取水平和垂直的图像，在使用时受到了限制。

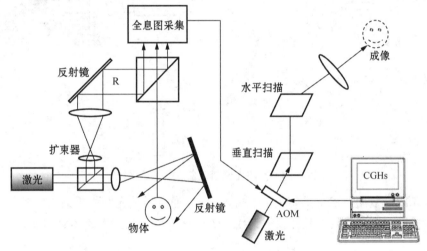

图 8－26　声光调制全息影视系统

图 8－27　MIT 全息影视系统显示的汽车模型计算全息图再现像

　　另一种类型的全息影视装置是基于二维空间光调制器投影,如图 8 - 28 所示的全息三维显示系统原理图[26],其原理是将数字化全息图输入到空间光调制器(SLM),激光束照射到 SLM 上,被 SLM 上显示的全息图调制,然后衍射成像。如果 SLM 分辨率足够高,可以得到较好的三维再现。若通过高帧频和多个 SLM,同时采用时间复用和空间复用技术,数字全息视频显示有望取得突破[27~30]。

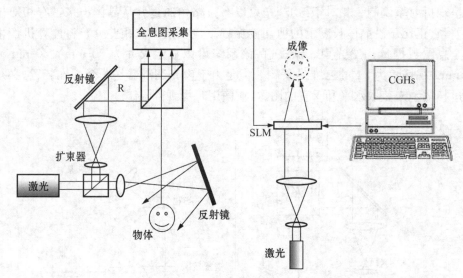

图 8 - 28　空间光调制全息三维显示系统

　　所谓时间复用技术就是使用单个高频 SLM,通过后续光路将投射出的各个视角的图像按照时序拟合到一起并投射到相应的观察位置。实验光路示意如图 8 - 29 所

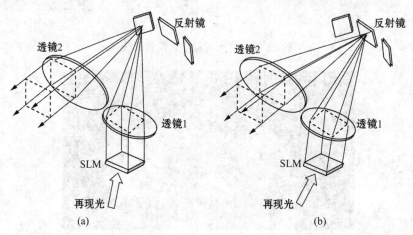

图 8 - 29　利用时分法扩大视场角示意图((a)、(b)为不同时刻的光路)

示。利用人眼暂留特性，就能在一定的视角范围内观察到三维图像。由此可以降低系统的复杂度和成本，但是对 SLM 的帧频速率要求比较高。

而空间复用技术就是通过多个 SLM 拼接来实现像素数的增加。为了获得连续的不同视场角的图像，需要所有的 SLM 必须无缝紧密地排列在一起，如图 8-30 所示。

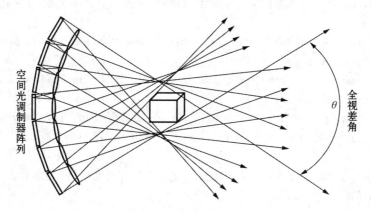

图 8-30 倾斜排列多个 SLM 来扩大视场角

关于计算全息三维实时显示的研究进展，文献[31]给出了较为详细的综述。计算全息三维显示是一种非常理想的波前再现，但由于目前技术的限制，仍然无法进入实际的应用阶段。进一步研究的方向应该集中在两个方面：快速算法和时空带宽积足够大的显示器件。在快速算法方面，由于全息图计算的高度并行性，利用 GPU 计算逐渐成为主要的计算模式。对于另一个问题，在现有光电显示器件的前提下，使用高帧频的多个 SLM 的时空复用技术，是一个最佳的选择方案。如果出现可以承载计算全息三维显示巨大信息量的实时显示器件得到质的飞跃，基于波前再现的计算全息三维影视将很快成为现实。

参考文献

［1］ A. D. Stein, Z. Wang, J. J. S. Leigh. Computer-generated holograms: a simplified raytracing approach[J]. Comput. Phys., 1992, 6(4): 389-392.

［2］ 王辉,李勇,金洪震. 三维面形测量数据的计算全息可视化[J]. 光学学报,2003,23(3): 284-288.

［3］ H. Nishi, K. Matsushima, S. Nakahara. Rendering of specular surfaces in polygonbased computer-generated holograms[J]. App. Opt., 2011, 50(34): H245-H252.

［4］ F. Blais. Review of 20 Years of Range Sensor Development[J]. J. Electron. Imag., 2004, 13(1): 231-240.

［5］ Y. Li，H. Z. Jin，H. Wang. Three-dimensional shape measurement using binary spatiotemporal encoded illumination［J］. J. Opt. A：Pure Appl. Opt. ，2009，11：075502-1-7.

［6］ Y. Li，X. Su，Q. Wu. Accurate phase-height mapping algorithm for PMP［J］. J. Mod. Opt. ，2006，53(14)：1955-1964.

［7］ 李勇,苏显渝.可获取彩色纹理的 PMP 三维测量系统［J］.浙江师范大学学报(自然科学版),2006,29(1)：38-41.

［8］ M. Takeda，K. Motoh. Fourier transform profilometry for the automatic measurement of 3-D object shapes［J］. Appl. Opt. ，1983，22(24)：3978-3982.

［9］ Q. Zhang，X. Su. High-speed optical measurement for the drumhead vibration［J］. Opt. Express，2005，13(8)：3110-3116.

［10］ P. S. Huang，Q. Hu，F. Jin，et al. . Color-Encoded Digital Fringe Projection Technique for High-Speed Three-Dimensional Surface Contouring［J］. Opt. Eng. ，1999，38(6)：1065-1071.

［11］ 陈文静,苏显渝,曹益平,等.基于双色条纹投影的快速傅里叶变换轮廓术［J］.光学学报,2003,23(10)：1153-1157.

［12］ C. Guan，L. G. Hassebrook，D. L. Lau. Composite structured light pattern for threedimensional video［J］. Opt. Express，2003，11(5)：406-417.

［13］ P. S. Huang，C. Zhang，F. P. Chiang. High-Speed 3D Shape Measurement Based on Digital Fringe Projection［J］. Opt. Eng. ，2003，42(1)：163-168.

［14］ S. Zhang，S.-T. Yau. High-resolution, real-time 3D absolute coordinate measurement based on a phase-shifting method［J］. Opt. Express，2006，14(7)：2644-2649.

［15］ Y. Li，C. Zhao，Y. Qian，et al. . High-speed and dense three-dimensional surface acquisition using defocused binary patterns for spatially isolated objects［J］. Opt. Express，2010，18(21)：21635-21642.

［16］ Y. Li，C. Zhao，H. Wang，et al. . High-speed three-dimensional shape measurement for isolated objects based on fringe projection［J］. J. Opt. ，2011，13：035403.

［17］ 李勇,陈云富,金洪震,等.三维成像中的二值时空编码照明方法［J］.光学学报,2009,29(3)：670-675.

［18］ 大越孝敬.三维成像技术［M］.董太和,译.北京：机械工业出版社,1982.

［19］ 李勇,苏显渝,王辉,等.复杂三维场景数字全息图的隐藏面问题研究［J］.光子学报,2006,35(4)：591-594.

［20］ 李勇,苏显渝,王辉,等.复杂三维场景数字全息图消隐快速算法［J］.光子学报,2006,35(8)：1221-1224.

［21］ Y. Takeshi，F. Tomohiko，Y. Hiroshi. Disk hologram made from a computer-generated hologram［J］. Applied Optics，2009，48(34)：H16-H22.

［22］ 金洪震,李勇,王辉,等.数字全息图微缩输出系统设计［J］.仪器仪表学报,2006,27(3)：

233 - 236.

[23] H. Yoshikawa, T. Yamaguchi. Computer-generated holograms for 3D display[J]. Chin Opt. Lett. , 2009, 7(12): 1079 - 1081.

[24] P. St. Hilarire, S. A. Benton, et al. . Electronic display system for computational holography[J]. Practical Holography IV, S. A. Benton, Editors, Proc. of SPIE, 1990, 1212: 174 - 182.

[25] D. E. Smalley, Q. Y. J. Smithwick, V. M. Bove Jr. . Holographaic video display based on guided-wave acousto-optic devices[J]. Proc. of SPIE, 2007, 6488: 6488OL.

[26] M. Huebschman, B. Munjuluri, H. Garner. Dynamic holographic 3 - D image projection[J]. Opt. Express, 2003, 11(5): 438 - 445.

[27] J. Hahn, H. Kim, Y. Lim, et al. . Wide viewing angle dynamic holographic stereogram with a curved arry of spatial light modulators[J]. Opt. Express, 2008, 16 (16): 12372 - 12386.

[28] F. Yaras, H. Kang, L. Onural. Circular holographic video display system[J]. Opt. Express, 2011, 19(10): 9148 - 7156.

[29] R. H. -Y. Chen, T. D. Wilkinson. Field of view expansion for 3-D holographic display using a single light modulator with scanning reconstruction light[C], IEEE 3DTV Conference, 2009, 14.

[30] S. Maurice, M. A. G. Smith, A. P. Smith, et al. . 3D electronic holography display system using 100-megapixel spatial light modulator[J]. Proc. of SPIE, 2004, 5249: 298 - 308.

[31] 贾甲,王涌天,刘娟,等. 计算全息三维实时显示的研究进展[J]. 激光与光电子学进展, 2012, 49(5): 050002.